AF544514

EUL
VERLAG

WIRTSCHAFTSINFORMATIK

Herausgegeben von Prof. Dr. Dietrich Seibt, Köln, Prof. Dr. Hans-Georg Kemper, Stuttgart, Prof. Dr. Georg Herzwurm, Stuttgart, Prof. Dr. Dirk Stelzer, Ilmenau, und Prof. Dr. Detlef Schoder, Köln

Band 81
Jörg Leute
Eine neue Definition agilen Projektmanagements – Analyse konzeptioneller Merkmale agilen Projektmanagements
Lohmar – Köln 2014 • 296 S. • € 59,- (D) • ISBN 978-3-8441-0360-1

Band 82
Katharina Ute Peine
Situative Gestaltung des IT-Produktmanagements – Eine empirische Untersuchung
Lohmar – Köln 2014 • 448 S. • € 68,- (D) • ISBN 978-3-8441-0373-1

Band 83
Michael Zimmer
Agile Business Intelligence – Komponenten integrierter Gesamtarchitekturen
Lohmar – Köln 2015 • 304 S. • € 59,- (D) • ISBN 978-3-8441-0386-1

Band 84
Lars Oliver Mautsch
Softwareplattformen für Unternehmenssoftwareökosysteme
Lohmar – Köln 2015 • 424 S. • € 67,- (D) • ISBN 978-3-8441-0402-8

Band 85
Jennifer Gursch
V-Modell® XT und Wissensmanagement – Konzept eines ganzheitlich integrierten Systems
Lohmar – Köln 2015 • 340 S. • € 63,- (D) • ISBN 978-3-8441-0409-7

Band 86
Christian Broser
Vertrauen für föderiertes Identitätsmanagement
Lohmar – Köln 2016 • 276 S. • € 58,- (D) • ISBN 978-3-8441-0457-8

JOSEF EUL VERLAG

Reihe: Wirtschaftsinformatik · Band 86

Herausgegeben von Prof. Dr. Dietrich Seibt, Köln, Prof. Dr. Hans-Georg Kemper, Stuttgart, Prof. Dr. Georg Herzwurm, Stuttgart, Prof. Dr. Dirk Stelzer, Ilmenau, und Prof. Dr. Detlef Schoder, Köln

Dr. Christian Broser

Vertrauen für föderiertes Identitätsmanagement

Mit einem Geleitwort von Prof. Dr. Günther Pernul,
Universität Regensburg

Bibliografische Information der Deutschen Nationalbibliothek

Die Deutsche Nationalbibliothek verzeichnet diese Publikation in der Deutschen Nationalbibliografie; detaillierte bibliografische Daten sind im Internet über <http://dnb.d-nb.de> abrufbar.

Dissertation, Universität Regensburg, 2015

ISBN 978-3-8441-0457-8
1. Auflage April 2016

JOSEF EUL VERLAG GmbH
Brandsberg 6
53797 Lohmar
Tel.: 0 22 05 / 90 10 6-6
Fax: 0 22 05 / 90 10 6-88
E-Mail: info@eul-verlag.de
http://www.eul-verlag.de

Bei der Herstellung unserer Bücher möchten wir die Umwelt schonen. Dieses Buch ist daher auf säurefreiem, 100% chlorfrei gebleichtem, alterungsbeständigem Papier nach DIN 6738 gedruckt.

Universität Regensburg

Fakultät für Wirtschaftswissenschaften

Institut für Wirtschaftsinformatik

Vertrauen für föderiertes Identitätsmanagement

Dissertation zur Erlangung des Grades eines Doktors der Wirtschaftswissenschaft (Dr. rer. pol.) der Universität Regensburg

vorgelegt von:

Dipl.-Wirt.Inf. Christian Broser

Erstgutachter: Prof. Dr. Günther Pernul
Zweitgutachter: Prof. Dr. Michael Dowling

Tag der Disputation: 04. Mai 2015

Geleitwort

In vielen Unternehmen ist gegenwärtig eine Rückbesinnung auf Kernkompetenzen zu beobachten. Prozesse werden neu gestaltet und verschlankt, Funktionen und Aufgaben, die nicht unmittelbar mit dem Kerngeschäft zu tun haben, an externe Dienstleister ausgelagert. Für den Bereich der technischen Infrastrukturen, z.B. durch kooperative Nutzung von IT-Ressourcen in Unternehmensallianzen, wird ein ähnlicher wenn auch in seinen Auswirkungen nicht so bedeutender Trend erwartet. Auch hier streben Beteiligte nach Synergien und schlanken Prozessen, um die Kooperation effektiv zu gestalten und sich stärker auf die eigenen Kernkompetenzen konzentrieren zu können. So werden z.B. das Pflegen der Benutzerdaten, die Authentifizierung der Nutzer während dem Login, die Rechteverwaltung, die Durchsetzung einer Sicherheitspolitik und weitere Aufgaben, die mit der Sicherheit gemeinsam genutzter Ressourcen im Zusammenhang stehen, zwar als wichtige aber durchaus auch lästige und dem Unternehmenserfolg nicht direkt zuträgliche Aufgaben eingeschätzt. Oft besteht der Wunsch, diese Aufgaben neu zu ordnen, zu bündeln und in technischen Infrastrukturen abzubilden, die entweder von IT-Dienstleistern in Form eines Outsourcing oder mit mehreren anderen Partnern als eine Art Föderation gemeinsam betrieben werden können.

Dieses Buch widmet sich einem Teilaspekt der Sicherheit verteilter Systeme, nämlich den Infrastrukturen, die das Management digitaler Identitäten, den Vorgang der Benutzerauthentifizierung und teilweise auch der Autorisierung und Zugriffskontrolle (kurz FIM – föderiertes Identitätsmanagement) in oben dargestellter Art und Weise umsetzen. FIM setzt dabei auf eine verteilte Benutzerverwaltung, die darauf basiert, den Zugriff auf eine entfernte Ressource mittels der digitalen Identität der Heimatorganisation zu regeln. Solche Systeme, oder zumindest Vorschläge für solche Systeme, gibt es bereits einige. Allerdings sind die Systeme heute noch nicht generell nutzbar, sondern überwiegend nur auf spezielle Umgebungen hin ausgerichtet und wenig flexibel. Der Autor setzt sich nun zum Ziel, Vertrauensbeziehungen zwischen den an FIM beteiligten Parteien zu entwickeln. Der Aspekt der Vertrauensbildung ist zentral für die Akzeptanz technischer Systeme, wurde aber in aktuellen FIM-Protokollen bisher nur unzureichend berücksichtigt.

Vor diesem Hintergrund ist es das Ziel der vorliegenden Arbeit eine Klassifikation unterschiedlicher Typen von FIM sowie eine Analyse der Einflussfaktoren auf Vertrauensmanagement zu entwickeln und in ein eigenständiges Modell überzuführen. Dabei soll FIM dynamisch und flexibel sein und auch vertrauenswürdige Transaktionen zwischen vorher unbekannten Parteien ermöglichen.

Mit der vorliegenden Arbeit hat es Herr Broser verstanden, eine Vielzahl von Einflussfaktoren, Normen und Entwicklungen solide aufzuarbeiten und im Zusammenhang zu bewerten. Dabei ist es gelungen, ein Referenzmodell für dynamische Identitätsföderationen zu entwickeln, das sowohl hohes Potential zur praktischen Anwendung beinhaltet, als auch auf einer theoretisch fundierten Basis aufbaut. Die Arbeit zeichnet sich einerseits durch ein hohes wissenschaftliches Niveau, andererseits aber auch durch die Fähigkeit des Verfassers aus, pragmatische Lösungen zu finden und umzusetzen. Aufgrund der gut strukturierten Darstellung der Ergebnisse hat die Arbeit die Chance, auch zu einem praktisch verwertbaren Beitrag auf dem Gebiet der Bewertung eines möglichen FIM-Einsatzes zu werden. Das Buch sei allen Entscheidungsträgern empfohlen, die ihre Interessen im Bereich Identity- und Access-Management oder im Bereich des FIM-Einsatzes haben.

Regensburg, im Juni 2015 Prof. Dr. Günther Pernul

Vorwort

Heutzutage sehen sich Organisationen mit einer Vielzahl von Herausforderungen wie der Globalisierung, kürzeren Innovationszyklen oder generell mit dem steigenden Wettbewerbsdruck konfrontiert. Um auf den globalen Märkten weiterhin erfolgreich agieren zu können und nachhaltig konkurrenzfähig zu bleiben, müssen Organisationen ihre Herangehensweise an die Anbahnung und Abwicklung von Geschäften neu ausrichten. Die Entwicklung hin zu flexiblen und agilen projektbasierten Geschäftsnetzwerken im Sinne von virtuellen Partnerschaften über Unternehmensgrenzen hinweg repräsentiert einen vielversprechenden Ansatz. Dies erfordert konvergente, adaptive und interoperable IT-Infrastrukturen, die Kooperationen mit beliebigen Organisationen, zu beliebigen Zeitpunkten und an beliebigen Orten unabhängig von heterogenen IT-Systemen und Applikationen ermöglichen. In diesem Zusammenhang wird das digitale Identitätsmanagement als ein wesentlicher Baustein erachtet. Daher präsentiert diese Arbeit einen neuen Ansatz zur Umsetzung von dynamischen Identitätsföderationen, in welchem ein spezieller Fokus auf eine ganzheitliche Betrachtung von Vertrauensbeziehungen sowie die Integration von Technologien des föderierten Identitätsmanagement und des Vertrauensmanagement gerichtet ist.

Es wäre sicher nicht möglich gewesen, diese Zielsetzung ohne die Unterstützung von zahlreichen Weggefährten zu erreichen. An dieser Stelle möchte ich mich bei all den Personen bedanken, die mich bei der Erstellung dieser Dissertation unterstützt haben. Zu allererst geht mein besonderer Dank an meinen Doktorvater Prof. Dr. Günther Pernul, der diese Arbeit von der ersten Idee an unterstützt, mir im Laufe meiner Zeit als wissenschaftlicher Mitarbeiter viele Freiheiten für Kreativität gelassen und mich auch im Anschluss an meine Tätigkeit am Lehrstuhl nie aufgegeben hat. Ebenfalls möchte ich mich bei meinem Zweitbetreuer Prof. Dr. Michael Dowling bedanken, der mir ebenso jederzeit mit Rat und Tat zur Seite gestanden hat.

Des Weiteren bedanke ich mich bei allen aktuellen und früherer Kollegen vom Lehrstuhl für Wirtschaftsinformatik I – Informationssysteme der Universität Regensburg für immer motivierte und fruchtbare Diskussionen und wertvolle Beiträge, insbesondere bei Michael Diener, Dr. Ludwig Fuchs, Dr. Oliver Gmelch, Dr. Michael Netter und Andreas Reisser.

Ferner geht mein Dank an meine Freunde, die bei vielen Anlässen in den vergangenen Jahren auf mich verzichten mussten. Mein ganz besonderer Dank gilt an dieser Stelle meinem Mentor Prof. Dr.-Ing. Thomas Falter, der mich mittlerweile seit über zehn Jahren freundschaftlich begleitet und unterstützt.

Nicht zuletzt danke ich den Studierenden der Universität Regensburg, die im Rahmen von Bachelor-, Master-, Diplom- und Seminararbeiten sowie in wertvollen Diskussionen zu dieser Arbeit beigetragen haben. Insbesondere sind an dieser Stelle zu erwähnen: Michaela Friedl, Constantin Leeb, Johannes Liebl, Christian Lindemeier, Michael Mayer, Manfred Nowara, Matthias Preis, Sebastian Seibert und Madeleine Schlagbauer. Ohne deren Unterstützung wäre diese Arbeit nicht möglich gewesen.

Außerdem möchte ich mich ganz besonders bei meiner Ehefrau Veronika bedanken, die mich während des gesamten Verlaufes meiner Arbeit bedingungslos unterstützt hat und mir der Rückhalt war, der erforderlich ist, um eine Dissertation erfolgreich beenden zu können. Genauso bedanke ich mich bei meinen Eltern und meiner Schwester Simone, für deren außergewöhnliche Unterstützung dieser Arbeit, ohne die ein erfolgreicher Abschluss nicht möglich gewesen wäre. Ebenso gilt mein Dank meiner kürzlich geborenen Tochter Franziska Pauline, die mir gerade in den letzten Monaten die Kraft und Ausdauer gegeben hat, diese Arbeit zu einem guten Ende zu bringen.

Regensburg, im November 2014 Christian Broser

Inhaltsverzeichnis

Abbildungsverzeichnis

Tabellenverzeichnis

Listings

Abkürzungsverzeichnis

Abkürzung	Bedeutung
AAI	Authentication and Authorization Infrastructure
ABAC	Attribute-based Access Control
ALE	Annual Loss Expectancy
ATN	Automated Trust Negotiations
BAL	Business Anchor List
BSI	Bundesamt für Sicherheit in der Informationstechnik
CF	Collaborative Filtering
CoT	Circle of Trust
CS	Collaborative Sanctioning
DAC	Discretionary Access Control
DFM	Dynamisches Föderationsmodell
DFN	Deutsches Forschungsnetz
DNS	Domain Name System
DRM	Digital Rights Management
EB	Endbenutzer
EU	Europäische Union
FIdM	Föderiertes Identitätsmanagement
IAL	Identity Assurance Level
IAM	Identity and Access Management
IdM	Identitätsmanagement
IdMS	Identitätsmanagementsystem
IdP	Identity Provider
IdSP	Identity Service Provider
IHK	Industrie- und Handelskammer
IS	Informationssystem
IT	Informationstechnik
KMU	Kleine und mittlere Unternehmen
KPI	Key Performance Indicator
LA	Liberty Alliance
MAC	Mandatory Access Control
MVC	Model-View-Controller
NIST	National Institute of Standards and Technology
OASIS	Organization for the Advancement of Structured Information Standards
OIDF	OpenID Foundation
OMB	Office of Management and Budget
OVM	Online-Vertrauensmodell
PDF	Probability Density Function
PGP	Pretty Good Privacy
PKI	Public-Key-Infrastructure
PT	Potentieller Transaktionspartner
QoS	Quality of Service

RBAC	Role-based Access Control
RoSI	Return on Security Investment
RPM	Role-Protection-Map
RTP	Rating-Transaction-Protocol
SAML	Security Assertion Markup Language
SLA	Service Level Agreement
SNA	Soziale Netzwerkanalyse
SP	Service Provider
SSL	Secure Sockets Layer
SSO	Single-Sign-On
STP	Session-Transaction-Protocol
TAL	Trust Anchor List
TCG	Trusted Computing Group
TCP	Trusted Computing Platform
TLS	Transport Layer Security
TPM	Trusted Platform Module
TTP	Trust-Transaction-Protocol
URI	Unified Resource Identifier
VM	Vertrauensbildende Maßnahme
VO	Virtuelle Organisation
WAYF	Where-Are-You-From
WAYS	What-Are-You-Sharing
WS	Web Service
WSR	Web Service Register
XACML	eXtensible Access Control Markup Language
XML	Extensible Markup Language
XSL	Extensible Stylesheet Language
XSLT	XSL Transformation
Z	Zeuge

Kapitel 1

1 Einleitung

Die heutige Unternehmenslandschaft ist geprägt vom steigenden Wettbewerbsdruck durch zunehmende Globalisierung, eine verstärkte Dynamik der Märkte sowie ungewisse Kundenloyalität bei wachsenden Ansprüchen, was zwangsläufig zu immer höheren Anforderungen an Unternehmen führt. Die unmittelbare Konsequenz für eine fortwährende Wettbewerbsfähigkeit und erfolgreiche Zukunft ist ein generelles Umdenken der Art der Wertschöpfung von Unternehmen. Eine Transformation von monolithischen, starren Einheiten hin zu dynamischen, flexiblen Unternehmenskonstrukten wie beispielsweise Virtuellen Organisationen (VOs) ist deutlich erkennbar [Cam09]. Organisationsübergreifende Kollaborationen sind nicht mehr die Ausnahme, sondern eher die Regel. In diesem Zusammenhang kommt kaum ein Unternehmen umhin, sich mit dem Thema Cloud Computing zu beschäftigen. Der Begriff beschreibt ein Konzept, wonach Applikationen in Form von Services und auch die zugehörige Hardware und Systemsoftware über das Internet auf Nachfrage bereitgestellt werden [AFG⁺09]. Eine kürzlich erschienene Umfrage eines führenden Beratungsunternehmens prognostiziert verstärkte Investitionen und weitere Entwicklungen im Kollaborationssektor und Cloud Computing in den kommenden Jahren [Eva13].

Im Zuge dieser Entwicklung spielt auch die Informations- und Kommunikationstechnologie eine entscheidende Rolle. Insbesondere im Bereich der Benutzerverwaltung sehen sich Unternehmen zunehmend mit neuen Herausforderungen konfrontiert. Sowohl im akademischen als auch im industriellen Umfeld hat sich in diesem Zusammenhang mittlerweile der Begriff *Identity and Access Management* (IAM) etabliert, welcher Softwaresysteme bezeichnet, die eine organisationsinterne, zentralisierte Verwaltung von Personen und deren Berechtigungen zum Zugriff auf die vorhandenen IT-Ressourcen erlauben [Hom07]. Nach aktuellem Stand führen unternehmensübergreifende Kollaborationen dazu, dass Lieferanten, Kunden und Partner im Rahmen von Kollaborationen als feste Bestandteile in die eigenen Geschäftsprozesse und folglich auch in die zugehörigen IT-Systeme integriert werden. Für das IAM hat dies zur Folge, dass weitere digitale Identitäten für die externen Mitarbeiter angelegt und gepflegt werden müssen. Neben zusätzlichem Administrationsaufwand führt dies letztendlich auch zu einem höheren Sicherheitsrisiko in Folge von Inkonsistenzen, da strukturelle oder personelle Veränderungen der Partner möglicherweise nicht ad-hoc weitergegeben und digitale Identitäten somit nicht entsprechend aktualisiert werden können. Diese Vorgehensweise mündet letzten Endes in einer Verschärfung des sogenannten Identitätschaos [FP08a]. Eine feste Integration ist somit aus dem Blickwinkel des IAM – wenn überhaupt - lediglich bei langfristig angelegten Kollaborationen, ausschließlich mit vertrauenswürdigen Partnern, zu empfehlen.

Jedoch verlangen moderne und erfolgreiche Unternehmen, die wettbewerbsfähig bleiben wollen, nach Möglichkeiten, Dienste auch kurzfristig im Rahmen von Kollaborationen nutzen und anbieten zu können [HV09], wofür eine Dynamisierung von Kollaborationen erforderlich ist. Unternehmen müssen ad-hoc und zur Laufzeit Services in ihre Geschäftsprozesse einbinden können. Teilnehmer sollen nach Bedarf rasch in eine Kollaboration eintreten oder diese verlassen können. Klassische IAM-Lösungen mit einer zentralisierten Benutzerverwaltung sind für diesen Zweck nicht ausreichend. Eine Erweiterung zum föderierten Identitätsmanagement (FIdM), welches hingegen auf eine verteilte Benutzerverwaltung setzt und den Zugriff auf eine entfernte Ressource mittels der digitalen Identität bei der Heimatorganisation (Identity Provider, IdP) regelt, ist erforderlich. Neben dem IdP ist der Dienstanbieter (Service Provider, SP), welcher Ressourcen und Dienste bereitstellt und dafür benötigte Benutzerinformationen von den Heimatorganisationen über dedizierte FIdM-Protokolle abruft, die zweite wesentliche Komponente in einem FIdM-System. Zusammen bilden die beteiligten Parteien eine Föderation (Identity Federation), für welche Regularien wie Qualität oder Verfügbarkeit von Services sowie notwendige Benutzerparameter anhand von vertraglichen Vereinbarungen (Service Level Agreements, SLAs) festgelegt werden (z.B. [Hom07, MR08]). Somit bildet das föderierte Identitätsmanagement eine vielversprechende Möglichkeit dem Identitätschaos entgegenzuwirken und einen flexiblen und sicheren Betrieb von Kollaborationen zu ermöglichen.

Jedoch wird bei FIdM impliziert, dass eine Vertrauensbeziehung zwischen den beteiligten Parteien existiert [Cha09]. Der Aspekt der Vertrauensbildung und des Vertrauensmanagement wurde bei aktuellen FIdM-Protokollen wie dem OASIS-Standard SAML 2.0 [RHP+08] und de-facto FIdM-Protokoll [Con09], welches in nahezu allen aktuellen kommerziellen und Open Source FIdM-Lösungen wie beispielsweise OpenAM, PingFederate oder Shibboleth implementiert wird, noch unzureichend berücksichtigt und stellt ein enormes Defizit dar. Vertrauen wird in diesem Zusammenhang als „the extent to which one party is willing to depend on something or somebody in a given situation with a feeling of relative security, even though negative consequences are possible", definiert [JIB07]. Die Integration von Maßnahmen zum Vertrauensmanagement und Techniken des FIdM können zu einer Dynamisierung und Flexibilisierung der Kollaborationsmöglichkeiten von Unternehmen führen. Vertrauen wird in verteilten und dynamischen Umgebungen sowohl als die wesentliche Herausforderung als auch als Voraussetzung angesehen und es erfordert die Weiterentwicklung von Technologien wie dem föderierten Identitätsmanagement (z.B. [BT10, HRM10, PB10, Jen12b]). Einer dezentralen Ausrichtung von Kollaborationen kommt dabei eine Schlüsselrolle zu. Verteilte Umgebungen haben keine zentralen Mechanismen wie zentrale Server und alle Teilnehmer sind gleichberechtigt [VLO10], was den Aufbau und Betrieb von Föderationen effizienter gestaltet. Die Verknüpfung der Gebiete *föderiertes Identitätsmanagement* und *Vertrauensmanagement* erfordert somit wissenschaftlichen Forschungsbedarf, den diese Dissertation abdecken soll.

1.1 Forschungsfragen

Die Entwicklung eines Referenzmodells für dynamische Identitätsföderationen, welches die Ansätze des föderierten Identitätsmanagements und des Vertrauensmanagements integriert, wirft eine Reihe von Forschungsfragen auf. Die zentralen Fragestellungen dieser Arbeit werden im Folgenden skizziert:

- *Welche Techniken und Ansätze zum Vertrauensmanagement und föderierten Identitätsmanagement existieren bereits, wie können diese gegeneinander abgegrenzt werden und wo liegen ihre Stärken und Schwächen?*

  Bevor mit der Entwicklung eines eigenen Vorschlags begonnen werden kann, muss der Stand der Forschung zum Aufbau von Vertrauen und föderiertem Identitätsmanagement erhoben werden. Kapitel 4 beantwortet diese Forschungsfrage hinsichtlich FIdM, indem bestehende Technologien analysiert und außerdem dessen Herausforderungen und Charakteristika herausgearbeitet werden. Des Weiteren werden die Techniken von Vertrauensmanagement in Kapitel 5 umfassend behandelt.

- *Welche Einflussfaktoren existieren zur Bildung und zum Management von Vertrauen in verteilten Umgebungen und inwiefern sind diese für föderiertes Identitätsmanagement geeignet?*

  Der Aufbau von Vertrauen kann durch unterschiedliche Maßnahmen unterstützt werden. Dazu werden in Kapitel 6 existierende Eingabeparameter sowie Einflussfaktoren erhoben. Zusätzlich definiert dieser Abschnitt verschiedene Evaluationskriterien, welche als Grundlage eines Vergleich bestehender Ansätze Verwendung finden und somit implizit die Eignung von Einflussfaktoren und Eingabeparametern für föderiertes Identitätsmanagement betrachten.

- *Wie können Protokolle für das föderierte Identitätsmanagement sinnvoll durch Aspekte des Vertrauensmanagement ergänzt werden?*

  Es ist die grundlegende Zielsetzung dieser Arbeit verschiedene Ansätze und Techniken von föderiertem Identitätsmanagement und Vertrauensmanagement zu einem effizienten Verfahren zur Umsetzung von dynamischen Föderationen zu integrieren. Dazu wird in Kapitel 8 ein Prozessmodell entwickelt, welches in seinen einzelnen Phasen und Aktivitäten verschiedene Protokolle und Abläufe zur Unterstützung von Föderationen abbildet.

- *Wie lässt sich der erforderliche Vertrauensgrad zwischen den beteiligten Parteien sinnvoll in unterschiedliche Klassen für die Zugriffskontrollentscheidung einteilen?*

  Zwischen den beteiligten Parteien von Föderationen bestehen unterschiedliche Vertrauensbeziehungen. Zur Abbildung des Vertrauensgrades werden in Kapitel 7 Gewichtungen der einzelnen Beziehungen definiert. Zusätzlich werden dabei in Kapitel 8 Risikoklassen eingeführt, welche die erforderlichen Maßnahmen für die Nutzung von Ressourcen und Dienstleitungen in verschiedene Kategorien gruppieren.

- *Wie können vertrauenswürdige Transaktionen mit vorher unbekannten Parteien durchgeführt werden und welche Einflussfaktoren und Quellen sind hierfür geeignet?*

  Dynamische Föderationen können eine Vielzahl von bekannten und unbekannten Teilnehmern umfassen. Zur Durchführung vertrauenswürdiger Transaktionen mit vorher unbekannten Parteien werden in den Kapiteln 7 und 8 verschiedene Maßnahmen aufgezeigt.

- *Welche globalen Auswirkungen hat ein integratives Vertrauensmanagement- und Föderations-Framework auf die Nutzung von föderiertem Identitätsmanagement?*

  In der einschlägigen Fachliteratur wird Vertrauen als zentrale Herausforderung von föderiertem Identitätsmanagement deklariert (z.B. [BT10, Jen12b]). Daher werden im Rahmen dieser Arbeit, unter anderem in Kapitel 2, die globalen Auswirkungen eines um Vertrauensaspekte ergänzten Ansatzes betrachtet.

1.2 Forschungsmethodik

Forschungsmethodiken dienen der Lösung von Forschungsproblemstellungen, wobei diese einerseits zur Gewinnung und andererseits zur Überprüfung wissenschaftlicher Erkenntnis eingesetzt werden. In der Literatur wird auch von wissenschaftlichen Methoden oder Forschungsmethoden[1] gesprochen [Hei01]. Forschungsmethoden können nach verschiedenen Varianten klassifiziert werden. Generell weitverbreitet und anerkannt ist jedoch die Unterscheidung zwischen qualitativen und quantitativen Forschungsmethodiken [Cre03]:

- **Quantitative Forschungsmethoden** haben ihren Ursprung in den Naturwissenschaften und wurden zur Untersuchung von natürlichen Erscheinungen entwickelt. Mittlerweile haben diese aber auch Einzug in zahlreiche andere Forschungsfelder gefunden. In Form von Umfragen, Laborexperimenten, formalen (z.B. Ökonometrie) und numerischen Methoden wie mathematische Modelle, sind diese beispielsweise in den Sozialwissenschaften allgemein anerkannt.
- **Qualitative Forschungsmethoden** haben ihren Ausgangspunkt in den Sozialwissenschaften und stellen Wissenschaftlern Werkzeuge zur Beurteilung und zum Vergleich

[1] Beide Begrifflichkeiten werden in dieser Arbeit synonym verwendet.

von sozialen und kulturellen Erscheinungen zur Verfügung. Beispiele für qualitative Forschung sind Aktionsforschung, Fallstudienforschung und Ethnographie. Daten werden mittels Teilnehmerbeobachtung, Interviews und Fragebögen gesammelt. Qualitative Forschung basiert auch auf der Analyse von Dokumenten und Texten sowie auf Eindrücken des Forschers [Mye97].

Zusätzlich zu den genannten Methoden existiert ein drittes Paradigma: **Design Research**. Diese Methodik hat ihren Ursprung hauptsächlich in den ingenieurwissenschaftlichen und Informatik-Disziplinen. Die Anwendung in zahlreichen Forschungsprojekten belegt seine Eignung für die Gestaltung und Erweiterung existierender Technologien zur Lösung bestimmter Problemstellungen [VK07].

Im Kontext der Wirtschaftsinformatik strebt Design Research nach der Verbesserung von Informationssystemen durch die Analyse von Zielsetzung sowie Leistungsfähigkeit von Software und weiteren Artefakten. In diesem Zusammenhang ist der Vorteil von Design Research gegenüber „normalem" bzw. state-of-practice-Design zu klären. Vaishnavi et al. [VK07] gehen speziell auf diese Frage ein und zeigen, dass industrielles Design auf Risikominimierung abzielt, was durch Anpassung von state-of-practice-Design, Applikationen und Techniken erreicht werden kann. An dieser Stelle liegt die Diskrepanz zwischen beiden Designmöglichkeiten. Mit Design Research werden bewusst Risiken eingegangen, um sich dadurch die Gelegenheit zur Generierung neuen Wissens zu schaffen.

Design Research

Diese Dissertationsarbeit verwendet Design Research als Forschungsmethodik. Vaishnavi et al. definieren basierend auf der Arbeit von Takeda et al. [TVY90] eine Reihe von Prozessschritten [VK07], welche in Abbildung 1-1 veranschaulicht werden.

Die Methodik umfasst insgesamt fünf Prozessschritte, wobei jeder Prozess mit der Erkenntnis einer bestimmten Problemstellung (*Awareness of Problem*) beginnt. Anschließend werden Lösungen aus dem entsprechenden Forschungsfeld anhand von bereits existierenden Theorien und Wissensdatenbanken zusammengetragen (*Suggestion*). Daraufhin wird eine erste Implementierung eines Artefakts durchgeführt (*Development*). Eine Evaluierung der vollständigen oder teilweisen Implementierung anhand der impliziten bzw. expliziten Spezifikationen wird danach durchgeführt. Die Prozessschritte *development, suggestion* und *evaluation* werden in der Regel iterativ ausgeführt. Der Eintritt in die letzte Phase (*conclusion*) erfolgt sobald eine stabile Version zur Lösung der ausgehenden Problemstellung erreicht wurde. Iterationen werden in Abbildung 1-1 mittels der Pfeile (*circumscription* und *operation and goal knowledge*) repräsentiert.

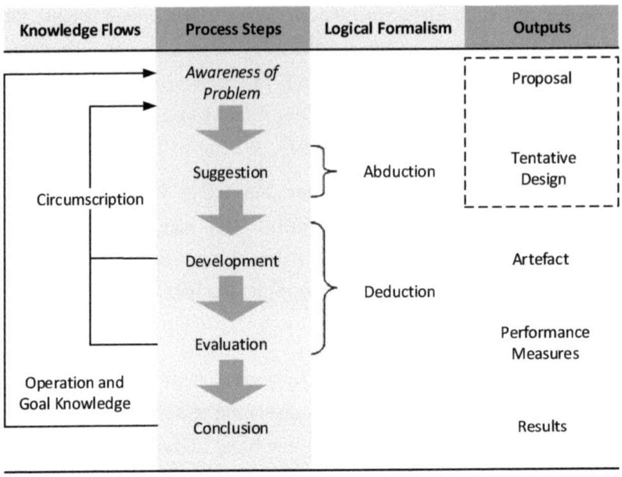

Abbildung 1-1: Design Research Methodik (in Anlehnung an [VK07] auf Basis von [TVY90])

Im Anschluss an diese allgemeine Beschreibung von Design Research wird jede Phase im Detail beschrieben [VK07].

Awareness of Problem

Problemstellungen können aus unterschiedlichen Quellen entspringen: Sowohl neue Entwicklungen in der Industrie oder in Referenzdisziplinen als auch das Studium von Literatur in Nachbardisziplinen können Ideen für Forschungsbestrebungen anregen. Das Ergebnis (*Output*) dieser Phase ist ein Vorschlag (*Proposal*) für ein neues Forschungsvorhaben.

Suggestion

Die nächste Phase ist sehr eng mit dem Vorschlag einer neuen Forschungsbestrebung verknüpft, was durch die gepunktete Linie rund um *Proposal* und *Tentative Design* veranschaulicht wird. Als Resultat dieser Entwicklungsstufe ergibt sich ein vorläufiges Design (*Tentative Design*). Falls damit der Vorschlag nicht in geeignetem Maße repräsentiert werden kann, wird dieser Vorschlag (*Proposal*) verworfen. Dieser Schritt beinhaltet großes Potenzial an Kreativität, was durch neue Funktionalitäten mittels neuartiger Konfigurationen bereits existierender oder neuer Elemente realisiert werden kann.

Development

Während dieser Phase wird das vorläufige Design (*Tentative Design*) implementiert. Die dafür verwendeten Techniken sind von dem zu konstruierenden Artefakt abhängig. Ein Algorithmus erfordert möglicherweise einen formalen Beweis, wohingegen ein Expertensystem, welches neuartige Annahmen über menschliche Wahrnehmung enthält, die Entwicklung von Software benötigt. Die Implementierung wird jedoch im Grunde sehr einfach gehalten und muss keine Neuerungen jenseits des *state-of-practice*-Standards des jeweiligen Artefakts liefern.

Evaluation

Nach der Konstruktion des Artefakts in der Entwicklungsphase (*Development*), wird dieses in Bezug auf seine Spezifikation, die im Rahmen des Vorschlags implizit oder explizit festgelegt wurden, evaluiert. Abweichungen von den Erwartungen, sowohl qualitativ als auch quantitativ, müssen genauestens dokumentiert und vorläufig erklärt werden. Die Evaluierungsphase beinhaltet also eine analytische Teilphase, in der Hypothesen über das Verhalten des Artefakts aufgestellt werden. Jedoch sind anfängliche Hypothesen im Design Research nur selten ausgereift, was zu weiteren Iterationen, in der Ergebnisse der Evaluationsphase und Informationen des bisherigen Entwicklungsprozesses zusammengetragen werden, führen kann.

Conclusion

Diese Phase repräsentiert den Abschluss der Vorgehensweise nach der Forschungsmethodik des Design Research. Sobald eine Version erreicht wird, welche die Problemstellung in zufriedenstellender Weise lösen kann, ist die Konstruktion abgeschlossen. Dabei werden alle Resultate sowie Erkenntnisse dokumentiert, die im Laufe der Entwicklung gewonnen wurden.

1.3 Kapitelstruktur

In Abbildung 1-2 wird ein Überblick der Organisation dieser Arbeit dargestellt. Nach dem einleitenden Kapitel wird der Inhalt in vier Hauptteile unterschieden. Während in Teil I grundlegende Technologien dieser Arbeit erläutert werden, untersucht Teil II den Stand der Forschung der involvierten Forschungsgebiete. Anschließend wird in Teil III ein Referenzmodell für dynamische Föderationen als wesentlicher wissenschaftlichen Beitrag entwickelt. In Teil IV wird eine Evaluation des Modells mit Hilfe einer prototypischen Implementierung durchgeführt. Die Arbeit wird letztendlich mit Schlussfolgerungen abgeschlossen.

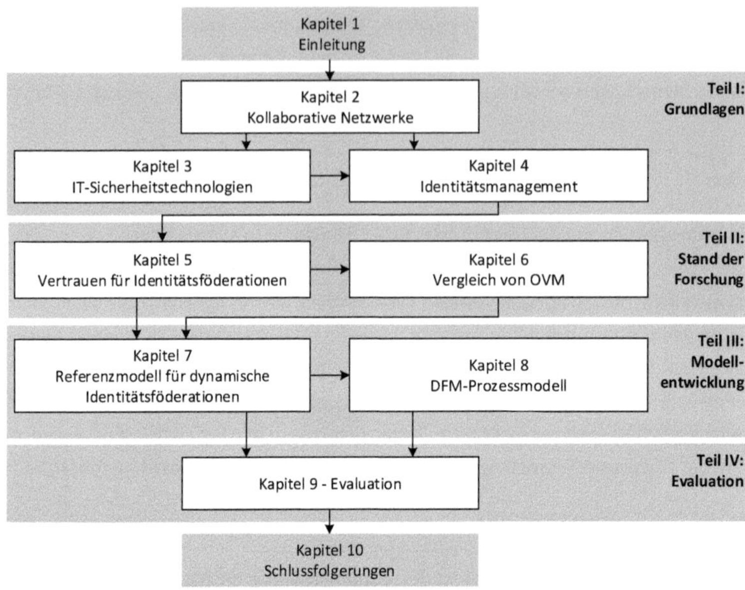

Abbildung 1-2: Kapitelstruktur

Teil I: Grundlagen

In den Kapiteln des Grundlagenteils werden einerseits der Kontext der behandelten Thematik erläutert und andererseits grundlegende Technologien diskutiert. Dabei beschäftigt sich Kapitel 2 mit kollaborativen Netzwerken, zu denen auch Identitätsföderationen zählen [CA07]. Außerdem werden die Ergebnisse des EU FP7 Forschungsprojekts SPIKE sowie einer empirischen Umfrage, neben den einleitenden Aspekten in diesem Kapitel, als zusätzliche Motivation für diese Arbeit eingeführt.

Technologien der IT-Sicherheit werden in Kapitel 3 als Grundlage für einige Bereiche des zu entwickelten Referenzmodells betrachtet und diskutiert. Kapitel 4 beschäftigt sich mit Identitätsmanagement an sich und führt eine Reihe von Begrifflichkeiten und Zusammenhängen ein, die für das Verständnis der Arbeit erforderlich sind. Ein Schwerpunkt liegt dabei auf der Bewertung von föderiertem Identitätsmanagement sowie der Einführung von dynamischen Identitätsföderationen.

Teil II: Stand der Forschung

Nachdem die Grundlagen dieser Arbeit diskutiert wurden, beschäftigen sich die Kapitel von Teil II mit dem Stand der Forschung im Gebiet des Vertrauensmanagements. Dazu werden in Kapitel 5 eine Reihe von Konzepten erörtert und Zusammenhänge zu anderen Forschungsgebieten, namentlich Risiko und IT-Sicherheit, erläutert. Außerdem wird im Rahmen einer umfassenden Studie die Literatur hinsichtlich existierender Vertrauensmodelle untersucht, wodurch verschiedene Entwicklungstrends identifiziert werden. In Kapitel 6 wird neben der Identifizierung von Eingabeparametern der Vertrauensbildung und einer Klassifizierung von Vertrauensmodellen ein Kriterienkatalog entwickelt, der die Basis eines Vergleichs existierender Vertrauensmodelle bildet. Dabei werden deren Defizite deutlich und ein eigener Modellvorschlag letztendlich begründet.

Teil III: Modellentwicklung

Aufbauend auf den Grundlagen und Erkenntnissen der ersten beiden Bereiche, repräsentiert Teil III den zentralen Beitrag dieser Arbeit, mit der Zielsetzung der Verbesserung des aktuellen Stands der Forschung. Dazu wird in Kapitel 7 ein Referenzmodell zur Umsetzung und Unterstützung von dynamischen Föderationen sowie seinen speziellen Bedürfnissen vorgeschlagen. Das Modell integriert dabei verschiedene Elemente, namentlich Rollen-, Daten-, Prozess- und Vertrauensmodell. Wesentlicher Bestandteil ist das Prozessmodell, welches eine dynamische Föderation ganzheitlich betrachtet und in unterschiedliche Phasen und Aktivitäten gliedert, die in Kapitel 8 im Detail vorgestellt werden. Das im Rahmen dieses Teils der Arbeit eingeführte Referenzmodell umfasst diverse Erweiterungen zum heutigen Stand der Forschung.

Teil IV: Evaluation

Zum Abschluss wird in Teil IV eine prototypische Implementierung basierend auf dem entwickelten Referenzmodell aus Teil III vorgestellt. Der in Kapitel 9 präsentierte Prototyp dient als Demonstration der generellen Machbarkeit des erstellten Artefakts. Des Weiteren weist die anschließende Einordnung des Vorschlags in den entwickelten Kriterienkatalog aus Teil II, eine deutliche Verbesserung des aktuellen Stands der Forschung nach. In Kapitel 10 wird die Arbeit mit Schlussfolgerungen und möglichem weiterem Forschungsbedarf abgeschlossen.

Kapitel 2

2 Kollaborative Netzwerke

Netzwerke bzw. Vernetzung sind mittlerweile häufig verwendete Begriffe in verschiedenen Anwendungsfeldern (z.B. [Bar02, DM03, New10]). Für diese Dissertationsarbeit sind insbesondere sogenannte kollaborative Netzwerke relevant. Ein kollaboratives Netzwerk umfasst eine Vielfalt von Entitäten (z.B. Organisationen und Personen), die größtenteils autonom, geographisch verteilt und im Zusammenhang mit ihrer Arbeitsumgebung und Kultur unterschiedliche Zielsetzungen verfolgen [CA05]. Nichtsdestotrotz kollaborieren diese Entitäten, um gemeinsame bzw. kompatible Ziele zu erreichen. Im Folgenden wird der Begriff der Kollaboration erläutert und der Zusammenhang zu Identitätsföderationen hergestellt. Des Weiteren wird im Rahmen dieses Kapitels das EU FP7 Forschungsprojekt *SPIKE* eingeführt, von welchem einige grundlegende Aspekte für diese Arbeit gewonnen werden konnten. Außerdem wird eine empirische Studie zum Thema *Online-Vertrauen* vorgestellt, welche die Thematik dieser Arbeit motiviert.

2.1 Grundlegende Konzepte

Zur Einordnung von kollaborativen Netzwerken ist es zunächst erforderlich, die grundlegenden Konzepte zu erläutern. Obwohl in der Regel ein intuitives Verständnis über kollaborative Netzwerke besteht, werden damit häufig Kooperationen gleichgesetzt. Wenn zusätzlich Termini wie Vernetzung, Kommunikation und Koordination Verwendung finden, werden die Begriffe zunehmend unschärfer. Diese Konzepte sind essentielle Bausteine von kollaborativen Netzwerken, jedoch sind diese nicht von gleicher Wertigkeit und auch nicht gegenseitig austauschbar. Eine weit verbreitete Definition liefern Camarinha-Matos et al. [CA08]:

- **Vernetzung** - umfasst Kommunikation und Informationsaustausch zum gegenseitigen Nutzen. Ein Beispiel kann dabei der Erfahrungsaustausch einer Gruppe zu einem speziellen Tool sein. Alle Beteiligten profitieren von den ausgetauschten Informationen, aber es existiert kein gemeinsames Ziel oder Struktur.
- **Koordinierte Vernetzung** - integriert das vorherige Konzept und beinhaltet zusätzlich die Abstimmung bzw. Anpassung von Aktivitäten, um effizientere Resultate zu erzielen. Dabei teilt eine Gruppe beispielsweise Informationen und stimmt sich gegenseitig hinsichtlich zeitlicher Planung von Lobbyaktivitäten für ein bestimmtes Themengebiet ab. Es existiert aber kein gemeinsames Ziel und es werden die eigenen Ressourcen verwendet.

- **Kooperation** – neben den genannten Konzepten, werden Ressourcen in geringem Ausmaß geteilt, um kompatible Ziele zu erreichen. Typisches Beispiel ist eine traditionelle Wertschöpfungskette mit den einhergehenden Lieferant-Kunde Beziehungen. Dabei existiert ein gemeinsamer Plan, der eine gewisse Zusammenarbeit erfordert.
- **Kollaboration** – ist ein Prozess in dem Entitäten Informationen, Ressourcen und Verantwortlichkeiten teilen, um gemeinsam Aktivitäten zur Erreichung gemeinsamer Ziele zu planen, implementieren und evaluieren. Dieses Konzept impliziert, dass Risiken, Ressourcen und Verantwortlichkeiten geteilt werden. Die Entwicklung eines neuen Produkts durch ein Expertenteam, kann hierfür exemplarisch angeführt werden.

Abbildung 2-1 verdeutlicht den Zusammenhang der einzelnen Konzepte. Angefangen von der Vernetzung bis hin zur Kollaboration bauen die einzelnen Varianten aufeinander auf und repräsentieren letztendlich Bausteine der nächsten Stufe. Mit jeder Stufe steigt der Interaktionslevel, was auch als Reifegrad interpretiert werden kann.

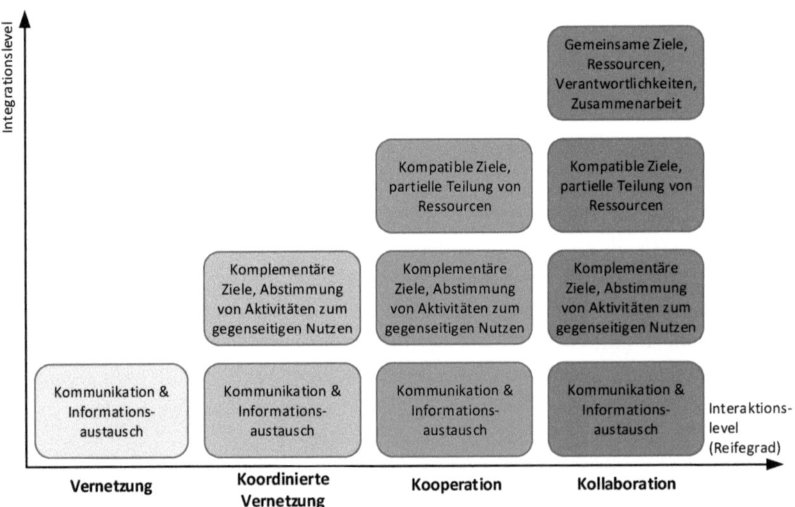

Abbildung 2-1: Kollaborationskonzepte (in Anlehnung an [CA08])

Eine Identitätsföderation kann als Beispiel eines kollaborativen Netzwerks angesehen werden [CA07]. Dabei sind in Abhängigkeit des Interaktionslevels alle aufgezeigten Interaktionsstufen möglich. Von der einfachen Nutzung eines gemeinsamen Blogs bis hin zu einer komplexen Föderation, in der Ressourcen über Organisationsgrenzen hinweg bereitgestellt werden.

2.2 EU FP7 Forschungsprojekt SPIKE

Das Forschungsprojekt SPIKE entstammt der *i2010-Initiative* der Europäischen Kommission, welche einen „integrierten Ansatz hin zu einer Informationsgesellschaft (...) in der Europäischen Union [Com05] sowie die Überwindung der Hürden zwischen Forschungsergebnissen und deren wirtschaftlicher Gegenleistung [Com05] verfolgt. Des Weiteren benötigt Europa eine offene und konkurrenzfähige digitale Ökonomie, in der Unternehmen die Themen Netzwerk- und Informationssicherheit nicht nur als Kostenfaktor, sondern als strategischen Vorteil betrachten und auch entsprechend einsetzen können [Com06]. Dabei ist anzumerken, dass sich eine digitale Ökonomie nicht nur auf Online-Marktplätze zum Kauf und Verkauf von Produkten beschränkt, sondern auch die Integration von Informations- und Kommunikationstechnologie in die Geschäftsprozesse von Unternehmen berücksichtigt werden muss. In diesem Zusammenhang sollte die digitale Ökonomie für europäische Unternehmen, insbesondere für kleine und mittlere Unternehmen[2] (KMU) ein Vorteil sein.

Jedoch ist damit auch die Einführung neuer Technologien verbunden, was gerade für KMU ein wesentliches Hemmnis darstellt. Dies begründet sich beispielsweise in fehlenden Ressourcen, entsprechenden Kompetenzen und Mangel an qualifiziertem Personal sowie dem Geschäftsrisiko einer missglückten Einführung der jeweiligen Technologie. Insbesondere Letzteres kann für KMU sogar existenzgefährdend werden. Des Weiteren werden die eBusiness-Aktivitäten von KMU aufgrund eines Mangels an entsprechenden Tools am Markt häufig auf eine 1:1-Beziehung reduziert, was dazu führt, dass KMU ihre Dienstleistungen in der Regel nur einem großen Kunden anbieten können, welcher die Prozesse definiert, wodurch KMU letztendlich vom Erfolg des jeweiligen Partnerunternehmens abhängig werden. Auf der einen Seite sind KMU in ihrem Spezialgebiet sehr innovativ, können jedoch andererseits nicht mit den Produktionskosten von großen Unternehmen mithalten. Der Tatsache geschuldet, dass 99% aller Unternehmen in der EU KMU sind [Tho08], wird die Notwendigkeit nach entsprechender Unterstützung noch verstärkt.

Schnelle und flexible Reaktionsmöglichkeiten auf Marktchancen bzw. -veränderungen sind heutzutage der Schlüssel zum Erfolg. In diesem Kontext ist den vergangenen Jahren der Begriff der im vorherigen Abschnitt erläuterten *kollaborativen Netzwerke* entstanden, welche sich durch den dynamischen Zusammenschluss von verschiedenen Organisationen bilden. Dies macht es einerseits für KMU möglich durch die Bündelung von Kräften und Kompetenzen mit großen Unternehmen zu konkurrieren und die oben genannten Herausforderungen zu überwinden. Andererseits haben auch große Unternehmen Interesse an kollaborativen Netzwerken, mit dem Ziel Teile der Wertschöpfungsketten an spezialisierte Experten (z.B. KMU) auszulagern und den eigenen Fokus auf den Kernkompetenzen zu behalten.

---

[2] http://ec.europa.eu/enterprise/policies/sme/index_de.htm

Zusammengefasst stehen europäische Unternehmen zahlreichen Herausforderungen gegenüber. Mitarbeiter müssen in wissensintensiven und innovativen ad-hoc Prozessen und Workflows (zusammen-)arbeiten. SPIKE zielt darauf ab, die Barrieren für europäische Unternehmen, insbesondere KMU zu senken, um eine Teilnahme an der digitalen Ökonomie auf sichere Weise zu ermöglichen. SPIKE ermöglicht Unternehmen aller Größen miteinander zu kollaborieren und neue Geschäftsmöglichkeiten mit zuvor nicht erreichbaren Partnern und Kunden zu erlangen.

2.2.1 Projektübersicht

Dieser Abschnitt beschäftigt sich mit der Vision und den Zielsetzungen im Rahmen des Forschungsprojekts SPIKE. Des Weiteren wird die Architektur von SPIKE als zentrales Element des Projektes eingeführt

Projektvision und -ziele

Das *SPIKE* Projekt (*Secure Process-oriented Integrative Service Infrastructure for Networked Enterprises*) zielte auf die Erforschung und Entwicklung einer Softwareplattform ab, welche den einfachen und schnellen Aufbau von kurzfristigen (weniger als sechs Monate), projektbasierten und loose-gekoppelten Geschäftsallianzen ermöglicht. „Loose-gekoppelt" bedeutet in diesem Zusammenhang, dass keinerlei im Vorfeld etablierte technische bzw. organisatorische Beziehungen zwischen den potentiellen Projektpartnern erforderlich sind. Des Weiteren wird angenommen, dass notwendige rechtliche Voraussetzungen bereits im Vorfeld geschaffen wurden, weshalb diese nicht als Teil des Forschungsprojektes anzusehen waren. Umfrageergebnisse zeigen, dass weniger als sechzig Prozent der Teilnehmer von kollaborativen Netzwerken, ihre gemeinsamen Aktivitäten mit entsprechender Tool-Unterstützung durchführen können [Fin11].

Grundsätzlich verfolgt *SPIKE* zwei wesentliche Zielsetzungen [BFG⁺09]:

- Auslagerung von Teilen der Wertschöpfungskette an Geschäftspartner (sowie umgekehrt, das Anbieten solcher Dienstleistungen in Form von Web Services).
- Ermöglichen von Kollaborationen zwischen Mitgliedern der beteiligten Organisationen mittels ad-hoc erstellter sowie vorkonfigurierter Geschäftsprozesse.

Dabei folgte SPIKE den vier Komponenten von Geschäftsallianzen nach Österle et al. [OFA01]:

- **Networked Processes** – erfordern die direkte Anbindung von den Kernkompetenten der Partner.
- **Business Bus** – ermöglicht Allianzen zwischen den Partnern basierend auf der Verwendung von Standards.

- **Electronic Services** – erlaubt die dynamische Einbindung von externen Dienstleistungen.
- **Service Integrator** – bezieht sogenannte „Infomediaries“ ein, welche die Kombination von verschiedenen Serviceanbietern im Rahmen von Geschäftsallianzen ermöglicht.

SPIKE 3-Schichten Architektur

Die Umsetzung von Vision und Zielen kann mittels einer 3-Schichten Architektur beschrieben werden, welcher auf dem Ansatz von van Heck et al. [HV09] basiert und in Abbildung 2-2 veranschaulicht wird. Dazu umfasst die Architektur die Schichten *Networked Enterprise*, *Conceptual Layer* und *Service Layer* [BFG+10]:

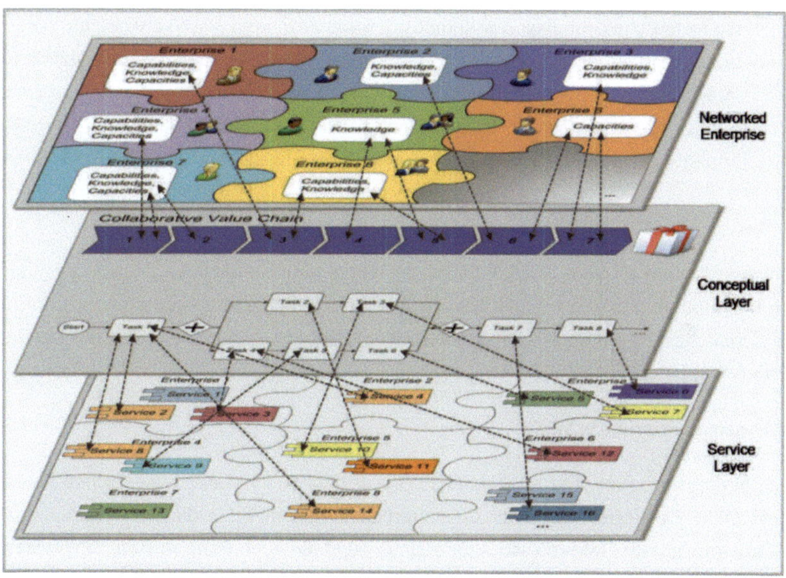

Abbildung 2-2: Architektur einer SPIKE Kollaboration [BFG10]

- **Networked Enterprise:** Verschiedene Organisationen stellen ihr Wissen, Expertise, Fähigkeiten, Fertigkeiten und Ressourcen zur Verfügung. Die Lösung von komplexen Problemstellungen, überfordert möglicherweise die Kompetenzen eines einzelnen Unternehmens. Dies erfordert die Auslagerung von Teilen der Wertschöpfungskette an Geschäftspartner, wodurch die notwendige Kompetenz durch spezialisierte Organisationen eingebracht werden kann. Dadurch können die Teilnehmer ihr Portfolio erweitern und ihre Marktposition sichern bzw. verbessern. Letztendlich entstehen in diesem Rahmen virtuelle Geschäftsallianzen zwischen Organisationen unterschiedlicher Größe sowie aus verschiedenen Bereichen.

- **Conceptual Layer:** Diese Ebene repräsentiert die Konzeptualisierung des kollaborativen Netzwerks und seiner Ziele. Ausgehend von der *Networked Enterprise* Ebene, schließen sich geeignete Partner mit entsprechenden Kompetenzen auf Basis einer gemeinsamen Strategie und Zielsetzung zusammen. Die Strategie dient als Grundlage für eine detaillierte Spezifikation des entsprechenden Geschäftsprozesses. Die einzelnen Prozessschritte werden von den Partnern, entsprechend ihrer Kompetenzen abgedeckt.
- **Service Layer:** Die dritte Schicht umfasst Tools und Mechanismen zur Implementierung der auf Schicht zwei spezifizierten kollaborativen Netzwerke. Auf dieser Schicht werden Dienstleistungskriterien festgelegt und Partner zu bestimmten Aktivitäten der Geschäftsprozesse zugeordnet. Dabei steht insbesondere die Selektion, Orchestrierung, Management und Ausführung von Web Services im Fokus. Dazu wird auch die technische Grundlage zur Komposition von Prozessen, Web Services und Applikationen in integrierte Workflows bereitgestellt. Dadurch werden Interoperabilität und Integration zwischen Organisationen und unterschiedlichen Web Services auf technischer Ebene ermöglicht und letztendlich eine flexible Entwicklung von Geschäftsbeziehungen ohne nennenswerten Verwaltungsaufwand gewährleistet [Spi11].

2.2.2 Technische Bausteine

Die wesentlichen Resultate des SPIKE-Projekts wurden auf drei Ebenen erzielt: Organisatorisch und methodisch, wissenschaftlich sowie technisch. Im Rahmen der wissenschaftlichen und technischen Forschungsergebnisse wurde eine Sicherheits- und Identitätsmanagementinfrastruktur entwickelt.

FIdM Implementierung in SPIKE

Die Sicherheits- und Identitätsmanagementinfrastruktur ist einer der wesentlichen Bausteine der SPIKE Plattform und seiner Gesamtarchitektur [Fur09]. In diesem Zusammenhang stellt die entwickelte FIdM-Infrastruktur technische Maßnahmen zum Austausch von identitätsbezogenen Informationen über Organisationsgrenzen hinweg bereit. Grundsätzlich bietet SPIKE zwei unterschiedliche Ansätze für die Nutzung seiner FIdM-Infrastruktur (vgl. Abbildung 2-3):

1. Konnektoren zu bestehenden Identitätsmanagementsystemen von Unternehmen.
2. FIdMaaS – eine FIdM-Lösung inklusive Identitätsmanagementsystem, welche sich insbesondere an KMU richtet.

Mit Hilfe der ersten Variante können Unternehmen ihre eigenen Identitätsmanagementsysteme in organisationsübergreifende Projekte einbinden. Der SPIKE-Plattform müssen vor Beginn einer Kollaboration lediglich einige Attribute (z.B. Unternehmenszugehörigkeit) mitgeteilt und notwendige Vertrauensbeziehungen etabliert werden. Ansonsten ist keinerlei Entwicklungs- bzw. Anpassungsaufwand erforderlich.

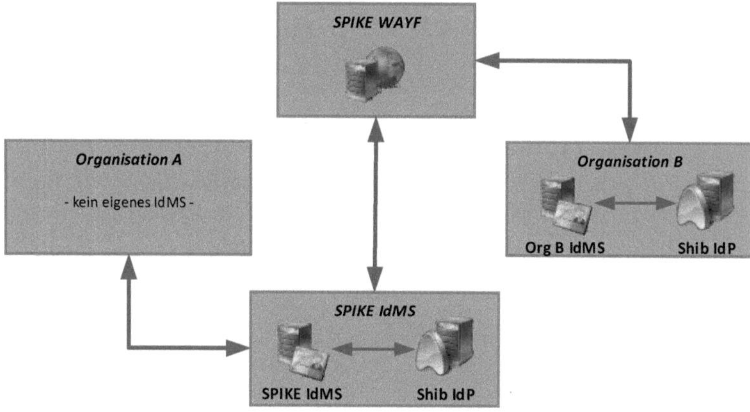

Abbildung 2-3: SPIKE FIdM-Architektur

Mit dem zweiten Ansatz werden explizit die Anforderungen von KMU berücksichtigt. Gerade KMU betreiben häufig keine eigene Identitätsmanagement-Lösung, was diese prinzipiell ausschließen würde. Daher stellt die SPIKE-Plattform ein eigenes Identitätsmanagementsystem bereit, welches von KMU verwendet werden kann.

2.2.3 Bewertung

Im Folgenden wird eine kurze Bewertung des SPIKE-Projektes und seiner Ergebnisse in Bezug auf die Thematik dieser Arbeit abgegeben. In SPIKE sind grundsätzlich statische Vertrauensbeziehungen zwischen den beteiligten Instanzen vorgesehen. Deren Aufbau muss in einer separaten Phase vor dem Eintritt in eine SPIKE-Föderation durch das Anlegen von entsprechenden Metadaten erfolgen. Dabei wird eine Public-Key-Infrastruktur (PKI) (vgl. Abschnitt 3.3.2.1) als Grundlage verwendet. Die Föderationsteilnahme ist somit hinsichtlich *Vertrauen für föderiertes Identitätsmanagement*, mit einer gewissen Anfangsbarriere verbunden. Daher werden die Erkenntnisse des SPIKE-Projekts als Basis und Motivation für diese Arbeit verwendet. An dieser Stelle ist jedoch auch anzuführen, dass der Hauptfokus von SPIKE nicht auf dem dynamischen Aufbau von Vertrauensbeziehungen gelegen hat.

2.3 Empirische Studie zu Online-Vertrauen

Virtuelle Kooperationen sind grundsätzlich eine Art von kollaborativen Netzwerken, jedoch wurde der Begriff aufgrund seiner Bekanntheit bzw. besseren Verständlichkeit im Titel der Umfrage als geeigneter erachtet. Die Umfrage beleuchtet die Thematik virtueller Geschäftsbeziehungen und evaluiert dabei insbesondere die Rolle von Vertrauen und entsprechenden Maßnahmen. Des Weiteren wird abgefragt wie virtuelle Kooperationen technisch umgesetzt werden und inwiefern föderiertes Identitätsmanagement in diesem Zusammenhang zum Einsatz kommt.

2.3.1 Methodik

Die Empirische Studie *Vertrauen in virtuellen Unternehmenskooperationen* wurde mittels einer Online-Befragung durchgeführt. Dabei handelt es sich um Befragungen, bei denen die Teilnehmer den auf einem Server abgelegten Fragebogen im Internet online ausfüllen [AABD01]. Abbildung 2-4 veranschaulicht die verwendete Methodik.

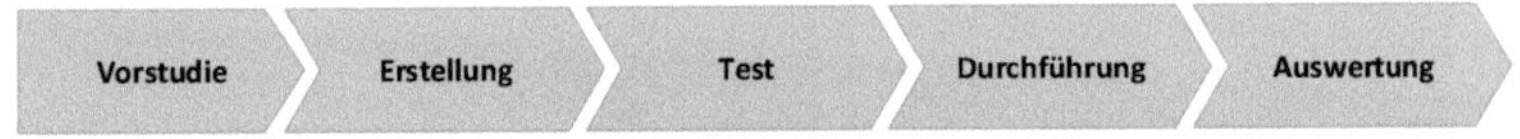

Abbildung 2-4: Methodik der empirischen Studie (in Anlehnung an [Hol07, S. 34])

Die Methodik gliedert sich in fünf sequentiell ablaufende Phasen. Der Abschluss der jeweiligen Phase ist Vorbedingung für die darauffolgende Phase (Output der vorherigen Phase dient als Input für die folgende Phase).

Die Vorstudie beschäftigt sich mit der Planung des Fragebogens. Hierbei werden allgemeine Aspekte wie der Adressatenkreis inklusive Streuung, Feldzeit und Ziele der Befragung festgelegt. Des Weiteren sind generell Qualitätsstandards zur Erstellung eines Fragebogens zu beachten und gegebenenfalls Literaturrecherchen durchführen. Anschließend wird der eigentliche Fragebogen erstellt, die Fragen formuliert und gegliedert. Der Fragebogen wird danach getestet, weshalb diese Phase auch als Pretest bezeichnet wird. Nach Beendigung der Pretests und der Einarbeitung des daraus resultierenden Feedbacks, kann die Umfrage durchgeführt werden. In dieser Phase muss der ausgewählte Adressatenkreis eingeladen und die Durchführung während der Feldzeit überwacht werden. Die Auswertung der Umfrage folgt nach Beendigung der Feldzeit. Hier muss zunächst eine Qualitätskontrolle durchgeführt werden, bevor die spezifische Auswertung und die Dokumentation der Ergebnisse erfolgen kann.

2.3.2 Zielsetzung

Die Umfrage gliedert sich im Wesentlichen in drei Teile, wobei zu Beginn einige allgemeine Fragestellungen (z.B. Arbeitgeber, Standort, Branche, etc.) zu beantworten sind. Mit virtuellen Kooperationen im weiteren Sinne sowie Hindernissen und vertrauensbildenden Maßnahmen in diesem Zusammenhang, beschäftigen sich die anschließenden Abschnitte der Studie.

Virtuelle Unternehmenskooperationen

Zum einen sollen mit der Umfrage allgemeine Einschätzungen zu Bedeutung und Zielsetzungen zu bestehenden virtuellen Kooperationen der Teilnehmer erfasst werden. In diesem Kontext wurden auch die Häufigkeit und die Intensität abgefragt, was insbesondere in Verbindung mit dem zweiten Teil der Umfrage interessante Ergebnisse liefert. Letztendlich spielt auch die technische Umsetzung der jeweiligen virtuellen Kooperation eine wesentliche Rolle. Insbesondere sollte dabei erfasst werden, inwiefern die Technologien des föderierten Identitätsmanagements bekannt sind und ob diese bei den Teilnehmern Verwendung finden. Zu diesem Block wurden folgende Hypothesen aufgestellt:

- H_1: Virtuelle Kooperationen werden bereits stark genutzt
- H_2: Föderiertes Identitätsmanagement ist weitestgehend unbekannt

Kooperationshindernisse und vertrauensbildende Maßnahmen

Der zweite Teil der Umfrage beschäftigt sich einerseits mit Hindernissen und Problemstellungen im Zusammenhang mit virtuellen Kooperationen sowie andererseits mit möglichen Maßnahmen, um Vertrauen in diese herzustellen. Für ersteres sollte analysiert werden, inwiefern rechtliche, sicherheitsspezifische (z.B. mangelnde Vertraulichkeit bzw. Integrität) sowie die jeweilige technische Umsetzung hinderlich für virtuelle Kooperationen sind. Insbesondere den sicherheitsspezifischen Problemstellungen soll durch die Schaffung von Vertrauen entgegengewirkt werden. Dazu wurden die Teilnehmer nach dem Einfluss von eigenen Erfahrungen oder Empfehlungen von Dritten, beispielsweise in Form von Kundenrezensionen gefragt. Auch die Meinung hinsichtlich von Gütesiegeln bzw. Zertifizierungen wurde erfasst. In diesem Zusammenhang wurden folgende Hypothesen definiert:

- H_3: Online-Vertrauen ist wichtiger als Offline-Vertrauen
- H_4: Gütesiegel sind für die Auswahl der Kooperationspartner sehr wichtig

2.3.3 Ergebnisse der Umfrage

Die Umfrage wurde am 17.01.2012 gestartet. Zur Verteilung der Umfrage wurden einerseits personalisierte Emails versendet und andererseits wurde auch die Möglichkeit geboten, über einen Link auf der Webseite des Lehrstuhls für Wirtschaftsinformatik I an der Universität Regensburg teilzunehmen. Die Einladungen wurden in mehreren Wellen mit anschließender Erinnerung verbreitet. Mit Beendigung am 24.02.2012 wurde die Umfrage 182 Mal nach einer Einladung per Email und 15 Mal nach Aufruf über die Webseite durchgeführt (vgl. Tabelle 2-1).

	Anzahl Einladungen	Anzahl Aufrufe	Anzahl beendeter Fragebögen	Rücklaufquote
Email	9.839	416	182	1,85%
Link		41	15	

Tabelle 2-1: Rücklaufquote der Umfrage

Diese Fragebögen wurden in einem ersten Schritt aufbereitet und einer Qualitätskontrolle hinsichtlich Aspekten wie Vollständigkeit bzw. Plausibilität und Konsistenz unterzogen [AABD01, KERS09]. Dadurch mussten insgesamt 19 Datensätze aussortiert werden, wodurch letztendlich 178 ausgefüllte Fragebügen für eine Auswertung zur Verfügung stehen.

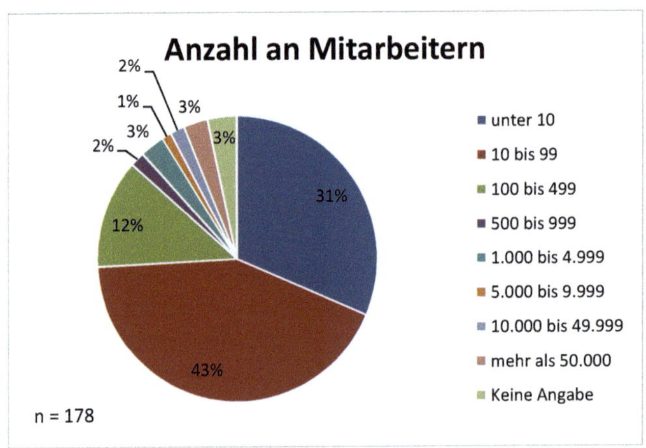

Abbildung 2-5: Mitarbeiteranzahl der Umfrageteilnehmer

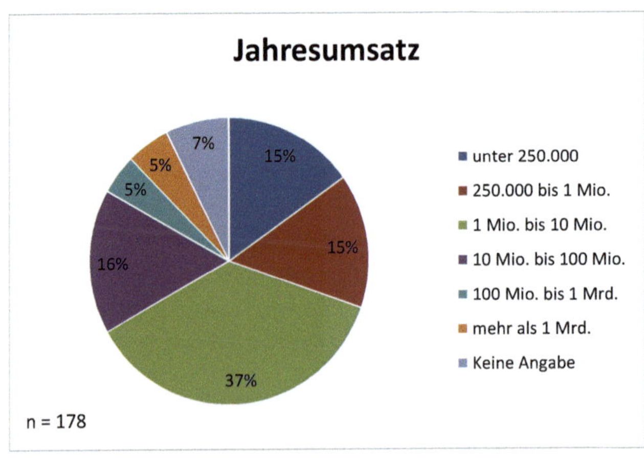

Abbildung 2-6: Jahresumsatz der Umfrageteilnehmer

Nach Analyse des ersten Teils des Fragebogens, zeigt sich anhand der Anzahl an Mitarbeitern und des Jahresumsatzes, dass in erster Linie kleine und mittlere Unternehmen [Eur03] an der Studie teilgenommen haben (vgl. Abbildung 2-5 und Abbildung 2-6). Jedoch haben sich auch einige größere Unternehmen mit mehr als 1000 Beschäftigen und einem Jahresumsatz über 100 Millionen Euro beteiligt. Die involvierten Organisationen sind über eine Vielzahl an Branchen verteilt, jedoch konnte ein deutlicher Schwerpunkt im Bereich der IT-Dienstleister (87), des Maschinenbaus und der Elektroindustrie (jeweils 13) festgestellt werden.

Der zweite Teil der Umfrage befragt die Teilnehmer zu Beginn, ob in ihrem Unternehmen virtuelle Kooperationen betrieben werden, was erwartungsgemäß bei einem Großteil (79%) der Fall ist. Diese Frage, wurde als sogenannte Filterfrage eingerichtet, wodurch Organisationen ohne virtuelle Kooperationen direkt mit dem dritten Fragenkomplex fortfahren und keine weiteren Fragen in diesem Teil beantworten, wodurch sich die Datensätze auf insgesamt 144 reduzieren.

In diesem Zusammenhang konnte festgestellt werden, dass Unternehmen mit mehr Partnern, auch deutlich häufiger virtuelle Kooperationen nutzen (vgl. Abbildung 2-7 und Abbildung 2-8). Während Organisationen mit mehr als 100 Kooperationspartnern, mit diesen zu fast 80% täglich interagieren, stehen Unternehmen mit weniger als fünf Kooperationspartnern, lediglich zu 35% täglich in Kontakt.

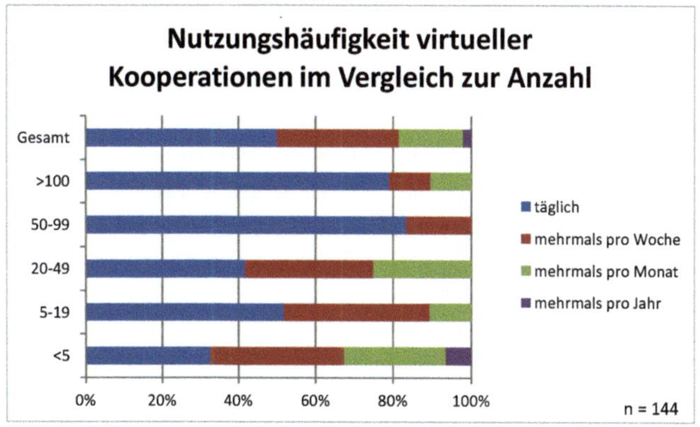

Abbildung 2-7: Nutzungshäufigkeit virtueller Kooperationen

Des Weiteren wurde die Bedeutung virtueller Kooperationen abgefragt und unter anderem in Abhängigkeit der einzelnen Branchen ausgewertet. Dadurch zeigt sich, dass generell knapp 80% virtuelle Kooperationen mindestens als wichtig für ihre Unternehmen einstufen. Jedoch ist ein deutliches Gefälle zwischen den Branchen IT-Dienstleister und Elektrotechnik auf der einen Seite und Maschinenbau auf der anderen Seite zu erkennen, wo 10% virtuelle Kooperationen als eher unwichtig einstufen.

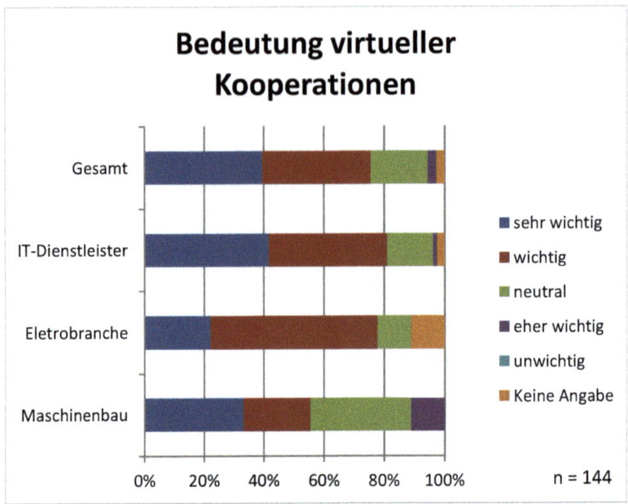

Abbildung 2-8: Bedeutung virtueller Kooperationen

Letztendlich lässt sich jedoch ableiten, dass virtuelle Kooperationen intensiv und häufig eingesetzt werden, was zu einer Bestätigung von Hypothese H_1 führt.

Die technische Realisierung hinsichtlich Identitätsmanagement für virtuelle Kooperationen wird größtenteils durch die Erstellung neuer Benutzerkonten in den IT-Systemen des jeweiligen Kooperationspartners abgebildet (vgl. Abbildung 2-9 und Abbildung 2-10). Die Nutzung einer neutralen Plattform, beispielsweise in der Cloud, wurde von insgesamt 61 Teilnehmern angegeben. Zumindest 50 Organisationen nutzen ihre eigenen Benutzerkonten, um Zugriff auf IT-Systeme der Partner zu bekommen. Jedoch ist den meisten Teilnehmern der Name der Technologie offensichtlich nicht bekannt, was die Diskrepanz zwischen knapp 35%, die föderiertes Identitätsmanagement zwar nutzen und den lediglich 7%, die diese Technologie kennen, erklären könnte.

Deshalb muss Hypothese H_2 differenziert betrachtet werden. Einerseits kann bestätigt werden, dass FIdM unter diesem Namen weitestgehend unbekannt ist, jedoch andererseits der Einsatz der Technologie mit knapp 35% doch relativ weit verbreitet ist.

Für den dritten Teil der Umfrage stehen wieder 178 Datensätze zur Auswertung zur Verfügung. Vertrauen gilt als wesentlicher Aspekt von Geschäftsbeziehungen [Wil13]. Im Rahmen der Studie wurden die Teilnehmer nach ihrer Einschätzung hinsichtlich der Bedeutung von Vertrauen bei traditionellen (offline) und virtuellen (online) Kooperationen gebeten. Dabei zeigte sich, dass Vertrauen in beiden Fällen von einem Großteil der Befragten als wichtig bzw. sehr wichtig eingestuft wird, jedoch im Kontext virtueller Kooperationen als noch entscheidender angesehen wird.

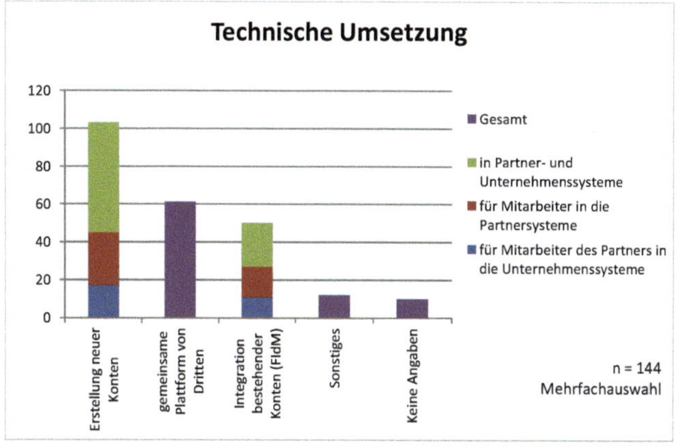

Abbildung 2-9: Technische Umsetzung von virtuellen Kooperationen

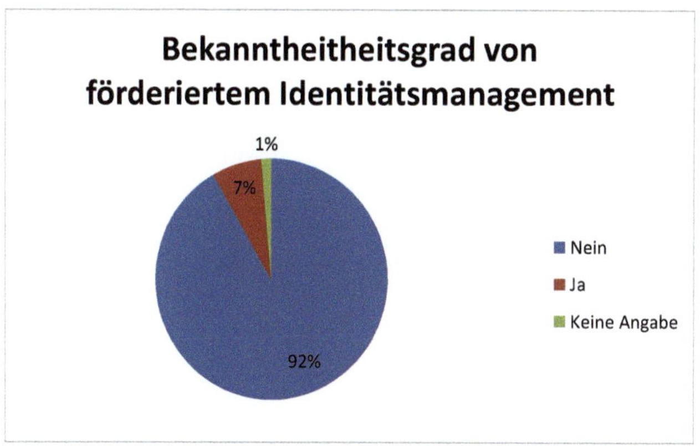

Abbildung 2-10: Bekanntheitsgrad von FIdM

Dadurch kann auch Hypothese H_3 bestätigt werden. Des Weiteren wurde deutlich, dass die Teilnehmer noch mit zahlreichen Hindernissen und Problemstellungen im Kontext von virtuellen Kooperationen konfrontiert werden. Dazu wurden eine Reihe von Fragestellungen in die Bereichen Sicherheit, Rechtsanforderungen, technische Umsetzung sowie Allgemein geprüft. Dabei lassen sich im Wesentlichen keine Ausreißer feststellen (vgl. Abbildung 2-11 und Abbildung 2-12). Lediglich der Block mit allgemeinen Hindernissen, wurde etwas weniger einflussreich bewertet. Aber gerade sicherheitsspezifische, rechtliche sowie technische Problemstellungen, sind als großes Hindernis für virtuelle Kooperationen zu interpretieren.

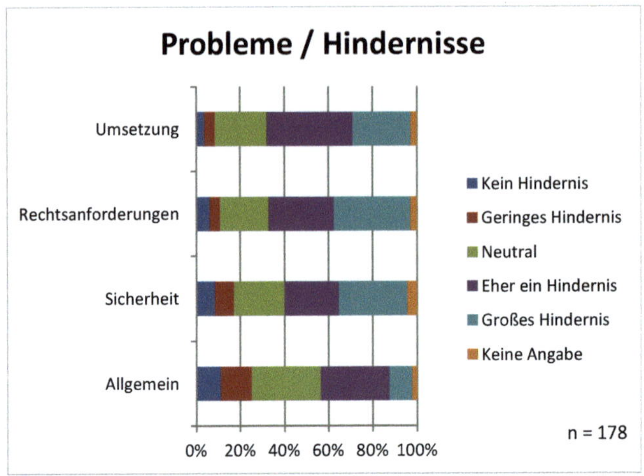

Abbildung 2-11: Problemstellungen und Hindernisse für virtuelle Kooperationen

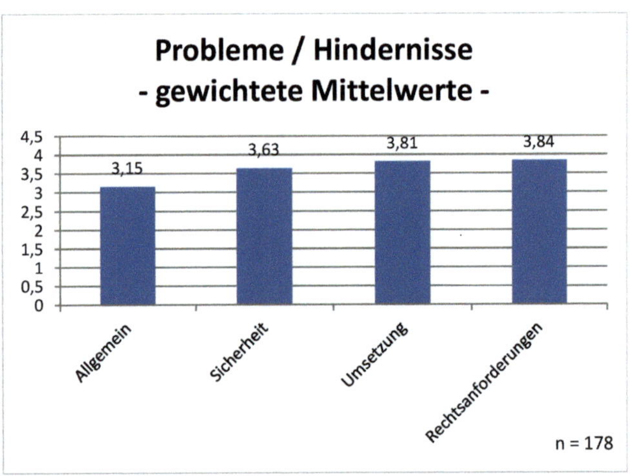

Abbildung 2-12: Problemstellungen und Hindernisse für virtuelle Kooperationen (Mittelwerte)

Dabei wird deutlich, dass mangelndes Vertrauen in seiner Gesamtheit, ein wesentliches Hemmnis für virtuelle Kooperationen darstellt.

Außerdem beschäftigt sich der dritte Teil der Studie mit vertrauensbildenden Maßnahmen, für welche die Teilnehmer deren Einfluss auf Kooperationen bewerten sollten. Dabei wurde deutlich, dass in erster Linie eigene Erfahrungen als Grundlage für die Bewertung von Vertrauen Verwendung finden (vgl. Abbildung 2-13). Als weiteres Kriterium wird der öffentliche Ruf einer Organisation, gefolgt von Zertifizierungen und Gütesiegeln, betrachtet. Einige wenige Teilnehmer legen des Weiteren Wert auf eine nachhaltige Unternehmensführung, was über das Freitextfeld in diesem Abschnitt angegeben werden konnte.

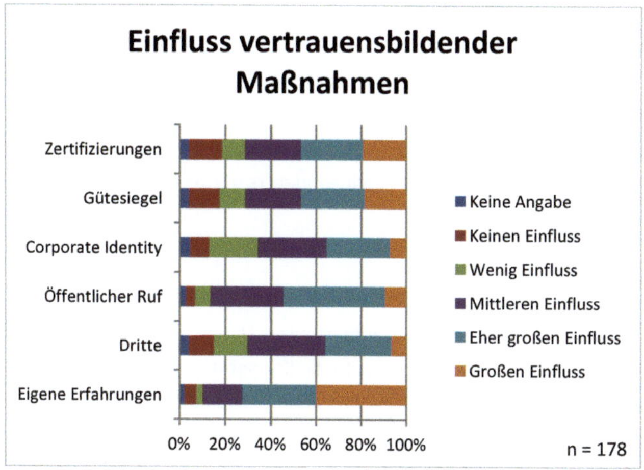

Abbildung 2-13: Einfluss vertrauensbildender Maßnahmen für virtuelle Kooperationen

Abbildung 2-14: Vertrauensbildende Maßnahmen für virtuelle Kooperationen

Zusätzlich wurden auch Gütesiegel bzw. Zertifizierungen abgefragt, welche die Organisationen innehaben (vgl. Abbildung 2-14). Insbesondere ISO 9001[3] aber auch der IT-Grundschutz[4]

---

[3] http://www.tuev-sued.de/management-systeme/iso-9001

sind unter den Teilnehmern relativ weit verbreitet. Im Zusammenhang mit der Vertrauensbildung bei virtuellen Kooperationen, werden im Wesentlichen ISO-Zertifizierungen als wichtig erachtet.

Jedoch stehen einige Teilnehmer dieser Thematik durchaus kritisch gegenüber, da eine Zertifizierung teilweise keine Aussage über die tatsächliche Einhaltung der damit verbundenen Richtlinien trifft. Damit kann die aufgestellte Hypothese H_4 nicht eindeutig bestätigt werden. Einerseits ist zwar ein großer Einfluss bei der Auswahl von Partnern im Vergleich zu den weiteren abgefragten Maßnahmen feststellbar, andererseits werden Zertifizierungen an sich sehr kritisch eingeschätzt.

2.3.4 Bewertung

Die Umfrageergebnisse bestätigen die aufgestellten Hypothesen im Wesentlichen. Knapp 80% der befragten Unternehmen nutzen virtuelle Kooperationen, wobei gut zwei Drittel diese als sehr wichtig bzw. wichtig für ihre Unternehmensabläufe bzw. ihren -erfolg erachten. Dabei ist auch die Nutzung von Technologien des föderierten Identitätsmanagements durch wenigstens ein Drittel der Teilnehmer bemerkenswert. Diese Resultate stützen generell auch die Motivation für diese Dissertationsarbeit und belegen ihre praktische Relevanz. Gerade im Zusammenhang mit der Abfrage von Kooperationshindernissen bzw. -problemen wird deutlich, dass mangelndes Vertrauen in seiner Gesamtheit ein wesentliches Hemmnis für Kooperationen darstellt. Ausschlaggebend sind dafür unter anderem Datenschutzaspekte sowie die Gewährleistung der klassischen IT-Schutzziele Vertraulichkeit, Integrität und Verfügbarkeit.

Bezogen auf die Kernthematik dieser Arbeit, lässt sich des Weiteren ableiten, dass verschiedene vertrauensbildende Maßnahmen einzusetzen sind. Eigene Erfahrungen werden von den Teilnehmern am Bedeutsamsten eingruppiert, aber auch Zertifizierungen bzw. Gütesiegel können eine Rolle in diesem Zusammenhang spielen.

---

[4] https://www.bsi.bund.de/DE/Themen/ITGrundschutz/itgrundschutz_node.html

Kapitel 3

3 IT-Sicherheitstechnologien

Dieses Kapitel untergliedert sich in drei Subkapitel, welche einen Teil der technologischen Grundlagen für diese Arbeit einführen. Dabei werden zu Beginn potentielle Sicherheitsrisiken in Föderationen identifiziert und anschließend Technologien der IT-Sicherheit aufgeteilt nach den traditionellen Schutzzielen Vertraulichkeit, Integrität und Verfügbarkeit vorgestellt und hinsichtlich ihrer Eignung für diese Arbeit bewertet. Die Erkenntnisse dieses Kapitels fließen als Basis in den eigenen Vorschlag zur Umsetzung von dynamischen Identitätsföderationen ein.

3.1 Sicherheitsrisiken in Identitätsföderation

Föderationen bringen sowohl für Betreiber als auch Anwender eine Reihe von Vorteilen, jedoch sind diese gleichzeitig auch mit einigen Risiken verbunden. Im Folgenden sollen die Risiken kurz beschrieben werden, um die Notwendigkeit der Integration von Sicherheitstechnologien zu unterstreichen. Für eine Definition und Einordnung des Risikobegriffs sei an dieser Stelle auf Kapitel 5.2 verwiesen.

Wie bereits in der Einleitung dieser Arbeit erläutert, ist FIdM eine vielversprechende Maßnahme, um dem sogenannten Identitätschaos entgegenzuwirken. Durch die damit einhergehende Aufwertung einer digitalen Identität zur föderierten Identität, erhöhen sich aber auch das Risiko und der potentielle Schaden eines möglichen Angriffs. Das zusätzliche Risiko resultiert aus dem organisationsübergreifenden Datenaustausch. Für den Service Provider besteht das zentrale Risiko darin, dass er sich auf die Korrektheit der Daten und Informationen der anderen Föderationsteilnehmer verlassen muss, vor allem auf die vom IdP gelieferten Identitätsdaten [Hom07]. Sind die Daten beispielsweise gefälscht oder ist die Identität gestohlen, kann dies unter anderem negative finanzielle Auswirkungen für den SP haben. Für Identity Provider überwiegen in erster Linie datenschutzrechtliche Aspekte im Zuge der Preisgabe von personenbezogenen Daten an Dritte sowie die Nutzung von externen Dienstleistungen mit ungewisser Qualität [SN06, Hom07], was letztendlich zu einem Image- bzw. Reputationsverlust und auch zu rechtlichen Konsequenzen führen kann.

Da Authentifizierungen hauptsächlich mittels wissensbasierten Verfahren wie Passwörtern realisiert werden, sind Angriffe relativ einfach umzusetzen [Gre13]. Schwache Passwörter können durch automatisierte Verfahren leicht errechnet bzw. erraten werden [Sch13]. Phishing-Attacken, bei denen ein Angreifer ein Passwort im Klartext entlocken will [BSI13], stellen zudem ein weiteres hohes Risiko in Föderationen dar. Föderationsteilnehmer werden organisationsübergreifend mittels Redirect-Funktionalitäten zwischen den Webseiten der technischen Komponenten (vgl. Abschnitt 4.2.2.1) weitergeleitet. Korrupierte Komponenten könnten eine Weiterleitung auf manipulierte Seite veranlassen und dort entsprechende Zugangsdaten abfragen. Eine ausführliche Auflistung existierender Risiken, findet sich beispielsweise in [Hom07].

Risiken in Identitätsföderationen können nach intern und extern unterschieden werden. Interne Risiken beziehen sich auf die eigenen IT-Systeme, wohingegen bei externen Risiken die IT-Landschaft der Föderationspartner gemeint ist. Intern kann eine Partei in einer Identitätsföderation durch geeignete Maßnahmen der Risikosteuerung das Risiko auf ein tolerierbares Level senken [Jon05]. Auf das externe Risiko haben die beteiligten Parteien keinen direkten Einfluss. Heutige Identitätsföderationen versuchen das Risiko durch Vereinbarungen beispielsweise in Form von Service Level Agreements zu mindern. In dynamischen Föderationen sind solche Konstrukte jedoch nicht umsetzbar. Daher ist im Rahmen dieser Arbeit der Einsatz anderer Maßnahmen erforderlich, zu denen auch die im Folgenden behandelten IT-Sicherheitstechnologien zählen, mit der Zielsetzung Identitätsföderationen flexibler zu gestalten.

3.2 IT-Sicherheit

Für einen sicheren Betrieb von Computersystemen sind bei der Implementierung von Schutzmaßnahmen verschiedene Aspekte zu berücksichtigen. IT-Sicherheitsmanagement hat die Aufgabe, geeignete Schutzmaßnahmen zu entwickeln, um IT-gestützte Geschäftsprozesse in Organisationen gegen beabsichtigte Angriffe (Security) und unbeabsichtigte Ereignisse (Safety) zu schützen [SGI13]. Das Bundesamt für Sicherheit in der Informationstechnik definiert IT-Sicherheit wie folgt:

> *„IT-Sicherheit bezeichnet einen Zustand, in dem die Risiken, die beim Einsatz von Informationstechnik aufgrund von Bedrohungen und Schwachstellen vorhanden sind, durch angemessene Maßnahmen auf ein tragbares Maß reduziert sind. IT-Sicherheit ist also der Zustand, in dem Vertraulichkeit, Integrität und Verfügbarkeit von Informationen und Informationstechnik durch angemessene Maßnahmen geschützt sind."* [BSI13]

Aus dieser Definition ist zu entnehmen, dass ein sicherer Zustand eines Systems dann vorliegt, wenn entsprechende Maßnahmen zum Schutz der Vertraulichkeit, Integrität und Verfügbarkeit vorhanden sind. Dabei ist unter diesen drei Schutzzielen gemäß [Sac13] und [BA10] folgendes zu verstehen:

- **Vertraulichkeit** (engl. confidentiality): Die Informationsvertraulichkeit in einem System ist dann sichergestellt, wenn die zu schützende Information ausschließlich für

Befugte zugänglich ist. Das bedeutet, dass in einem System durch entsprechende Maßnahmen zum einen festgelegt werden muss, welcher Personenkreis eine vertrauliche Information einsehen darf, bzw. welche Subjekte berechtigt sind, eine schützenswerte Ressource zu nutzen. Zum anderen muss die Vertraulichkeit der Information während des Transportes zwischen Subjekten vorhanden sein. Das Schutzziel lässt sich unter anderem mit einem entsprechenden Zugriffsschutz umsetzen. Der sichere Austausch von Informationen wird durch Verschlüsselung der zu schützenden Information erreicht, wobei nur zugriffsberechtigte Personenkreise die Möglichkeit haben dürfen, die Information zu entschlüsseln.

- **Integrität** (engl. integrity): Mit diesem Schutzziel soll die Vollständigkeit und Korrektheit von Daten (Datenintegrität), sowie die korrekte Funktionsweise von Systemen (Systemintegrität) gewährleistet werden. Informationen sind dann vollständig, wenn alle dazugehörigen Teildaten vorhanden sind. Korrektheit von Daten bedeutet, dass ein bestimmter Sachverhalt unverfälscht dargestellt wird. Insofern ist Integrität erforderlich, um sicherzustellen, dass Daten während der Verarbeitung oder Übertragung nicht von Unbefugten verändert werden können. Veränderungen umfassen das nachträgliche Einfügen, Löschen oder Ersetzen von Informationen. Mit Hilfe entsprechender Maßnahmen ist es möglich, nicht autorisierte Veränderungen an Informationen festzustellen. Damit kann verhindert werden, dass manipulierte Daten in Systemen unbemerkt weiterverarbeitet werden. Gängige Maßnahmen basieren dabei auf kryptografischen Verfahren, wie z.B. Hashfunktionen.
- **Verfügbarkeit** (engl. availability): Dieses Schutzziel stellt sicher, dass ein System und die darin enthaltenen Daten zur Verfügung stehen, so dass jederzeit eine Datenverarbeitung stattfinden kann. In Service-Level-Agreements werden unterschiedliche Ausfallzeiten definiert, an die Systembetreiber gebunden sind. Folglich müssen Vorkehrungen getroffen werden, um Systemausfälle zu vermeiden. Beispielsweise sind regelmäßige Backups durchzuführen und kritische Systemkomponenten redundant zu implementieren.

3.3 Schutzziele

Anhand der im vorherigen Abschnitt eingeführten Schutzziele, werden im Folgenden Maßnahmen beschrieben, die zur Sicherheit in dynamischen Föderationen beitragen können. Diese verfolgen die Zielsetzung, das potentielle Schadensrisiko zu minimieren und gleichzeitig die Basis für Vertrauen in Föderationen zu erreichen. Dazu werden einige ausgewählte Maßnahmen gegliedert nach den drei Schutzzielen näher erläutert.

3.3.1 Schutz der Vertraulichkeit

Zur Wahrung der Vertraulichkeit von Daten und Ressourcen, sind unterschiedliche Maßnahmen in Erwägung zu ziehen. Dabei wird auf Verfahren der Authentifizierung und Autorisierung sowie auf die Thematik der Verschlüsselung [BSI06] eingegangen, welche für eine sichere Datenübertragung in einer Föderation maßgeblich sind.

3.3.1.1 Authentifizierungsverfahren

Grundsätzlich können Authentifizierungsverfahren in drei Arten unterschieden werden (z.B. [Eck06, RP06]):

- **Authentifizierung durch Wissen:** Diese Art der Authentifizierung wird auch als Challenge-Response-Verfahren bezeichnet. In der Praxis werden Passwörter, PINs oder Sicherheitsfragen verwendet, die der Benutzer dem System nach Verlangen mitteilen muss, wobei Passwörter am Häufigsten eingesetzt werden. Um die Errechnung von Passwörtern durch Computersysteme zu unterbinden, müssen entsprechende Bestimmungen eingehalten werden. Die Qualität eines Passwortes zeichnet sich vor allem durch dessen Länge und des verwendeten Alphabets (Zeichen, Ziffern und Sonderzeichen) aus [KS12]. Eine weitere wichtige Maßnahme, mit der die Sicherheit von Passwörtern erhöht werden kann, beruht auf deren regelmäßiger Änderung. Dazu können Richtlinien definiert werden, die eine Aktualisierung von Passwörtern nach einem bestimmten Zeitraum erzwingen.
- **Authentifizierung durch Besitz:** Mittels Gegenständen ist ebenfalls eine sichere Authentifizierung gegenüber Computersystemen möglich. Als Gegenstände dienen beispielsweise Smartcards, Token (z.B. [ver13]) oder auch Mobiltelefone (z.B. [EKA+12, pat12]). Häufig werden diese Verfahren mit einer wissensbasierten Authentifizierung verknüpft, damit bei Verlust des Gegenstandes eine zusätzliche Sicherung besteht. Die Kombination von zwei verschiedenen Authentifizierungsverfahren wird auch als *2-Faktor-Authentifizierung* bezeichnet. Folglich trägt ein mehrstufiger Authentifizierungsprozess dazu bei, die Authentizität eines Benutzers stärker abzusichern.
- **Authentifizierung durch Merkmale:** Bei diesem Verfahren werden häufig biometrische Merkmale einer Person berücksichtigt. Als Merkmal dienen Eigenschaften einer Person, die nur diese besitzen und vorweisen kann wie z.B. Fingerabdrücke oder die Retina des Auges. Darüber hinaus ist eine biometrische Authentifizierung auch durch Sprach- bzw. Gesichtsmustererkennung möglich. Aber auch das Tippverhalten auf einer Tastatur kann als individuelles Merkmal einer Person betrachtet werden [MR00]. Eines der sichersten, gleichzeitig aber auch teuersten Verfahren ist die Handvenenerkennung. Dabei wird mittels Infrarotstrahlen das Venenmuster im Inneren der Hand ermittelt und mit einem Referenzmuster verglichen [Stö10]. Zwar ist

die Fehlerrate dieser Technologie sehr gering, jedoch ist ein Einsatz der teuren Hardware vornehmlich in Hochsicherheitsbereichen sinnvoll.

Einige der hier beschriebenen Authentifizierungsverfahren werden bereits in FIdM eingesetzt. In dynamischen Föderationen sind sichere Verfahren erforderlich, die auch von der Mehrheit der Nutzer anwendbar sind. Biometrische Verfahren ermöglichen eine sehr sichere Authentifizierung, sind aber in Föderationen nur bedingt sinnvoll, da die Benutzer über entsprechende Hardware verfügen müssen. Dennoch sollte nicht auf den Einsatz mehrstufiger Authentifizierungsverfahren, wie z.B. die Kombination von Passwörtern und Smartcards verzichtet werden. In diesem Zusammenhang sei auf ein weiteres mögliches Verfahren verwiesen, das in der Literatur als eigenständiges Authentifizierungsverfahren betrachtet wird. Dabei handelt es sich um die Berücksichtigung geografischer Positionsdaten, bei denen ein Objekt als authentifiziert gilt, wenn es sich in einem vordefinierten Bereich aufhält (z.B. [RSB11, KL12]). Insbesondere in dynamischen Föderationen können diese Verfahren zukünftig eine relevante Rolle spielen.

3.3.1.2 Zugriffskontrollverfahren

Zur Gewährleistung der Vertraulichkeit von Objekten und Daten müssen die betreffenden Ressourcen zugriffsgeschützt sein. Berechtigungen schützen Objekte vor nicht autorisierten Zugriffen. Demnach wird sichergestellt, dass ausschließlich Subjekte auf eine Ressource bzw. eine Systemfunktion zugreifen können, die über die entsprechende Berechtigung verfügen. Eine *Berechtigung* setzt sich aus zwei Elementen zusammen [TS10]: Zum einen aus dem zu *berechtigenden Objekt*, welches geschützt werden soll. Dabei kann es sich um Systemkomponenten oder auch Funktionen in einem IS handeln. Zum anderen ist die zu *berechtigende Operation* zu schützen, mit welcher definiert wird, welche Operationen (Lesezugriff, Schreibzugriff, ...) auf ein Berechtigungsobjekt freigegeben oder gesperrt sind. Aus diesem Grund wird im Kontext von Systemen auch von *Zugriffsberechtigungen* gesprochen.

Um die Vertraulichkeit von Objekten zu gewährleisten, dürfen Berechtigungen nur dann erteilt werden, wenn ein Subjekt diese für die Erfüllung einer bestimmten Tätigkeit benötigt [Bis03]. Mittels des sogenannten *Least-Privilege-Prinzip* (z.B. [FKC07, MA08]) wird ausgedrückt, dass ein Subjekt nur die notwendigsten Rechte erhält; so wenig Rechte wie möglich, so viele wie nur unbedingt nötig. Für die Verwaltung von Zugriffsberechtigungen in IT-Systemen werden daher Mechanismen benötigt, die Zugriffsrechte digitalen Identitäten nach einer Richtlinie zuordnen und gleichzeitig sicherstellen können, dass nur autorisierte Subjekte den gewährten Zugriff auf geschützte Objekte erhalten [Eck12]. Zugriffskontrollstrategien bilden die Grundlage für die Realisierung von Autorisierungsverfahren. Nachfolgend werden wichtige Verfahren beschrieben, mit denen die Autorisierung von Zugriffsberechtigungen möglich ist.

3.3.1.2.1 Discretionary Access Control (DAC)

Bei diesem Verfahren autorisiert der Besitzer einer Ressource selbst die jeweiligen Subjekte, die Zugriff erhalten sollen [Eck12]. Die Zugriffsrechte werden dabei in Bezug auf einzelne Objekte erteilt bzw. entzogen. Die Definition von systemglobalen Eigenschaften ist somit nicht gegeben. Insofern ist mittels DAC zwar eine individuelle Berechtigungssteuerung auf der Ebene einzelner Benutzer möglich, jedoch besteht die Gefahr, inkonsistente Berechtigungen zu modellieren. Darüber hinaus ist es möglich, dass ein autorisiertes Subjekt seine erhaltenen Berechtigungen an eine andere Identität weiterreichen kann [MA08]. Damit einher geht das Risiko, dass Systemanwender durch Dritte den Zugriff auf geschützte Funktionalitäten erhalten, für welche sie nicht autorisiert sind. Konsequenz wäre eine nicht mehr überschaubare Ansammlung von Berechtigungen.

Im Kontext von Föderationen ist DAC aus diesen Gründen weniger geeignet, da einerseits der Aufwand für die Verwaltung der Berechtigungen zu hoch ist und andererseits die erforderliche Sicherheit nicht gewährleistet werden kann.

3.3.1.2.2 Mandatory Access Control (MAC)

MAC beschreibt eine systembestimmte Zugriffskontrolle, bei der nicht nur Subjekte und Objekte betrachtet werden, sondern zusätzlich auch systemweite Bedingungen (systemglobale Eigenschaften). Zu den Bedingungen zählen beispielsweise Regeln, die den Zugriff auf Ressourcen innerhalb eines Systems steuern. Dabei werden Merkmale definiert, wie z.B. Sicherheitsstufen, die den zu schützenden Objekten zugewiesen werden. Eine Sicherheitsstufe besitzt eine hierarchische und eine nichthierarchische Komponente [MA08]. Im hierarchischen Fall können Ressourcen in Abhängigkeit ihrer Sicherheitsstufe verwaltet werden, wie z.B. *Öffentlich* (1), *Vertraulich* (2), *Geheim* (3) und *Streng Geheim* (4). Dabei haben höhere Sicherheitsstufen (z.B. *Streng Geheim*) eine höhere Vertraulichkeit als niedrigere Sicherheitsstufen (z.B. *Öffentlich*). Nichthierarchische Elemente klassifizieren die Art der zu schützenden Information mit Begriffen, wie z.B. *Personaldaten* oder *Patentanmeldung*, was eine objektive Unterscheidung der Wertigkeit unmöglich macht.

Darüber hinaus haben *systembestimmte Zugriffsdefinitionen* Vorrang vor *benutzerbestimmbaren Eigenschaften*, sofern eine systemweite Bedingung den individuellen Zugriff eines Benutzers auf eine Ressource explizit verbietet [Eck12]. Durch diese Maßnahme wird sichergestellt, dass ein Benutzer eine Ressource nicht verwenden kann, auch wenn ihm individuell das Zugriffsrecht erteilt wurde (vgl. DAC). Zugriffskontrollsteuerungen, die auf MAC basieren, werden überwiegend in sog. Multi-Level-Sicherheitssystemen eingesetzt. Vor allem militärische Systeme verwenden dieses Prinzip, um die Vertraulichkeit und Integrität hochsensibler Daten zu gewährleisten [QFH10]. Im nicht-militärischen Bereich ist diese Art der Zugriffskontrolle z.B. auch in Dokumentenmanagementsystemen integriert, in denen Filter den Zugriff auf Dokumentarten erlauben bzw. verweigern.

In der Gesamtbetrachtung stellt MAC im Vergleich zu DAC eine deutliche Verbesserung hinsichtlich der Autorisierung von Zugriffen dar. Allerdings ist MAC eher für den Einsatz in geschlossenen Systemen konzipiert, da die Verwaltung der Sicherheitsstufen relativ komplex ist. Diese müssen dabei in den jeweiligen Systemen definiert und sowohl auf Benutzer als auch Ressourcen angewendet werden. Eine häufige Anpassung der verwendeten Sicherheitsstufen ist aufgrund ihrer komplexen Verwaltung nicht zweckmäßig. Für Föderationen, welche eine dynamische Zusammenarbeit mit verschiedenen Systemen bzw. mit föderierten Identitäten anstreben, ist MAC zu statisch, um die erwünschte Flexibilität zu erreichen.

3.3.1.2.3 Attribute-Based Access Control (ABAC)

Um in einer Föderation sowohl den Schutz von Vertraulichkeit, als auch die erforderliche Flexibilität zu erreichen, ist das Verfahren ABAC zweckdienlich. Damit erhält eine Identität die erforderlichen Zugriffsberechtigungen nicht aufgrund vordefinierter Zuordnungen (vgl. DAC und MAC), sondern auf Basis von Attributen [PDSK07]. Insofern ermöglicht ABAC eine attributbasierte Zugriffskontrolle. Voraussetzung hierfür ist ein Attribut-Mapping, bei dem die Definition der verwendeten Attribute erfolgt. In einer Föderation müssen sowohl IdP als auch SP die identischen Attribute verwenden, damit eine sichere Zugriffskontrollentscheidung erfolgen kann. In diesem Zusammenhang spielt der XACML-Standard eine wesentliche Rolle. Für eine Erläuterung von XACML sei an dieser Stelle auf Abschnitt 4.2.2.2 verwiesen. Grundsätzlich lässt sich mit XACML unter anderem definieren, an welche Bedingungen bestimmte Attribute geknüpft sind. Beispielsweise kann in einer XACML-Richtlinie definiert werden, dass einer Identität, die ein entsprechendes Alter (age >= 18) besitzt, der Zugriff auf eine entsprechende Ressource gewährt wird. Somit erhält ein Anwender abhängig von seinem Alter dynamisch Zugriff auf Ressourcen, ohne dass im Vorfeld eine manuelle Zuweisung von Berechtigungen erforderlich ist.

Aufgrund seiner Flexibilität ist ABAC als Autorisierungsverfahren für die Steuerung von Zugriffsberechtigungen in einer Föderation geeignet. Da Vertrauen in einer Föderation eine wesentliche Rolle spielt, muss der SP den übermittelten Attributen vertrauen können. Dies erfordert eine zuverlässige und ordnungsgemäße Verwaltung von Attributen, was beispielsweise mit Verfahren der *Identity Assurance* gewährleistet werden kann (vgl. Abschnitt 5.4.3).

3.3.1.2.4 Role-Based Access Control (RBAC)

Im Rahmen von RBAC erfolgt die Steuerung der Zugriffsrechte anhand von Rollen (rollenbasierte Zugriffskontrolle). Dabei werden einem Subjekt vordefinierte Rollen zugewiesen, die es für die Erledigung einer bestimmten Aufgabe benötigt. Insofern wird durch RBAC das *Least-Privilege-Prinzip* technisch umgesetzt. Zudem wird eine höhere Transparenz bzgl. der zugewiesenen Berechtigungen einer Identität erreicht. Existierende Rollenkonzepte und Vorgehensweisen zur strukturierten Rollenentwicklung werden in der Literatur ausführlich behandelt (z.B. [FP08a, FBP09, Fuc10, FM11]).

Ursprünglich wurde das RBAC-Modell entwickelt, um die Probleme der bestehenden Verfahren (vgl. DAC, MAC) zu lösen, wie z.B. eine nachvollziehbare und strukturierte Verwaltung von Zugriffsberechtigungen. Mit RBAC ist insofern keine benutzerbestimmbare Zugriffskontrolle mehr möglich. Stattdessen werden Rollen von Systemverantwortlichen definiert und Systembenutzern im Bedarfsfall zugewiesen. Eine Rolle fungiert so gesehen als Sammelcontainer für Berechtigungen und Benutzer. Dabei werden Berechtigungen an Benutzer mit Hilfe von Rollen zugewiesen. Einer Rolle können somit mehrere Identitäten zugeordnet werden. Analog dazu kann ein Systembenutzer auch unterschiedliche Rollen besitzen, sofern er diese für die Ausführung seiner Tätigkeit benötigt. Abstrakt betrachtet, wird durch dieses Prinzip eine *Entkopplung* von Benutzern und Berechtigungen erreicht.

Dadurch wird eine höhere Transparenz der Zugriffsberechtigungen erreicht und zugleich die Grundlage für ein sicheres und effizientes Autorisierungsverfahren geschaffen. Das RBAC-Modell existiert in drei verschiedenen Ausprägungen, die aufeinander aufbauen [SCFY96]: *Core RBAC, Hierarchical RBAC* und *Constrained RBAC*. Im Rahmen dieser Arbeit soll nur das grundlegende Modell *Core RBAC* im Fokus stehen. Dessen Referenzmodell besteht aus sechs Komponenten [TS10], namentlich *Benutzer, Rolle, Sitzung, Objekt, Operation* und *Berechtigung*. In Abbildung 3-1 ist das Zusammenspiel der einzelnen Komponenten vereinfacht dargestellt. Durch die bereits beschriebene Entkopplung, ist mit der Komponente Rolle eine flexible und funktionsorientierte Zuweisung von Berechtigungen an Benutzer möglich. Die damit entstehende m:n-Relation erlaubt eine strukturierte und übersichtliche Zugriffskontrollsteuerung. Aufgrund des starren Mapping, besitzen die beteiligten Beziehungen jedoch einen relativ statischen Charakter.

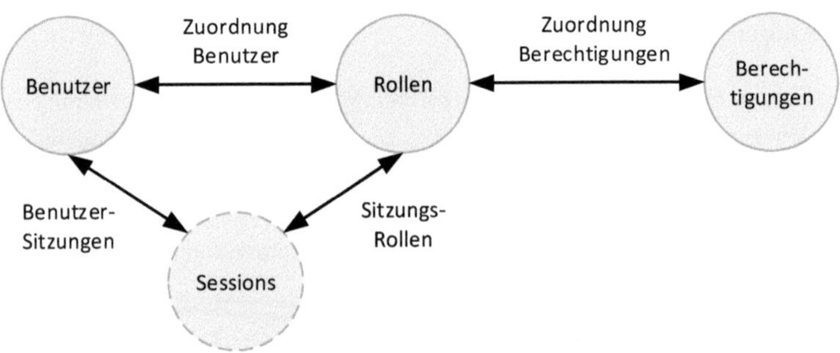

Abbildung 3-1: Core RBAC-Modell [SCFY96]

Durch die Berücksichtigung der Session-Komponente erhält das Core RBAC-Modell eine gewisse Dynamik. Die Relation *Benutzer-Sitzungen* repräsentiert die Verbindung zwischen Benutzer und aktiver Sitzung. In der Relation *Sitzungs-Rollen* erfolgt die Zuweisung von Rollen zu einer Sitzung. Insofern stellt das beschriebene Core RBAC-Modell in Bezug auf Föderationen und insbesondere im Hinblick auf die Entwicklung des dynamischen Föderationsmodells eine vielversprechende Option dar. Eine extern verwaltete Identität erhält von einem Systemverwalter nur die Berechtigungen, die sie für die Ausführung einer Aufgabe bzw. Transaktion in einem Web Service benötigt.

3.3.1.3 Kryptografische Verfahren

Zur Gewährleistung des sicheren Austauschs von Daten in einer Föderation, sind kryptografische Verfahren erforderlich, um die Vertraulichkeit der übertragenen Informationen sicherzustellen. Der Datenaustausch findet dabei zwischen den beteiligten Organisationen wie z.B. IdP und SP statt. Da während der Kommunikation auch Identitätsdaten zum Zwecke der Authentifizierung ausgetauscht werden, sind diese besonders vor unbefugtem Zugriff zu schützen. Mit Hilfe kryptografischer Verfahren ist eine verschlüsselte Datenübertragung möglich. Für die Ver- und Entschlüsselung werden kryptografische Algorithmen verwendet. In der Literatur (z.B. [RP06]) werden zwei grundlegende Verschlüsselungsverfahren unterschieden:

- **Symmetrische Verschlüsselung:** Bei der symmetrischen Kryptografie verwenden Sender und Empfänger einen identischen Schlüssel, mit dem eine Ver- und Entschlüsselung möglich ist. Das heißt der geheime Schlüssel muss vor der eigentlichen Kommunikation sicher ausgetauscht werden. Für eine sichere Übertragung kann entweder ein manueller Schlüsselaustausch erfolgen oder ein Schlüsselaustauschprotokoll verwendet werden. Zwar wäre mit diesem Verfahren eine verschlüsselte Kommunikation in einer Föderation möglich, jedoch steigt mit zunehmender Anzahl der Föderationsteilnehmer auch die Anzahl der zu verwaltenden geheimen Schlüssel. Vorteil von symmetrischer Kryptografie ist die deutlich bessere Performanz im Gegensatz zur asymmetrischen Verfahren.
- **Asymmetrische Verschlüsselung:** Bei diesem kryptografischen Verfahren wird für eine gesicherte Kommunikation zwischen Sender und Empfänger ein Schlüsselpaar verwendet. Dieses besteht aus einem *geheimen* (engl. private key) und einem *öffentlichen* (engl. public key) Schlüssel [Eck12]. Damit entfällt der Austausch eines gemeinsam genutzten geheimen Schlüssels. Der Sender benutzt für die Zustellung einer verschlüsselten Mitteilung den öffentlichen Schlüssel des Empfängers. Dieser kann mit seinem privaten Schlüssel die Nachricht wieder entschlüsseln. Insofern ist eine vertrauliche Datenübertragung in einer Föderation mit diesem Verfahren gewährleistet. Darüber hinaus lässt sich dieses Verfahren auch für die Sicherstellung der Integrität der Daten verwenden. Dabei ist nicht zwingend eine Verschlüsselung der Daten erforderlich. Um zu gewährleisten, dass ein öffentlicher Schlüssel tatsächlich dem entsprechenden Empfänger gehört, muss sowohl die Integrität des Schlüssels, als auch die Authentizität des Schlüsselinhabers überprüfbar sein. Hierzu werden digitale Zertifikate eingesetzt, deren Funktionsweise im nächsten Abschnitt erläutert wird.

Letztendlich wird mit beiden Verfahren die Vertraulichkeit der Daten sichergestellt. In der Praxis werden häufig beide Verfahren kombiniert, um einerseits den Austausch von geheimen Schlüsseln zu vermeiden, andererseits auch die Vorzüge einer performanten Verschlüsselung nutzen zu können. Die Kombination beider Verfahren ist auch als *hybride Verschlüsselung* bekannt [Sch95]. Beispielsweise wird dieses Prinzip unter anderem im Verschlüsselungsprotokoll SSL eingesetzt.

3.3.2 Schutz der Integrität

Mit Hilfe von Prüfsummen lässt sich die Vollständigkeit und Korrektheit von Daten sicherstellen. Eine Prüfsumme kann mit einer Hashfunktion generiert werden. Hierbei handelt es sich um eine sog. Einwegfunktion, die einen beliebig langen Text (Input) in eine entsprechende Ausgabe (Output) mit einer bestimmten Länge transformiert [PP06]. Dabei ist es mathematisch nicht möglich, mit einer etwaigen Umkehrfunktion aus dem Output den Input wieder zu errechnen. Mathematisch lässt sich das Prinzip einer Hashfunktion wie folgt ausdrücken:

$$h(x) = y$$

Der Hashfunktion (h) wird ein beliebiger Text (x) übergeben. Das Ergebnis (y) ist der errechnete Hashwert. Eine wichtige Eigenschaft kryptografischer Hashfunktionen ist deren Kollisionsresistenz. Mit einem vertretbaren Aufwand ist es nicht möglich, eine gezielte Kollision herbeizuführen. Das bedeutet, dass im Falle einer Äquivalenz von $h(x1) = h(x2)$, gleichzeitig nicht $x1 = x2$ gelten kann. Es darf also keine unterschiedlichen Texte geben, die einen identischen Hashwert besitzen. Im Umkehrschluss ist ein Hashwert einem bestimmten Text eindeutig zuordenbar. Damit lässt sich dieser Mechanismus für die Sicherstellung der Integrität von Daten anwenden. Gängige kryptografische Hashfunktionen sind *MD5* und *SHA1*.

Zwar kann mit einer Hashfunktion die Integrität der Daten bestätigt werden, jedoch ist damit nicht nachgewiesen, wer der Urheber der Information und des dazugehörigen Hashwertes ist. Aus diesem Grund ist die *Authentizität* einer Identität in diesem Zusammenhang von besonderer Relevanz. Diese kann durch eine entsprechende Authentifizierung, oder durch den Nachweis bestimmter Eigenschaften bewiesen werden [Eck12]. Eine Authentifizierung ist in diesem Kontext mit einer digitalen Signatur möglich. Eigenschaften können hingegen durch den erfolgreichen Abgleich mit entsprechend hinterlegten Informationen überprüft werden. Hierzu müssen die jeweiligen Eigenschaften im Vorfeld bei einer vertrauenswürdigen Stelle veröffentlicht werden.

3.3.2.1 Digitale Signaturen

Mit einer digitalen Signatur bestätigt der Besitzer die Integrität einer Information. Hierzu wird der generierte Hashwert signiert (verschlüsselt). Damit besteht nun eine Verbindung zwischen Hashwert und digitaler Identität. Bei diesem Verfahren wird häufig eine asymmetrische Verschlüsselung verwendet. Bei der Erstellung der Signatur wendet der Besitzer seinen privaten Schlüssel auf den erzeugten Hashwert an. Der verschlüsselte Hashwert wird dann zusammen mit dem Klartext veröffentlicht oder an einen Empfänger übertragen [TS10]. Mit Hilfe des öffentlichen Schlüssels des Signaturerstellers kann der Empfänger nun die Signatur (=verschlüsselter Hashwert) wieder entschlüsseln [RP06]. Dem Empfänger bzw. der prüfenden Stelle liegt somit der ursprüngliche unverschlüsselte Hashwert der Information vor. Anschließend berechnet der Empfänger den Hashwert der Information erneut und vergleicht diesen mit der entschlüsselten Signatur. Sofern beide Hashwerte übereinstimmen, ist die Integrität der Daten und zugleich auch die Authentizität des Erstellers der signierten Information erfolgreich bewiesen.

Dennoch muss sich eine Prüfstelle sicher sein, dass der verwendete öffentliche Schlüssel auch tatsächlich der Identität gehört, mit deren privatem Schlüssel die Information signiert wurde. Hierzu wird der öffentliche Schlüssel in einem digitalen Zertifikat hinterlegt. In diesem sind unter anderem der Aussteller und der Inhaber dieses Zertifikats gespeichert. Damit Zertifikate in Bezug auf ihre Gültigkeit überprüft werden können, ist eine entsprechende Infrastruktur erforderlich. Eine Public-Key-Infrastruktur (PKI) ist ein derartiges System, das die Erstellung, Verteilung und Überprüfung digitaler Zertifikate erlaubt [TS10]. Eine Alternative hierzu ist das sogenannte *Web of Trust*[5], das im Gegensatz zu einer PKI dezentral organisiert ist. Bei diesem Verfahren können Benutzer ihre Zertifikate selbst erstellen. Deren Gültigkeit kann im *Web of Trust* von anderen Teilnehmern mittels unterschiedlicher Vertrauensstufen beglaubigt werden (z.B. [Gar95, Zim95]).

3.3.2.2 Veröffentlichung von Hashwerten

Im Gegensatz zu digitalen Signaturen, kann durch einen entsprechenden Vergleich die Echtheit von Hashwerten überprüft werden. Dazu müssen die Hashwerte im Vorfeld bei einer vertrauenswürdigen Stelle veröffentlicht werden. Dieses Prinzip wird z.B. auch von Softwareanbietern verwendet, die auf einer Downloadseite den errechneten Hashwert hinterlegen. Ein Anwender kann nach dem Download den Hashwert der jeweiligen Datei selbst errechnen. Die Integrität der Datei ist sichergestellt, wenn beide Werte identisch sind.

Im Kontext von Föderationen stellt dieses Verfahren einen vielversprechenden Ansatz dar, wodurch Integrität ohne PKI nachgewiesen werden kann. Beispielsweise kann analog zum *Web of Trust* eine dezentrale Veröffentlichung von Hashwerten erfolgen.

3.3.3 Schutz der Verfügbarkeit

Die Verfügbarkeit technischer Komponenten in einer Föderation kann durch eine entsprechend redundant konzipierte Architektur erreicht werden. Da in der Gesamtbetrachtung

[5] http://www.gnupg.org/gph/de/manual/x420.html

eine Föderation ohnehin bereits eine dezentrale Struktur aufweist, ist eine gewisse Ausfallsicherheit bereits implizit vorhanden. Dennoch müssen zentrale Komponenten geschützt werden. Hierfür können beispielsweise Replikationsmechanismen [Höl08] zweckdienlich sein. Jedoch liegt es in der Eigenverantwortung eines Systembetreibers, seine Hard- und Software so abzusichern, dass die Wahrscheinlichkeit eines Ausfalls so gering wie möglich ist.

Kapitel 4

4 Identitätsmanagement

In diesem Kapitel werden zunächst grundlegende Fachbegriffe des digitalen Identitätsmanagement definiert, die für das weitere Verständnis dieser Arbeit von Bedeutung sind. Darauf aufbauend werden wesentliche Aspekte von föderiertem Identitätsmanagement sowie verschiedene korrespondierende Technologien vorgestellt. Zum Abschluss werden die Herausforderungen von föderiertem Identitätsmanagement herausgearbeitet und dynamische Identitätsföderationen definiert. Anhand dieser Vorgehensweise, wird die Phase *Awareness of Problem* der zugrunde liegenden Forschungsmethodik abgeschlossen.

4.1 Digitales Identitätsmanagement

In Literatur und Praxis existiert eine Reihe von Interpretationen des Terminus Identitätsmanagement (z.B. [Ben05, Win05, MA08, BT10]). Dabei werden einerseits die Verwaltung und Pflege von Identitäten sowie andererseits die Regelung der Zugriffskontrolle unter Identitätsmanagement verstanden.

Identitätsmanagement (IdM) nimmt demnach eine sicherheitsrelevante Rolle ein und geht über die reine Verwaltung digitaler Identitäten hinaus. Dabei haben vor allem standardisierte Prozesse einen hohen Stellenwert, um eine entsprechende Vertrauenswürdigkeit der verwalteten Identitäten zu erreichen. Demzufolge sind sowohl technische Komponenten als auch organisatorische Prozesse erforderlich.

Damit die Aufgaben und Prozesse des IdM einfach und effizient durchführbar sind, kommen Identitätsmanagementsysteme (IdMS) zum Einsatz. Auf dem Markt ist mittlerweile eine Vielzahl von IdMS mit unterschiedlichen Ausprägungen erhältlich. Zudem übernehmen IdMS verstärkt Funktionen, die bisher von eigenständiger Standard- bzw. Individualsoftware ausgeführt wurden. Dazu zählen z.B. Single Sign-on (SSO) oder Workflowprozesse zur Unterstützung des Lebenszyklus digitaler Identitäten (vgl. Abschnitt 4.1.2.1).

4.1.1 Grundlegende Konzepte

Mit digitalem Identitätsmanagement geht eine Vielzahl von Begrifflichkeiten einher, deren Bedeutung häufig vom jeweiligen Anwendungsbereich sowie Szenario abhängig ist. Daher werden im Folgenden einige grundlegende Konzepte und deren Zusammenhänge (vgl. Abbildung 4-1) für das weitere Verständnis der Arbeit erläutert.

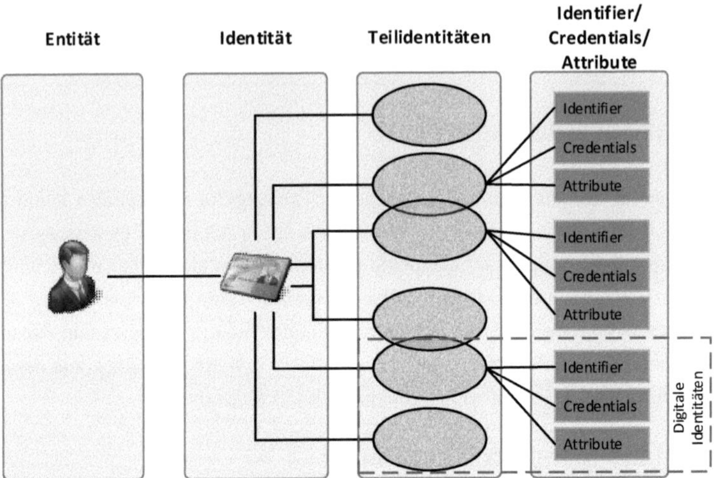

Abbildung 4-1: Zusammenhänge grundlegender IdM-Konzepte (in Anlehnung an [BT10, Jos12a, Net13])

Entität

Eine Entität ist jemand (natürliche oder juristische Person) oder etwas (z.B. eine technische Komponente, ein Dienst, Daten, etc.), was durch Attribute näher charakterisiert wird [Hüh08]. Im Kontext von IdM können folgende Beispiele für Entitäten angeführt werden: Benutzer, Netzwerkkomponenten, Softwareapplikationen oder Dienstleistungen [ITU09a].

Attribut

Attribute sind beschreibende Informationen, die Charakteristika einer Entität spezifizieren. [ITU09a]. Mittels Attributen kann eine Identifizierung von Entitäten durch IT-Systeme erfolgen [BT10]. Eine Person kann beispielweise mittels persönlicher (Name, Geburtsort, Adresse, etc.) sowie körperlicher Attribute (Alter, Größe, etc.) und sonstigen Fähigkeiten bzw. persönlichen Vorlieben (Interessen, Hobbys, etc.) charakterisiert werden [BIT05].

Berechtigungsnachweise

Berechtigungsnachweise bzw. Identitätsnachweise (engl. credentials) [Eck06] sind typischerweise Sammlungen von Attributen und Behauptungen zu einer spezifischen Entität, ausgegeben von einem *Identity Provider*. Dabei kann grundsätzlich zwischen papierbasierten und elektronischen Berechtigungsnachweisen unterschieden werden. Jedoch verschwindet diese Differenzierung zunehmend, da physische Berechtigungsnachweise häufig Informationen enthalten, die von elektronischen Geräten automatisiert erfasst und verarbeitet werden können. [BT10].

Des Weiteren existieren für Berechtigungsnachweise verschiedene Klassifizierungen, wie z.B. nach Brands und Légaré in die Kategorien *Validated, Authenticated, Raw Credentials* [BL02] bzw. auf Grundlage des amerikanischen NIST wird unterschieden in *Primary, Secondary, Tertiary Credentials* [MDK06], wodurch letztendlich auch eine Wertigkeit hinsichtlich deren Vertrauenswürdigkeit zum Ausdruck gebracht werden kann. Beispielhaft genannt werden können Passwörter, digitale Zertifikate, Fingerabdrücke, Kerberos Tickets [NT94] oder SAML-Assertions (vgl. Abschnitt 4.2.2.2) [BT10].

Identität

Eine Identität umfasst die Ansammlung aller Attribute einer bestimmten Entität. Eine Entität bezieht sich auf genau eine Identität. Somit kann die Identität eher als philosophisches denn als praktisches Konzept betrachtet werden. Anwendungsorientiert betrachtet ist es wohl unmöglich, dass ein IdMS alle Attribute einer Entität sammelt, daher fokussieren IdMS auf spezifische Teilmengen der Gesamtmenge an Attributen [MIS05].

Teilidentität

Eine Identität kann viele Teilidentitäten umfassen, welche die jeweilige Entität in bestimmten Kontexten oder Rollen repräsentieren. Charakterisiert werden Teilidentitäten durch Teilmengen von Attributen einer Identität. In der Regel überschneiden sich einzelne Teilidentitäten [PH10]. Eine Person kann abhängig von Situation und Kontext durch unterschiedliche Teilidentitäten vertreten werden. Dadurch können nur bestimmte Attribute einer Identität preisgeben werden [CK01].

Abbildung 4-2 veranschaulicht, dass Alice (=Entität) in unterschiedlichen Situationen wie z.B. Arbeit oder Einkaufsverhalten (=Kontext) Teile ihrer Identität (=Teilidentitäten) verwendet. Zusammengefasst ergeben alle Teilidentitäten inklusive zugehöriger Attribute, die (vollständige) Identität von Alice.

Digitale Identität

Eine digitale Identität repräsentiert eine Teilidentität in elektronischer Form, um die Verarbeitung durch IT-Systeme zu ermöglichen. Jede Entität kann durch verschiedene digitale Identitäten vertreten werden, die aber nicht zwangsläufig eindeutig sein müssen [MIS05]. Eine digitale Identität besteht im Allgemeinen aus einem Identitätsbezeichner (=Identifier), Credentials und aus Attributen bezogen auf eine bestimmte Teilidentität [BIT05]. Für den weiteren Verlauf der Arbeit werden die Begriffe digitale Identität und Identität synonym verwendet.

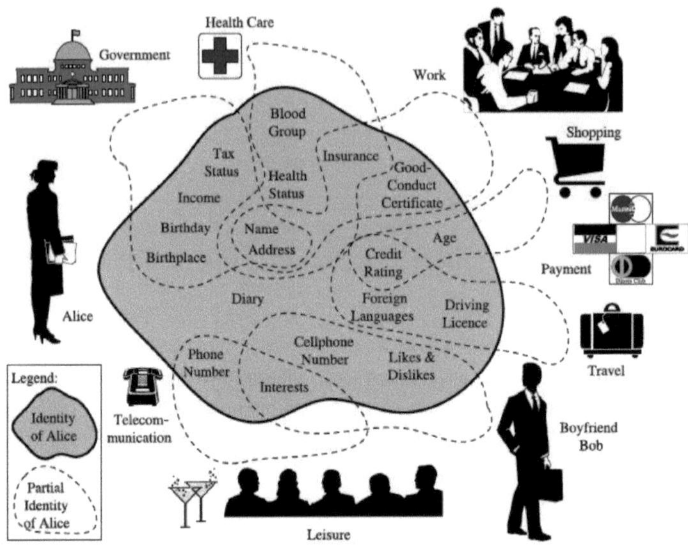

Abbildung 4-2: Teilidentitäten von Personen [CK01]

4.1.2 Prozesse und Technologien

IdM umfasst technische Komponenten sowie organisatorische Prozesse und kann im Wesentlichen in vier Bausteine unterteilt werden [DH08] (vgl. Abbildung 4-3).

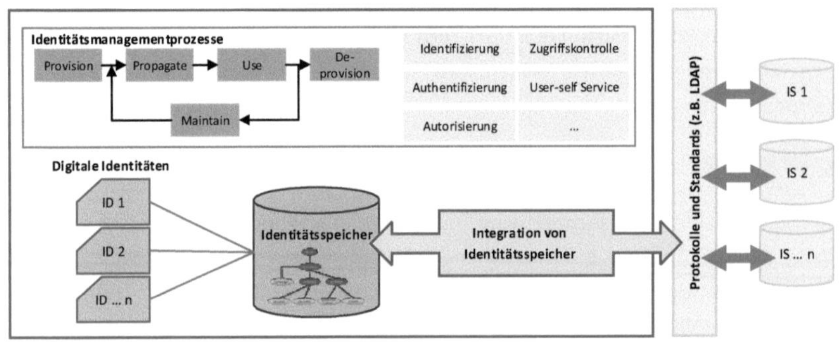

Abbildung 4-3: Bausteine des Identitätsmanagement (in Anlehnung an [DH08])

Digitale Identitäten und deren Identifier, Credentials und Attribute werden innerhalb von Identitätsspeichern (z.B. Textdateien, relationale Datenbanken oder Verzeichnisdienste) hinterlegt, welche als zentrale Instanz für die weitere Nutzung dienen. Damit Identitätsmanagementsysteme eine IT-Infrastruktur mit deren vernetzten Informationssystemen erfolgreich unterstützen können, ist eine Integration der Identitätsspeicher erforderlich. Durch die Integration kann eine aggregierte Sichtweise auf verteilte Identitätsinformationen zur Verfügung gestellt werden. Außerdem bildet dies die Grundlage zur Erbringung von Identitätsmanagementdiensten und dient der Unterstützung von Geschäftsprozessen. Eine Anbindung kann beispielsweise mittels LDAP erfolgen, weitere Methoden und Ansätze werden exemplarisch in der Publikation von Dinger und Hartenstein dargelegt [DH08]. Zielsetzung ist es, die an einen Verzeichnisdienst angeschlossenen Informationssysteme mit aktuellen Identitätsdaten zu versorgen.

Neben den hauptsächlich technischen Aspekten, sind wie bereits oben thematisiert Identitätsmanagementprozesse von entscheidender Bedeutung.

Registrierung

Die Registrierung ist der initiale Prozess zur Erstellung einer partiellen Identität. Dabei müssen Identitäten bzw. Attribute durch entsprechende *Credentials* bestätigt werden. Als Beispiel kann der Nachweis des Geburtsdatums durch eine Regierungsinstanz angeführt werden. Dadurch kann einer Entität eine partielle Identität in einem bestimmten Format (z.B. digitales Zertifikat) ausgestellt werden [BT10].

Identifizierung

Unter der Identifizierung wird die Behauptung eine bestimmte digitale Identität zu besitzen, verstanden. Umgesetzt wird dies, durch die Übermittlung eines *Identifier* an ein IT-System. Das IT-System wird anschließend seine Identitätsspeicher nach diesem *Identifier* durchsuchen. Sobald dieser gefunden wird, gilt die digitale Identität als identifiziert [Tod12].

Authentifizierung

Im Rahmen der Authentifizierung wird eine Identität validiert. Die alleinige Behauptung eine bestimmte digitale Identität inne zu haben, ist häufig nicht ausreichend. Authentifizierung ist also ein Prozess zur Validierung einer behaupteten digitalen Identität, durch Überprüfung von entsprechenden *Credentials* [Tod12]. Dazu existieren im Wesentlichen drei Arten von Authentifizierungsmechanismen: Wissen von Informationen (z.B. Passwort), Besitz von Gegenständen (z.B. Chipkarte) oder vorhandene Merkmale der Entität (z.B. Fingerabdruck).

Autorisierung

Autorisierung ist die Spezifikation von Regeln, wer in welcher Form (z.B. lesen oder schreiben) auf bestimmte Informationen zugreifen darf [Per95].

Zugriffskontrolle

Die Zugriffskontrolle dient dem Schutz von Ressourcen vor unbefugtem Zugriff mittels technischen, regulatorischen und organisatorischen Maßnahmen [MIS05]. Bei einem Zugriffsversuch auf ein bestimmtes Objekt wird untersucht, ob eine entsprechende Autorisierung vorliegt. Eine Auswahl von Zugriffskontrollmodellen wurde in Abschnitt 3.3.1.2 vorgestellt.

Auditing/Accounting

Im Rahmen dieses IdM-Prozesses werden die Aktivitäten (z.B. die Nutzung von Web Services) von digitalen Identitäten protokolliert. Die erhaltenen Informationen können beispielsweise zur Steuerung und Planung von IT-Systemen oder auch zu Abrechnungszwecken verwendet werden. Dies ermöglicht unter anderem eingetretene Schadensfälle zurückzuverfolgen bzw. präventiv entsprechende Sicherheitsrichtlinien zu entwickeln. Nicht zuletzt wird damit auch Compliance-Richtlinien Rechnung getragen [Tod12].

User-self Service

Zunehmend gewinnen im Zusammenhang mit der Verwaltung von Identitätsdaten auch Prozessschritte an Bedeutung, die von den Identitätseigentümern selbst kontrolliert werden können. Dazu zählt z.B. die Möglichkeit, das eigene Passwort zurückzusetzen. Damit sind Anwender in einer IT-Infrastruktur in der Lage, direkt mit dem IdMS zu interagieren. Lange Wartezeiten hinsichtlich der Unterstützung durch IT-Verantwortliche entfallen. Für Anwender erhöht sich der Komfort deutlich. Denkbar ist in diesem Zusammenhang auch die direkte Anfrage von Zugriffsberechtigungen auf IT-Ressourcen, die dann von den jeweiligen Ressourcen-Verantwortlichen unmittelbar in das IdMS eingesteuert werden können.

4.1.2.1 Lebenszyklus digitaler Identitäten

Digitale Identitäten sind u.a. für die Steuerung von IS notwendig. Dabei stellen entsprechende Verfahren (vgl. Kapitel 3) sicher, dass eine digitale Identität einerseits nur von deren zugeordneter Entität rechtmäßig benutzbar ist, andererseits nur die Zugriffsrechte erteilt werden, die für die Erledigung seiner Aufgaben erforderlich sind. Für die technische Umsetzung derartiger Anforderungen ist es nötig, dass Identitätsdaten stets aktuell sind. Nur so können IS korrekt gesteuert und die IT-Sicherheit gewährleistet werden.

Aus diesem Grund durchlaufen digitale Identitäten einen kontinuierlichen Lebenszyklus, der die Aktualität der Daten sicherstellt. Die Phasen des Lebenszyklus digitaler Identitäten werden in Abbildung 4-4 dargestellt. Das Modell ist die Grundlage aller Aktivitäten und Prozesse des Identitätsmanagements. Dabei ist es unerheblich, ob es sich um komplexe Prozesse in einem Unternehmen handelt, oder ob ein Benutzer seine eigene digitale Identität verwaltet.

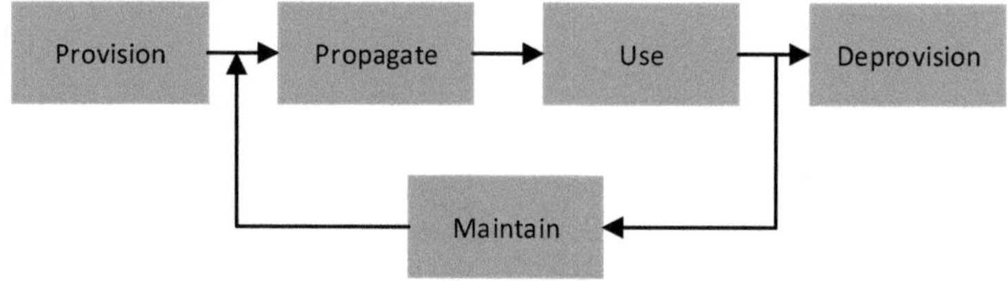

Abbildung 4-4: Lebenszyklus digitaler Identitäten (in Anlehnung an [Win05])

Provision

Zunächst muss eine digitale Identität für ihre eigentliche Verwendung vorbereitet werden. Der Fokus in dieser Phase liegt daher auf der Erstellung der Identität und der Zuweisung der notwendigen Attribute. Des Weiteren werden für die Identität die Zugriffsrechte auf IT-Ressourcen festgelegt. Dies geschieht üblicherweise durch die Zuweisung von Gruppenmitgliedschaften, Rollen, Attributen, etc..

Propagation

Nachdem eine digitale Identität angelegt und konfiguriert wurde, müssen Identitätsinformationen an die relevanten IT-Ressourcen kommuniziert bzw. verbreitet werden. Hierfür gibt es unterschiedliche Strategien und Konzepte, wie beispielsweise synchrone und asynchrone Replikation [Höl08].

Use

Innerhalb dieser Phase authentifizieren sich digitale Identitäten gegenüber den angeschlossenen IS. Hierfür kommen verschiedene Verfahren zum Einsatz, welche die Authentizität der Identität sowie anschließend die Freischaltung von Zugriffsberechtigungen prüfen.

Maintenance

Wechselt beispielsweise ein Mitarbeiter in eine andere Abteilung, müssen in dieser Phase neue Zugriffsberechtigungen vergeben und die bisherigen Rechte möglicherweise entzogen werden. Damit die Änderungen in den IS bekannt werden, ist anschließend die *Propagation-Phase* erneut zu durchlaufen.

Deprovision

In der letzten Phase werden den digitalen Identitäten die erteilten Zugriffsberechtigungen entzogen. Damit einhergehend ist die Deaktivierung von Benutzerkonten, so dass mit diesen keine Authentifizierung mehr stattfinden kann. Dies ist insbesondere entscheidend, wenn Mitarbeiter das Unternehmen verlassen bzw. längere Zeit nicht im Unternehmen aktiv sind.

4.1.3 Basismodelle

Identitätsmanagement kann grundsätzlich in verschiedene Modelle unterschieden werden. Dabei existieren in der Literatur (z.B. [ASH04, Ben05, JP05]) einige Rahmenwerke, die zwar zum Teil unterschiedliche Begrifflichkeiten verwenden, im Kern jedoch die gleichen Ausprägungen behandeln: *Lokal, Vernetzt, Föderiert, Global.* In Tabelle 4-1 werden diese Begrifflichkeiten den Rahmenwerken zugeordnet sowie der Gültigkeitsbereich von digitalen Identitäten in den einzelnen Modellen bestimmt.

		Rahmenwerk		
Modell	[ASH04]	[JP05]	[Ben05]	**Gültigkeitsbereich**
lokal	*isolated*	*isolated*	*Local*	Applikation
vernetzt		*centralized*	*Networked*	Domäne/Organisation
föderiert	*centralized distributed*	*federated*	*Federated*	Föderation
global			*Global*	WWW

Tabelle 4-1: Rahmenwerke existierender Identitätsmanagement-Modelle

Lokales IdM-Modell

Im lokalen IdM-Modell[6] betreibt jede Applikation bzw. jeder Web Service seinen eigenen Identitätsspeicher, welcher nicht mit anderen Systemen synchronisiert wird. Zur Nutzung der Funktionalitäten ist es somit für externe Entitäten notwendig, eine neue digitale Identität im entsprechenden Namensraum anzulegen. Die damit verbundenen Berechtigungen sind bezüglich ihrer Gültigkeit auf die jeweilige Applikation limitiert. Grundsätzlich wird dabei die einfache Implementierung und Administration für den Dienstanbieter als wesentlicher Vorteil interpretiert [Ben05]. Jedoch sind insbesondere Defizite hinsichtlich der Skalierbarkeit offensichtlich. Im Zuge des steigenden Angebots an Dienstleistungen im Internet, wird der Endnutzer mit einer Vielzahl an digitalen Identitäten regelrecht überfordert [ASH04, JP05]. Dies führt letztendlich zu oben angesprochenem Identitätschaos.

Vernetztes IdM-Modell

In Folge der aufgezeigten Mängel des lokalen IdM-Modells, hat sich die sogenannte vernetzte Variante etabliert. Dabei wird in einem Netzwerk ein zentraler Identitätsspeicher betrieben, welcher von verschiedenen Applikationen genutzt wird. Dadurch wird es Entitäten ermöglicht, eine digitale Identität für unterschiedliche Applikationen einzusetzen. Jedoch müssen sich diese im gleichen Netzwerk bzw. in der gleichen Domäne befinden. Das jeweilige Netzwerk ist in der Regel limitiert auf ein einzelnes Unternehmen [Ben05]. Als klassisches Beispiel für dieses IdM-Modell, kann Single-Sign-On angeführt werden.

---

[6] auch als Silo-Modell bezeichnet [BCGS07]

Föderiertes IdM-Modell

Die Limitierung des Gültigkeitsbereichs von digitalen Identitäten im Rahmen des vernetzten Modells auf eine bestimmte Domäne, führte zur Einführung des föderierten IdM-Modells. Eine Föderation repräsentiert dabei den Zusammenschluss von verschiedenen *Identity* und *Service Providern* [ITU09a], welcher auf Vertrauen mittels schriftlicher Vereinbarungen basiert. Endnutzern wird es dadurch ermöglicht auch Web Services in anderen Domänen mit ihren existierenden digitalen Identitäten, ohne weitere Registrierung bzw. erneute Authentifizierung zu nutzen. Letztendlich wird in diesem Zusammenhang auch von einer virtuellen Identitätsdomäne gesprochen [JP05]. Ahn et al. unterscheiden das föderierte IdM-Modell in zentral und verteilt. Während beim zentralen Modell lediglich ein Identity Provider innerhalb einer Föderation existiert (z.B. Microsoft .NET Passport), können im Rahmen des verteilten Ansatzes mehrere IdPs parallel betrieben werden (z.B. Liberty Alliance) [ASH04].

Globales IdM-Modell

Der Gültigkeitsbereich des globalen IdM-Modells geht über alle bisher genannten Modelle hinaus. Grundlegende Zielsetzung ist die Bereitstellung einer global-gültigen Identität, welche ein Endnutzer bei einem beliebigen Identity Provider erstellen kann [TM11]. Diese Identität muss somit weltweit eindeutig sein, was vergleichbar ist mit einer Webseiten-Adresse, die mittels ihrem Unified Resource Identifier (URI) aufgerufen werden kann [Ben05].

Der Fokus dieser Arbeit liegt insbesondere auf dem föderierten IdM-Modell, weswegen eine ausführlichere Betrachtung von föderiertem Identitätsmanagement in Abschnitt 4.2 erfolgt.

4.1.4 Reifegradmodell

Nach Einführung der einzelnen Modelle des Identitätsmanagement, werden existierende Reifegrade von IdM erörtert. Dazu wird das Reifegradmodell von Windley als Grundlage verwendet [Win05]. Das Reifegradmodell wird durch verschiedene Stufen beschrieben, welche als Meilensteine im Sinne eines Pfades zu reiferen Identitätsmanagementprozessen und –infrastrukturen interpretiert werden können. Jede Stufe spiegelt bestimmte Fähigkeiten der zugehörigen organisatorischen Prozesse und Infrastruktur wider. Höhere Reifegrade reflektieren bessere Fähigkeiten sowie fortgeschrittene Charakteristika. Tabelle 4-2 ordnet den einzelnen Stufen des Modells, die jeweils relevanten Aspekte hinsichtlich föderiertem Identitätsmanagement zu. Dabei werden zum einen, die Umsetzung von Identitätsföderationen sowie zum anderen der mögliche Teilnehmerkreis behandelt.

Auf der ersten Stufe (**ad hoc**) sind keinerlei Planungen oder Strukturen hinsichtlich Identitätsmanagementprozessen und –infrastrukturen erkennbar. Das lokale IdM-Modell kann daher dieser Stufe zugeordnet werden. Identitätsföderationen werden auf diesem Level nicht unterstützt.

	Umsetzung	Teilnehmerkreis
ad hoc	manuell, keine Standards und Föderations-technologien	-
fokussiert	teilweise Verwendung von Standards	bilateral
standardisiert	Föderationsprozesse und -infrastruktur sind etabliert, Einsatz von Standards	zentrale Instanz erforderlich
integriert	effiziente Föderationsprozesse, Teilnehmer können flexibel ein-/ austreten	flexibel

Tabelle 4-2: Reifegrade des Identitätsmanagement (in Anlehnung an [Win05])

Identitätsmanagement auf **fokussierter** Ebene setzt bereits erste Planungsaktivitäten voraus. Vereinzelt können IdM-Resultate in anderen Applikationen wiederverwendet werden, unabhängig davon ist die IdM-Infrastruktur noch sehr fragmentiert. Hinsichtlich FIdM werden teilweise Standards eingesetzt, allerdings sind Föderationen auf eine bilaterale Ebene beschränkt.

Auf Ebene des **standardisierten** Identitätsmanagement werden IdM-Prozesse konsistent über existierende Bereiche hinweg betrieben, jedoch sind diese statisch ausgerichtet und berücksichtigen keine Veränderungen von (Geschäfts-) Anforderungen. Sowohl FIdM-Prozesse als auch entsprechende Infrastruktur sind etabliert und basieren auf geeigneten Standards. Jedoch ist zum Betrieb von Föderationen generell eine zentrale Instanz erforderlich.

Der **integrierte** Level spiegelt sehr reife und automatisierte IdM-Prozesse wieder. Zudem kann die notwendige Infrastruktur als vollständig interpretiert werden. Veränderungen der einzelnen Geschäftsbereiche werden berücksichtigt und fließen in die Optimierung von IdM-relevanten Prozessen ein. Dabei sind FIdM-Prozesse effizient gestaltet, was einen flexiblen Teilnehmerkreis ermöglicht.

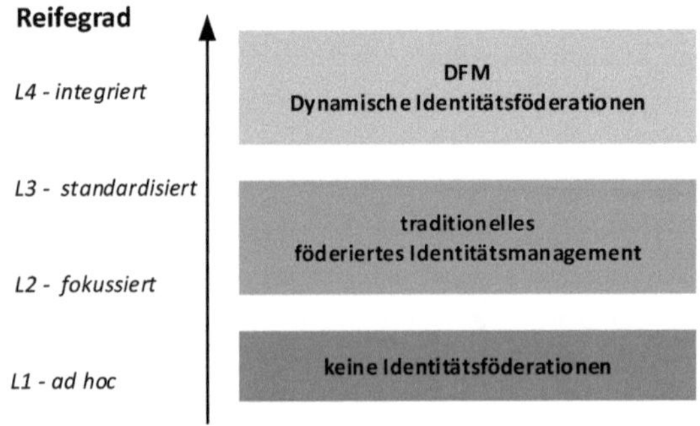

Abbildung 4-5: Einordung DFM in Reifegradmodell

In diesem Zusammenhang führt eine Betrachtung der Reifegrade sowie existierender FIdM-Lösungen folgendes Bild zu Tage (vgl. Abbildung 4-5). Traditionelles FIdM kann auf den Ebenen zwei und drei eingeordnet werden. Dies ist insbesondere der Statik an Föderationsteilnehmern in Folge mangelnden Vertrauens geschuldet. Diese Arbeit verfolgt die Zielsetzung den Status Quo zu verbessern, indem bisheriges FIdM durch Technologien der IT-Sicherheit sowie des Vertrauensmanagements flexibler und dynamischer gestaltet wird. Daher ist das Dynamische Föderationsmodell (DFM) – Dynamische Identitätsföderationen, welches im Rahmen der Kapitel 7 und 8 entwickelt wird, auf dem vierten Level einzuordnen.

4.2 Föderiertes Identitätsmanagement

Die ersten Ansätze des IdM beschränkten sich auf die Administration und Pflege von digitalen Identitäten im Kontext einzelner Applikationen. Später konnte applikationsübergreifend agiert werden, jedoch auf Domänen- und Organisationsgrenzen limitiert. Mittlerweile erfordern neuartige Geschäftsmodelle hochflexible Prozesse, um Ressourcen gemeinsam nutzen und interaktive Zusammenarbeit zwischen Organisationen realisieren zu können. Daher werden zunehmend IT-Systeme über Organisationsgrenzen hinweg miteinander vernetzt, um Synergieeffekte und Kosteneinsparungen zu erzielen. Derartige Maßnahmen spielen eine wesentliche Rolle bei der Umsetzung strategischer Unternehmensentscheidungen, die das Ziel verfolgen, Wettbewerbsvorteile zu erhalten bzw. auszubauen. Die Anbindung an Dienste und Web Services im Internet hat daher in den letzten Jahren eine besondere Bedeutung erlangt.

Hierfür sind jedoch IT-Infrastrukturen erforderlich, welche die externe Anbindung von Organisationen bzw. eine Zusammenarbeit mit inter-organisatorischen Netzwerken [DRCW96] ermöglichen. Derartige Netzwerke sind analog zu den IT-Systemen einer Organisation auf Identitätsdaten angewiesen. Das klassische Identitätsmanagement (vgl. lokales und vernetztes IdM-Modell) kann diese Anforderungen nicht erfüllen, da digitale Identitäten auf einen bestimmten Gültigkeitsbereich (vgl. Tabelle 4-1) beschränkt sind, was als sogenannte Identitätsgrenze bezeichnet wird [TS10].

Mittels föderiertem Identitätsmanagement (FIdM) wird ein Ansatz zur Lösung dieser Problemstellung zur Verfügung gestellt. Dies wird zum einen durch die Verwendung von Standards und zum anderen durch die Integration von bestehenden IdMS sowie deren Verwaltungsprozessen realisiert. Für die weitere Arbeit wird FIdM wie folgt definiert:

„Föderiertes Identitätsmanagement behandelt Technologien, Standards, Prozesse und Anwendungsfälle, welche die Portabilität von Identitätsinformationen über autonome Sicherheitsdomänen hinweg ermöglichen." (in Anlehnung an [MR08])

Föderationen bzw. Identitätsföderationen repräsentieren Zusammenschlüsse mehrerer Organisationen zur gemeinsamen Ressourcennutzen durch den Austausch von Identitätsinformationen (vgl. Abbildung 4-6).

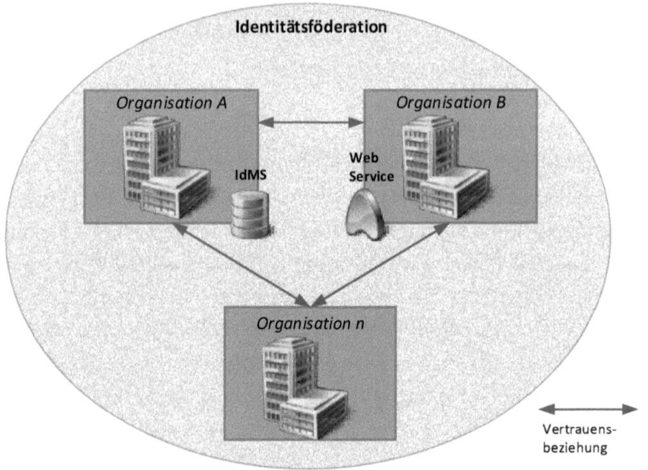

Abbildung 4-6: Beispielhafte Identitätsföderation

Grundlegende Voraussetzung einer Föderation ist Vertrauen zwischen den beteiligten Organisationen. Wie bereits im Einleitungsteil dieser Arbeit erwähnt, basiert Vertrauen dabei heutzutage auf Dokumenten wie Service Level Agreements (SLA), Richtlinien der beteiligten technischen Komponenten sowie Verträgen zwischen den genannten Instanzen (z.B. [GGM10, FGH12]).

Föderierte Identität

Eine föderierte Identität einer Entität verbindet eine partielle Identität dieser Entität in einem bestimmten Kontext, mit einer partiellen Identität in einem anderen Kontext [MIS05], was auch als *Account-Linking* bezeichnet wird [MR08]. Allgemein betrachtet bedeutet dies, dass mittels einer föderierten Identität auf Web Services und Applikationen, welche in anderen Domänen bzw. Organisationen angesiedelt sind, im Rahmen von Identitätsföderationen zugegriffen werden kann [ITU09a]. Dabei sind insbesondere zwei Aspekte hervorzuheben. Aus Sicht von *Organisation A* ist für die Verwendung von Web Services bei *Organisation B* keine weitere Authentifizierung erforderlich, während *Organisation B* auf das Management von digitalen Identitäten aus *Organisation A* verzichten kann (vgl. Abbildung 4-6). Diese beiden Gesichtspunkte machen deutlich, dass föderiertes Identitätsmanagement nur auf Grundlage entsprechender Vertrauensbeziehungen funktionieren kann. Während *Organisation B* darauf vertrauen können muss, dass die IdM-Prozesse bei *Organisation A* entsprechend sorgfältig ablaufen, vertraut *Organisation A*, dass mit seinen übermittelten Identitätsdaten bei *Organisation B* nach seinen Datenschutzvorstellungen umgegangen wird. Dieses einfache Szenario ist auf beliebig viele Organisationen erweiterbar.

Authentifizierungs- und Autorisierungsinfrastruktur

Im Zusammenhang mit föderiertem Identitätsmanagement muss auch der Begriff Authentifizierungs- und Autorisierungsinfrastruktur (AAI) geklärt werden, welcher insbesondere von Oppliger [Opp03a] und Lopez et al. [LOP04] geprägt wurde. Wesentliches Charakteristikum von AAIs ist die Abbildung der IdM-Prozesse Authentifizierung, Autorisierung oder Zugriffskontrolle in heterogenen und verteilten Umgebungen. AAIs verfolgend generell eine ähnliche Zielsetzung wie Föderationen, also die organisations- bzw. domänenübergreifende Nutzung von Dienstleistungen. Jedoch werden dabei erforderliche Grundlagen außer Acht gelassen. Identitätsföderationen bilden die Basis notwendiger Vertrauensverhältnisse und sorgen für die technischen Rahmenbedingungen, um AAIs realisieren zu können. Des Weiteren wird mittels Föderationen ein standardisierter Austausch von Identitätsinformationen ermöglicht. AAIs können somit als Teilmenge von Identitätsföderationen betrachtet werden.

4.2.1 Nutzen von FIdM

Eine Reihe von Arbeiten beschäftigt sich mit dem Nutzen von föderiertem Identitätsmanagement (z.B. [MKT05, LGW09, BMPS10]). In diesem Zusammenhang wurde von Jensen eine Literaturstudie durchgeführt, um existierende Erkenntnisse zu konsolidieren [Jen11]. Dabei kann der Nutzen des föderierten IdM-Modells in eine private und eine geschäftliche Perspektive unterschieden werden.

private Perspektive	geschäftliche Perspektive
verbesserter Datenschutz	geringere Kosten
Steigerung von IT-Sicherheit	verbesserte Datenqualität
erhöhte Benutzerfreundlichkeit	vereinfachte Benutzerverwaltung
	Komplexitätsreduktion für Service Provider
	Förderung von Kooperationen

Tabelle 4-3: Nutzen von föderiertem Identitätsmanagement [Jen11]

Verbesserter Datenschutz zeigt sich insbesondere dadurch, dass Endnutzer eine bessere Kontrolle über ihre persönlichen Daten haben und auch festlegen können, welche Attribute beispielsweise an einen Service Provider übermittelt werden. Durch die Reduktion von digitalen Identitäten können unterschiedliche und vor allem stärkere Passwörter verwendet werden, was zu einer **Steigerung von IT-Sicherheit** führt. Dies trägt auch zu einer **Erhöhung**

der Benutzerfreundlichkeit bei, da Nutzer mittels einer einzigen Authentifizierung auf die im Rahmen einer Föderation angeboten Web Services zugreifen können.

Aus geschäftlicher Perspektive sind **geringere Kosten**, die sich durch reduzierten Aufwand im Bereich der Benutzerverwaltung begründen, ein wesentliches Argument für föderiertes Identitätsmanagement. Identitätsinformationen werden vom jeweiligen Identity Provider verwaltet, wodurch Veränderungen der einzelnen digitalen Identitäten eher Berücksichtigung finden, als wenn diese bei einem externen Service Provider hinterlegt wären. Dies führt letztendlich zu einer **verbesserten Datenqualität**. In diesem Zusammenhang steht auch eine **vereinfachte Benutzerverwaltung** im Vordergrund. Aufgrund der Auslagerung des Identitätsmanagement an den Identity Provider, können sich Service Provider auf ihre Kernkompetenzen fokussieren und dadurch **Komplexität reduzieren**. Außerdem können Service Provider ihre Web Services einer größeren Zielgruppe anbieten und dadurch **Kooperationen fördern.**

4.2.2 Komponenten des FIdM

Die Nutzung von föderiertem Identitätsmanagement macht unterschiedliche Elemente erforderlich, die zueinander in Beziehung stehen. Dazu gehören beispielsweise Standards und Protokolle, um die technischen Komponenten miteinander zu vernetzen. Darüber hinaus bilden organisatorische und vertragliche Regelungen die Grundlagen notwendiger Vertrauensbeziehungen, um Daten über organisatorische bzw. Domänengrenzen hinweg austauschen zu können. Grundsätzlich existiert zwischen allen Föderationsteilnehmern ein gewisser Grad an Vertrauen. Abbildung 4-7 zeigt eine vereinfachte Darstellung der Gesamtarchitektur des FIdM.

4.2.2.1 Technische Komponenten

Eine Föderation umfasst im Wesentlichen vier Rollen: *Identity Provider*, *Service Provider*, *Discovery Service* und *User Agent* (z.B. [Hom07, MR08]).

Identity Provider

Ein *Identity Provider* (IdP) ist ein Dienst, welcher Identitätsinformationen von Entitäten verwaltet und für die Ausführung von verschiedenen IdM-Prozessen (vgl. Abschnitt 4.1.2) verantwortlich ist. Zu seinem Aufgabenbereich zählen dabei beispielsweise die Authentifizierung von Entitäten sowie die Übertragung von Identitätsinformationen mit Hilfe standardisierter Protokolle (z.B. SAML) an den Service Provider. IdP fungieren als Schnittstelle zwischen Identitätsspeichern, wie einem Verzeichnisdienst (z.B. Active Directory) und weiteren Föderationskomponenten.

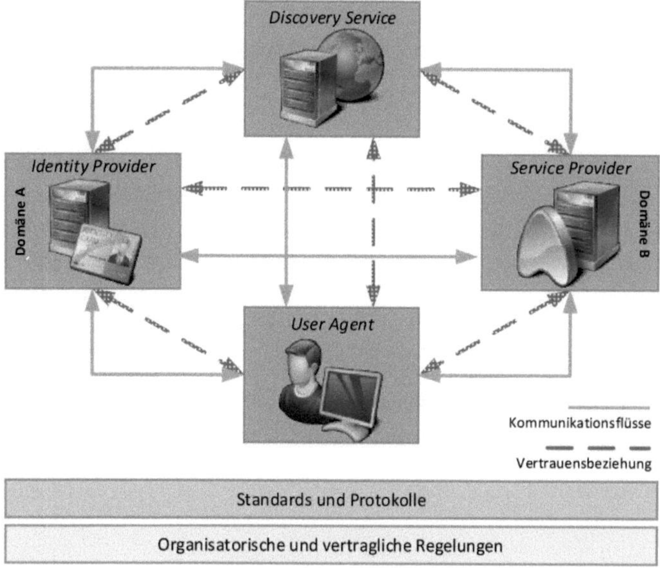

Abbildung 4-7: Komponenten des FIdM

Service Provider

Service Provider (SP) sind Anbieter von Dienstleistungen, wie z.B. Web Services[7]. Abhängig von der Zugriffsrichtlinie, sind für die Verwendung von Web Services bestimmte Informationen (u.a. Authentifizierungsinformationen) über den jeweiligen Benutzer erforderlich, welche im Rahmen von Identitätsföderationen durch den IdP übermittelt werden. Dabei spielt der Grad an Vertrauen zwischen SP und IdP eine besondere Rolle. Die Vertrauensbeziehung basiert in der Regel auf schriftlichen Vereinbarungen (z.B. Service Level Agreements).

Discovery Service

Eine Föderation kann mehrere SP und IdP umfassen. Der *Discovery Service*[8] ist ein Dienst, welcher den Benutzer zu seinem IdP führt. Damit kann das sogenannte Identity Provider Discovery Problem (vgl. Abschnitt 4.3.1) gelöst werden. Dies ist für Serviceanfragen erforderlich, die nicht vom IdP initiiert werden (vgl. nächster Abschnitt). Der Discovery Service bietet

[7] Ein Web Service ist eine Softwareanwendung, die über eine URI im Internet eindeutig adressiert werden kann und mittels standardisierter Schnittstellen einen maschinellen Datenaustausch zwischen Systemen ermöglicht. Als Standard wird u.a. XML für die Beschreibung der Eigenschaften des Web Service verwendet. Die Interaktion zwischen den beteiligten Systemen erfolgt mit XML-basierten Nachrichten über standardisierte Internetprotokolle wie z.B. HTTP [W3C04b].

[8] Auch „Where are you from" (WAYF) genannt

dem Benutzer in der Regel eine Auflistung an registrierten IdP, welche eine manuelle oder auch automatisierte Auswahl (z.B. mittels Cookies) ermöglicht.

User Agent

Der *User Agent* ist ein Browser oder ein anderes Softwareprogramm, welches beispielsweise auf einem PC oder Mobiltelefon läuft. Interaktionen eines Nutzers im Rahmen einer Föderation werden mittels eines Agenten ausgeführt. Dieser Agent ist somit die Schnittstelle zwischen Benutzer und weiteren Föderationskomponenten, wie einem Identity Provider und ist beispielsweise für die Anzeige und Weiterleitung von Identitätsinformationen zuständig.

4.2.2.2 Standards

Organisations- bzw. domänenübergreifender Datenaustausch zwischen den Föderationsinstanzen erfordert die Verwendung von Standards. Insbesondere der Einsatz der OASIS[9] Standards SAML (z.B. [Con09, FP13]) und XACML ist in Föderationen weit verbreitet [Hom05a].

SAML

Die Security Assertion Markup Language (SAML) ist eine auf XML basierende Auszeichnungssprache und liegt mittlerweile in der Version 2.0 vor. Zielsetzung ist der Austausch von Authentifizierungs- und Autorisierungsdaten sowie allgemeinen Attributauskünften über Organisationsgrenzen hinweg. Dadurch wird es ermöglicht, Identitätsinformationen zwischen Föderationskomponenten in Form von sogenannten *Assertions* auszutauschen [CKP⁺05].

SAML ist modular aufgebaut, wobei *Assertions* das wesentliche Konzept darstellen, das sich aus *authentication statement, attribute statement* und *authorization decision statement* zusammensetzt [RHP⁺08].

- **Authentication statements** beschreiben die Authentifizierung zwischen einem Benutzer und einem IdP. Dabei wird angeben welches Authentifizierungsverfahren verwendet wurde und zu welchem Zeitpunkt die Authentifizierung erfolgt ist.
- **Attribute statements** enthalten Attribute einer Entität, welche von IdP zum SP übermittelt werden.
- **Authorization decision statements** legen fest, dass eine Entität eine bestimmte Aktion ausführen oder auf eine spezifische Ressource unter den angegeben Bedingungen zugreifen darf.

[9] OASIS (Organization for the Advancement of Structured Information Standards), ist ein Nonprofit-Konsortium, welches die Entwicklung und den Einsatz von offenen Standards in der globalen Informationsgesellschaft treibt [OAS14].

Listing 4-1 zeigt beispielhaft den Aufbau einer *SAML-Assertion* mit einem *Authentication statement*:

- Metadaten: *Namespace*, Version und Zeitstempel bzw. Zeitpunkt der Ausstellung und der jeweilige Aussteller (Zeilen 1-6)
- Allgemeine Attributauskunft: E-Mail-Adresse des Benutzers (Zeilen 7–11)
- Konditionen: Gültigkeitszeitraum der SAML-Assertion (Zeilen 12-15)
- Authentifizierungsbestätigung: erfolgreiche Authentifizierung des Benutzers mittels Passwortverfahren (Zeilen 16–23).

```
1  <saml:Assertion xmlns:saml="urn:oasis:names:tc:SAML:2.0:assertion"
2     Version="2.0"
3     IssueInstant="2013-07-30T12:00:00Z">
4     <saml:Issuer Format=urn:oasis:names:SAML:2.0:nameid-format:entity>
5        http://www.uni-regensburg.de
6     </saml:Issuer>
7     <saml:Subject>
8        <saml:NameID Format="emailAdress">
9           christian.broser@wiwi.uni-regensburg.de
10       </saml:NameID>
11    </saml:Subject>
12    <saml:Conditions>
13       NotBefore="2013-07-30T12:00:00Z"
14       NotOnOrAfter="2013-07-30T12:10:00Z">
15    </saml:Conditions>
16    <saml:AuthnStatement
17       AuthnInstant="2013-07-30T12:00:00Z" SessionIndex="12345">
18       <saml:AuthnContext>
19          <saml:AuthnContextClassRef>
20             SAML:2.0:PasswordProtectedTransport
21          </saml:AuthnContextClassRef>
22       </saml:AuthnContext>
23    </saml:AuthnStatement>
24 </saml:Assertion>
```

Listing 4-1: SAML-Assertion mit Authentication Statement

Der modulare Aufbau von SAML wird in Abbildung 4-8 skizziert. *SAML-Assertions* werden in *Protokolle* integriert. Dabei unterscheidet SAML in verschiedene *Request/Response Protokolle,* wie z.B. dem *Authentication Request Protocol,* welches *SAML-Assertions* der Typen *Authentication statement* bzw. *Attribute statements* verarbeiten kann.

Die sogenannten *Bindings* bilden das dritte Modul, welche die Übertragung der Protokoll-Daten regeln (z.B. *HTTP Redirect Binding*). Ein *SAML Profile* bezeichnet die für ein konkretes Szenario gewählte Kombination aus zu verwendenden SAML-Assertions, Protokollen und Bindings (z.B. *Web Browser SSO Profile*).

Der Verbindungsaufbau zwischen IdP und SP kann grundsätzlich in zwei unterschiedliche Verfahren unterschieden werden [RHP+08]. Im Rahmen des IdP-initiieren Verbindungsaufbaus, authentifiziert sich ein Benutzer zuerst bei seinem IdP und selektiert anschließend den gewünschten Dienst beim jeweiligen Service Provider.

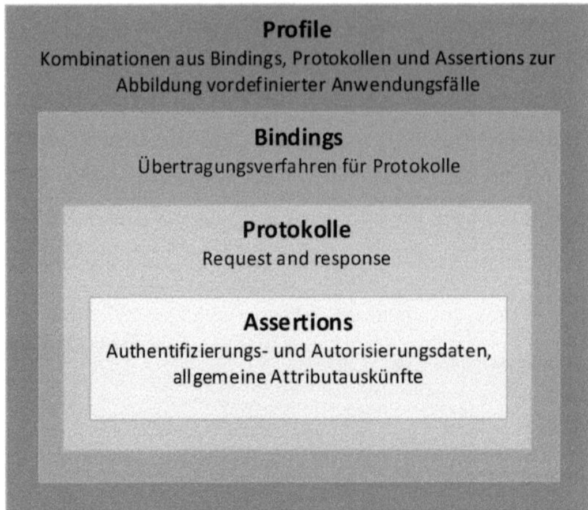

Abbildung 4-8: Struktur des SAML Konzepts (in Anlehnung an [RHP⁺08])

Hingegen erfolgt bei der SP-initiierten Variante, zuerst eine Auswahl des entsprechenden Dienstes und danach eine Weiterleitung zum IdP, wo die Authentifizierung zu Stande kommt.

Zusammenfassend ist SAML ein effizientes Protokoll zum organisations- und domänenübergreifenden Austausch von identitätsbezogen Daten. Durch seine Modularität und Erweiterbarkeit ist es möglich, Standard-Frameworks wie z.B. XACML in SAML einzubinden.

XACML

XACML (*eXtensible Access Control Markup Language)* wurde durch das OASIS-Konsortium entwickelt und liegt aktuell in der Version 2.0[10] vor [Mos05]. Dieser Standard repräsentiert eine generische und flexible Sprache zur Definition von Zugriffskontrollrichtlinien. XACML zielt einerseits auf eine standardisierte Beschreibung von Entitäten und deren Attributen für die Zugriffssteuerung ab. Andererseits wird damit ein Mechanismus bereitgestellt, welcher eine feingranulare Zugriffssteuerung ermöglicht [Bsi09]. XACML kann ABAC (vgl. Abschnitt 3.3.1.2.3) vollständig abbilden.

Berechtigungen können also beispielsweise in Abhängigkeit von Attributen, einer bestimmten Aktion oder vom jeweiligen Kontext vergeben werden [MA08]. Kernstück von XACML sind die sogenannten Zugriffskontrollrichtlinien. Eine Zugriffskontrollrichtlinie (*policy*) be-

[10] Version 3.0 befindet sich aktuell in Entwicklung

steht aus einer Kombination von Regeln (*rules*), einer Kennung für Regel-kombinierende Algorithmen (*rule-combining algorithms*), verschiedenen Verpflichtungen (*obligations*) und einem Ziel (*target*) [Bsi09].

Eine XACML-Architektur setzt sich aus verschiedenen logischen Komponenten zusammen. Abbildung 4-9 veranschaulicht diese sowie den Informationsfluss von XACML.

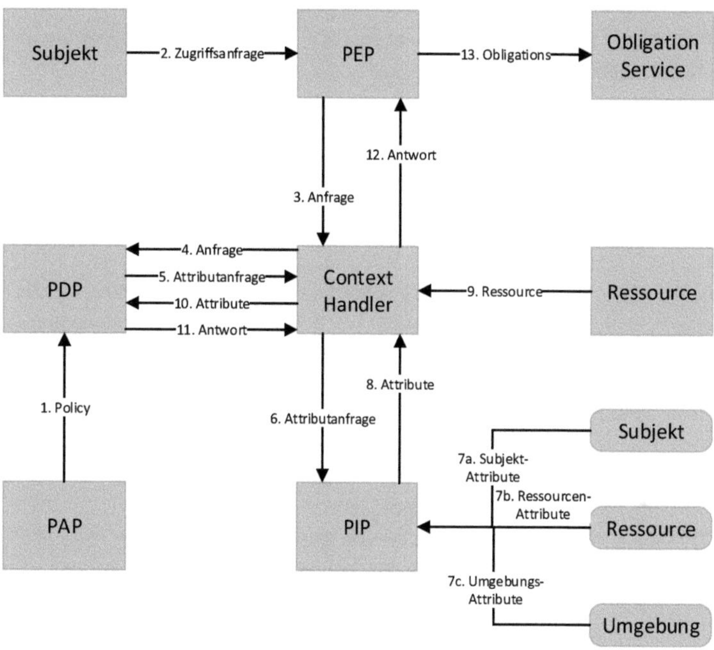

Abbildung 4-9: XACML-Architektur und Informationsfluss [Mos05]

1. Der *Policy Administration Point* (PAP) stellt dem *Policy Decision Point* (PDP) Zugriffskontrollrichtlinien, welche vom Administrator definiert wurden, zur Verfügung.
2. Die Zugriffsanfrage eines Subjekts, wird an den *Policy Enforcement Point* (PEP) zur Entscheidung übergeben.
3. Der PEP leitet die Zugriffsanfrage im nativen Format an den *Context Handler* weiter. Die Anfrage kann bereits Attribute enthalten.
4. Der *Context Handler* formuliert einen *XACML-Request* basierend auf den Anforderungen des PEP und sendet diese an den PDP.
5. Sollten weitere Attribute bzgl. des Subjekts, der Ressource oder der Umgebung erforderlich sein, werden diese beim *Context Handler* angefordert.
6. Die Anfrage wird vom *Context Handler* an den *Policy Information Point* (PIP) weitergeleitet.

7. Die erforderlichen Attribute werden vom PIP in den Schritten 7a, 7b und 7c aus den angeschlossenen Datenquellen angefordert.
8. Der PIP schickt die erhaltenen Attribute an den *Context Handler*.
9. Optional kann der *Context Handler* an dieser Stelle auch weitere Informationen bezüglich des Inhalts der Ressource einbeziehen.
10. Letztendlich überträgt der *Context Handler* alle vorhandenen Informationen an den PDP, damit dieser den vollständigen Request verarbeiten kann.
11. Die Entscheidung wird anschließend vom PDP in Form einer *XACML-Response* an den *Context Handler* geschickt.
12. Der *Context Handler* transformiert die Entscheidung wieder in das entsprechende native Format und sendet diese an den PEP.
13. Der PEP erfüllt mögliche Bedingungen
14. (Nicht gezeigt) Anhand der ermittelten Entscheidung gewährt bzw. verweigert der PEP die ursprüngliche Zugriffsanfrage des Subjekts auf die entsprechende Ressource.

Zusammenfassend stellt XACML ein umfassendes Framework zur Steuerung von Zugriffsberechtigungen zur Verfügung. XACML kann neben Attributen auch Rollendefinitionen verarbeiten [Mos05].

Zusammenhang von SAML und XACML

Die Architekturen von SAML und XACML weisen einige Gemeinsamkeiten auf. Beide werden für Authentisierung, Autorisierung und Zugriffssteuerung eingesetzt. Während SAML für die Authentisierung sowie die Übertragung von Authentisierungs- und Autorisierungsentscheidungen zwischen Entitäten verantwortlich ist, konzentriert sich XACML im Kern auf die eigentliche Zugriffskontrollentscheidung. D.h. der XACML Standard befasst sich vielmehr damit wie Zugriffsanfragen intern (und nicht organisationsübergreifend) verarbeitet werden. Des Weiteren definiert XACML die komplette Architektur mit *Rules, Policies* und *Policy Sets*, um eine Autorisationsentscheidung zu erzielen [Bsi09].

Einerseits setzen sowohl SAML als auch XACML entscheidende IdM-Prozesse um, andererseits ergänzen sich die beiden Standards und sind daher als komplementär zu betrachten. Für die Entwicklung eines dynamischen Föderationsmodells können beide Konzepte als wesentliche Bausteine dienen.

Neben SAML und XACML existieren noch weitere Standards und Protokolle im FIdM-Umfeld.

Liberty Alliance

Die Liberty Alliance (LA)[11] wurde 2001 als Konkurrenz zu Microsoft Passwort gegründet und umfasste zwischenzeitlich ca. 160 Unternehmen, darunter namhafte Organisationen wie Sun Microsystems, Intel oder Oracle [MA08]. Im Gegensatz zu Microsoft Passport, welches einen zentralen Server vorsieht, der alle relevanten Identitätsinformationen von Benutzern im Rahmen einer Föderation verwaltet, basiert der Ansatz der Liberty Alliance auf einem verteilten System. Dabei ist eine Koexistenz von verschiedenen Identity Provider zum Management von Identitätsinformationen ausdrücklich vorgesehen.

Die Spezifikation der Liberty Alliance umfasst drei wesentliche Komponenten:

- **Liberty Identity Federation Framework** umfasst die technischen Grundlagen zur Realisierung von Identitätsföderationen, wie z.B. Protokolle, Bindings und Profile [CHKT03].
- **Liberty Identity Web Services Framework** stellt die Grundlagen zur Entwicklung von interoperablen Web Services zur Verfügung. Außerdem wird darin ein *Discovery Service* zum Auffinden des IdP beschrieben [BCH⁺04].
- **Liberty Identity Service Interface Specifications** definieren eine Reihe von spezifischen FIdM-Diensten, basierend auf dem Liberty Identity Web Services Framework [KW03].

Durch Einsatz dieser Technologien können sogenannte *Circle of Trust* (CoT) gebildet werden. Ein CoT wird definiert als Föderation von SP und IdP zum Zwecke von Geschäftsbeziehungen, basierend auf der Architektur der Liberty Alliance Spezifikationen sowie diversen operativen Vereinbarungen. Dazu werden drei verschiedene Modellvarianten definiert [BEK⁺04]:

- **Pairwise Trust**: In diesem Szenario hat ein Föderationsteilnehmer mit jedem einzelnen weiteren Teilnehmer eine Vertrauensbeziehung, welche durch den Austausch von kryptografischen Schlüsseln sowie organisatorischen und vertraglichen Vereinbarungen etabliert werden. Zwischen den Föderationsteilnehmern existieren somit direkte Vertrauensbeziehungen.
- **Brokered Trust:** Diese Variante setzt eine zentrale vertrauenswürdige Instanz (Trusted Third Party) voraus, mit der jeder Teilnehmer eine Vertrauensbeziehung etabliert. Vertrauen zu anderen Föderationsteilnehmern wird somit über die Trusted Third Party, also indirekt hergestellt.
- **Community Trust:** Bei dieser Art des CoT, wird allen Mitgliedern der gleichen Community vertraut. Das PGP Web of Trust (vgl. Abschnitt 3.3.2) kann als Beispiel angesehen werden.

[11] http://www.projectliberty.org/

Grundsätzlich basieren Vertrauensbeziehungen in Liberty Alliance-Föderationen entweder auf kryptografischen Mechanismen oder auf organisatorischen bzw. vertraglichen Vereinbarungen. Während für ersteres eine sogenannte *Trust Anchor List* (TAL) existiert, in welcher die öffentlichen Schlüssel der Föderationsteilnehmer hinterlegt werden, werden vertragliche Vereinbarungen in einer *Business Anchor List* (BAL) aufgelistet.

Die Liberty Alliance stellt ein umfassendes Framework zur Umsetzung von Identitätsföderationen zur Verfügung. Eine dedizierte Spezifikation zu Vertrauensbeziehungen wird ebenfalls bereitgestellt. Jedoch werden darin lediglich statische Varianten behandelt und dynamische Föderationsmodelle außen vorgelassen. 2009 wurde die Liberty Alliance in die Kantara Initiative eingegliedert [Kea09].

4.2.2.3 Organisatorische und vertragliche Regelungen

Neben technischen Komponenten sowie Standards und Protokollen, spielen organisatorische und vertragliche Regelungen eine entscheidende Rolle. Vertrauen wurde bereits im Einleitungsteil dieser Arbeit als kritischer Faktor von Identitätsföderationen genannt. Zur Schaffung von Vertrauen, müssen nach heutigem Stand der Technik vertragliche Vereinbarungen im Vorfeld einer Föderation unterzeichnet werden. Diese Dokumente müssen zwischen den beteiligten Parteien oder zumindest mit einer zentralen Instanz in einer Föderation ausgetauscht werden, was zu einer sehr statischen Ausrichtung führt. Des Weiteren sind der Austausch und die Konfiguration von Metadaten ein wesentlicher Bestandteil zur Teilnahme an Identitätsföderationen. Hierfür müssen beispielsweise digitale Zertifikate oder URIs der beteiligten Parteien übermittelt werden.

In der Regel existiert eine zentrale Instanz, welche die Koordination einer Föderation übernimmt, erforderliche Informationen verteilt und dafür sorgt, dass einheitliche Standards verwendet werden. Damit wird ein organisationsübergreifender Datenaustausch im Rahmen einer Föderation erst ermöglicht. Beispielsweise erfordert die Teilnahme an der DFN-AAI[12] eine entsprechende Anmeldung.

4.2.3 FIdM-Technologien

Mittlerweile existieren zahlreiche Systeme, die föderiertes Identitätsmanagement umsetzen. Einen wesentlichen Meilenstein repräsentiert Microsoft Passport, welches in diesem Zusammenhang aufgrund seiner Defizite als Ausgangspunkt für weitere Initiativen und Entwicklungen gilt. Daraufhin wurden mit den Standards SAML bzw. Liberty Alliance (vgl. Abschnitt 4.2.2.2) entsprechende Gegenvorschläge entwickelt. Shibboleth, welches den SAML Standard implementiert, ist gerade im akademischen Umfeld weit verbreitet. Microsoft CardSpace bildet insbesondere wegen seiner Analogie zu Scheckkarten im Geldbeutel einen

[12] https://www.aai.dfn.de/teilnahme/anmeldung

sehr benutzerfreundlichen Ansatz. Des Weiteren erfreuen sich Open-Source Entwicklungen wie OpenID oder OAuth in den vergangen Jahren einer wachsenden Beliebtheit.

4.2.3.1 Microsoft Passport

Passport wurde 1999 von Microsoft als Single-Sign-On Service im Internet eingeführt und war Teil der .NET-Initiative. Der zentrale Ansatz besteht darin, einer Entität eine digitale Identität zur Verfügung zu stellen, mit der nach einmaliger Authentifizierung beim Passport-Server, auf angeschlossene Service Provider (z.B. Online Shops) ohne weitere Anmeldung zugegriffen werden kann [Mic01]. Dabei werden zur Abwicklung notwendige Angaben, wie z.B. Adresse bzw. Kreditkartennummern zentral bei Passport hinterlegt und entsprechend abgerufen.

Der Ansatz sieht einen globalen Namensraum vor, in dem jeder Benutzer anhand seiner Email-Adresse und jede partizipierende Webseite anhand ihres DNS eindeutig identifiziert werden kann. Zusätzlich ist ein gemeinsames Geheimnis erforderlich. Während Benutzer dazu ein Passwort verwenden, nutzen Webseiten einen kryptografischen Schlüssel [LOP04]. Diese Angaben werden ebenfalls bei Microsoft auf einem zentralen Server hinterlegt.

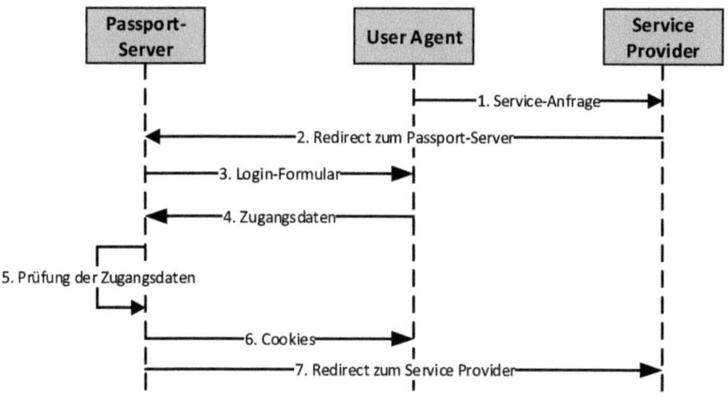

Abbildung 4-10: Microsoft Passport Single-Sign-In Protokoll

Abbildung 4-10 skizziert den Ablauf des Single-Sign-In Protokolls von Microsoft Passport. Dabei wird ein Benutzer nach einer erfolgten Service-Anfrage auf eine Passport-Login Seite weitergeleitet (1, 2). Wenn diese Anfrage von einem bei Passport registriertem Service Provider stammt, wird der Benutzer mittels Challenge-Response Verfahren zur Eingabe seiner Email-Adresse und seines Passwort aufgefordert (3 und 4). Nachdem Passport dessen Gültigkeit geprüft hat (5), werden insgesamt vier Cookies in denen beispielsweise die verschlüsselten Zugangsdaten und eine Zugriffserlaubnis auf den angefragten Service enthalten sind, an den User Agent geschickt (6). Abschließend wird der Benutzer wieder zum Service Provider zurückgeleitet und kann seinen Service nutzen (7) [Eck12].

Ab 1999 konnten Service Provider und Endkunden den Passport-Dienst nutzen. 2003 verzeichnete Microsoft eigenen Angaben zu folge, insgesamt 200 Millionen Datensätze in seiner Passport-Datenbank, was jedoch auch darauf zurückzuführen war, dass alle Hotmail-Accounts automatisch registriert wurden [Eck12]. Die zentrale Vorhaltung von Identitätsdaten sowie der notwendigen Vertrauensbeziehungen, führte schon sehr früh zu Sicherheits- und Datenschutzbedenken, welche durch Sicherheitsanalysen des Passport-Protokolls bestätigt wurden (z.B. [Opp03b, Eck12]). Dies führte zu gesteigertem Misstrauen, was 2004 durch den Ausstieg von *ebay* und *monster.com* sowie 2009 von *expedia* quittiert wurde (z.B. [Bak04, Mor09]. Unter anderem aufgrund sinkender Nutzer- und Anbieterzahlen wurde *Passport* im Jahr 2007 in das *Windows Live* Projekt überführt, was zur Bezeichnung *Windows Live ID* führte. 2012 erfolgte ein abermaliger Namenswechsel in *Microsoft Konto*[13]. *Passport*, respektive seine Nachfolger sind seit der Einführung von Windows XP, in das Betriebssystem integriert, jedoch erfolgte seit der Dienstaufnahme im Jahr 1999, eine deutliche Neuausrichtung aufgrund der angeführten Bedenken hinsichtlich Sicherheit und Datenschutz.

4.2.3.2 Shibboleth

Shibboleth ist eine Infrastruktur zur verteilten Authentifizierung und Autorisierung für Web Services und wurde vom Internet2-Konsortium entwickelt. Die Infrastruktur basiert grundlegend auf SAML und nutzt neben Identity Provider und Service Provider, einen *Where-are-you-from Service*. Letzterer ist für das Auffinden des entsprechenden Identity Provider verantwortlich und stellt dafür eine Liste verfügbarer IdP im Rahmen einer Föderation zur Verfügung [Int14]. Abbildung 4-11 skizziert den generellen Ablauf von Shibboleth.

Zur Verwendung wird eine digitale Identität bei einem Identity Provider in der entsprechenden Shibboleth-Föderation vorausgesetzt. Nachdem ein Benutzer bei einem Service Provider einen bestimmten Web Service angefragt hat, wird dieser zusammen mit einer Authentifizierungsanfrage an den *Where-are-you-from Service* weitergeleitet (1, 2). Der WAYF-Dienst stellt eine Auflistung der registrierten IdP zur Verfügung, aus welcher der Benutzer seinen IdP auswählt. Anschließend erfolgt eine Weiterleitung zum IdP des Benutzers (3), wo sich der Benutzer durch Eingabe seiner Zugangsdaten authentifiziert (4, 5). Nach erfolgter Validierung, stellt der IdP eine *SAML-Assertion* mit entsprechendem *Authentication Statement* aus und leitet diese an den SP weiter (6). Optional kann der SP weitere Attribute mit Hilfe einer SAML-Anfrage vom IdP anfordern (7, 8). Attribute bzw. allgemein Datenschutz genießen in Shibboleth einen hohen Stellenwert. In sogenannten *Attribute Release Policies* (ARP) können Benutzer und IdP festlegen, welche Attribute übermittelt werden dürfen. Nachdem der SP die notwendigen Angaben erhalten hat, entscheidet dieser über den Zugriff (9) [CEH+05].

[13] http://windows.microsoft.com/en-US/windows-live/sign-in-what-is-microsoft-account

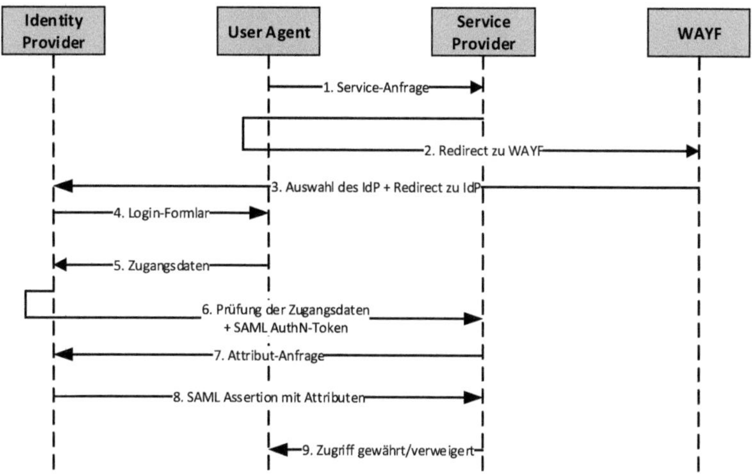

Abbildung 4-11: Shibboleth-Protokoll Übersicht

Shibboleth wurde im Jahr 2000 gegründet und seither weiterentwickelt. Mittlerweile liegt die Infrastruktur in Version 2.4 vor, welche es im Gegensatz zu den Vorversionen SP ermöglicht, spezifische Authentifizierungsverfahren mittels SAML-Anfragen anzufordern. Gerade im akademischen Umfeld ist ein verstärkter Einsatz von Shibboleth zu beobachten. In vielen Ländern existieren inzwischen Föderationen basierend auf Shibboleth, wie z.B. in den USA *InCommon*[14], in der Schweiz *SWITCHaai*[15] oder in Deutschland *DFN-AAI*[16].

4.2.3.3 Microsoft CardSpace

Microsoft CardSpace[17] ist Teil der .NET-Initiative von Microsoft und dient der Identitätsverwaltung sowie der Authentifizierung gegenüber Web Services. Das System ist in Windows Vista und Windows 7 integriert, auch für Apple und Unix existieren entsprechende Varianten. Laut Microsoft wurde CardSpace in Einklang mit den *7 Laws of Identity* von Kim Cameron entwickelt [Cam05].

Information Cards bilden den Kern des Systems und repräsentieren einzelne digitale Identitäten. Microsoft setzt damit auf die Analogie von Karten im Geldbeutel und bietet eine benutzerfreundliche Darstellung von digitalen Identitäten. Der sogenannte *CardSpace Identity Selector*, eine Windows Applikation, ist für die Verwaltung der Karten zuständig [Cha06]. CardSpace unterscheidet generell zwei Kartentypen: Einerseits können Karten selbst erzeugt werden, andererseits können IdPs Karten ausstellen.

---

[14] http://www.incommon.org/

[15] https://www.switch.ch/de/aai/

[16] https://www.aai.dfn.de/

[17] ehemals InfoCard

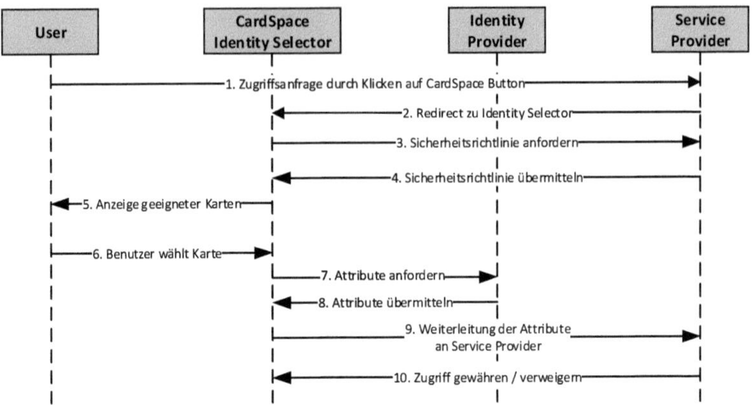

Abbildung 4-12: Microsoft CardSpace Protokoll

Die Nutzung von CardSpace erfordert, dass der jeweilige Service Provider das System unterstützt und einen entsprechenden CardSpace-Button auf seiner Webseite integriert hat. Durch Klicken des Button (1) wird der Benutzer zu seiner CardSpace Software (*Identity Selector*) weitergeleitet, welche die Sicherheitsrichtlinie des jeweiligen Serviceprovider anfordert und übermittelt bekommt (2, 3, 4). Aus der Sicherheitsrichtlinie wird abgeleitet, welche Attribute für den Zugriff auf die angefragte Ressource erforderlich sind. Aufgrund dessen trifft der *Identity Selector* eine Vorauswahl und geeignete Karten werden angezeigt (5), von denen der Benutzer eine auswählt (6). In diesem Fall wird die Karte von einem IdP verwaltet, von dem weitere Attribute angefordert werden können (7,8). Diese Attribute werden an den Service Provider übermittelt (9), welcher darauf basierend eine Zugriffsentscheidung trifft (10) [Cha06].

Im Gegensatz zu einigen der oben genannten Systeme (z.B. OpenID), ist CardSpace nicht derart anfällig für Phishing-Attacken, was in erster Linie darauf zurückzuführen ist, dass keine Weiterleitungen zwischen verschiedenen Servern erforderlich sind. CardSpace konnte sich bei der breiten Masse jedoch nicht durchsetzen, weshalb die Weiterentwicklung im Jahr 2011 eingestellt wurde [Ide11].

4.2.3.4 OpenID

OpenID ist ein dezentrales System für föderiertes Identitätsmanagement, welches dem Nutzer die Auswahl und Kontrolle über seinen Identity Provider sowie über seine Attribute erlaubt. Nutzer können einen Identity Provider frei wählen und sogar selbst betreiben. Eine Registrierung des IdP bei einer zentralen Autorität ist ebenfalls nicht erforderlich. Eine Besonderheit von OpenID ist die Identifizierung via URL. Abbildung 4-13 veranschaulicht den Ablauf des OpenID Protokolls, welches im Folgenden erläutert wird.

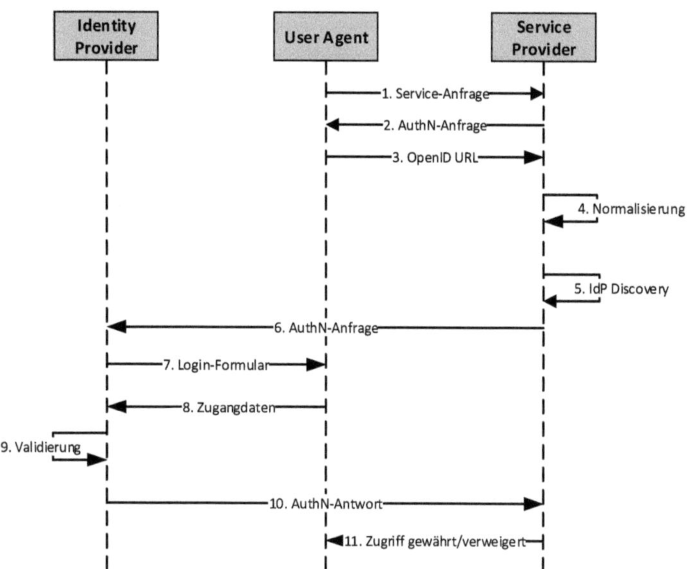

Abbildung 4-13: OpenID Protokoll

Nachdem ein Benutzer eine geschützte Ressource bei einem Service Provider angefragt hat, wird er von diesem zur Authentifizierung aufgefordert (1 und 2). Daraufhin übermittelt der Benutzer seine OpenID-URL, welche er bereits im Vorfeld erzeugt hat (3). Eine OpenID von *Versign*[18] könnte wie folgt aussehen: *johndoe258.pip.verisignlabs.com*. Im Rahmen der Normalisierung wird die übermittelte OpenID-URL in ein bestimmtes Schema transformiert (4). Beispielsweise wird die URL in Kleinschreibung umgewandelt und etwaige Slashes werden hinzugefügt oder entfernt [FRHH07]. Mit Hilfe der normalisierten OpenID-URL wird anschließend der entsprechende IdP[19] ermittelt, zu welchem eine Authentifizierungsanfrage weitergeleitet wird (5, 6). Der IdP fordert den Nutzer auf, seine Zugangsdaten einzugeben, welche im Anschluss validiert werden (7, 8, 9). Das Ergebnis wird an den SP übermittelt, der den Zugriff auf die angeforderte Ressource somit entsprechend steuern kann (10, 11).

Die Entwicklung von OpenID startete im Jahr 2005 und wird seither unter anderem durch die *OpenID Foundation* (OIDF)[20] fortgesetzt. Das System liegt aktuell in Version 2.0 vor. Ursprünglich von vielen kleinen Blog-Seiten, wie beispielsweise dem Live-Journal[21] eingesetzt,

---

[18] https://pip.verisignlabs.com/

[19] In diesem Beispiel ist verisignlabs.com der IdP.

[20] http://openid.net/foundation/

[21] http://www.livejournal.com/: Brad Fitzpatrick, der Gründer von LiveJournal ist auch der Urheber von OpenID

wird OpenID mittlerweile auch von zahlreichen großen Unternehmen wie beispielsweise Google, Facebook, Paypal oder Yahoo unterstützt[22].

4.2.3.5 OAuth

OAuth ist ein Protokoll zur Unterstützung des Autorisierungsprozesses. Die Entwicklung startete im Jahr 2006 und das Protokoll liegt aktuell in Version 2.0 vor. OAuth ermöglicht es einem Konsumenten auf eine geschützte Ressource im Auftrag des jeweiligen Besitzers zuzugreifen. Dabei werden auch Mechanismen zur Verfügung gestellt, welche den Zugriff durch Dritte ohne Herausgabe der notwendigen Credentials ermöglichen. Auf den ersten Blick erscheint das Protokoll ähnlich zu OpenID. Während sich OpenID jedoch in erster Linie mit der Authentifizierung beschäftigt, unterstützt OAuth schwerpunktmäßig Autorisierungs- und Datenaustauschprozesse [Tre14]. OpenID und OAuth können somit komplementär verwendet werden. Abbildung 4-14 veranschaulicht den Protokollablauf von OAuth und soll im Folgenden kurz erläutert werden.

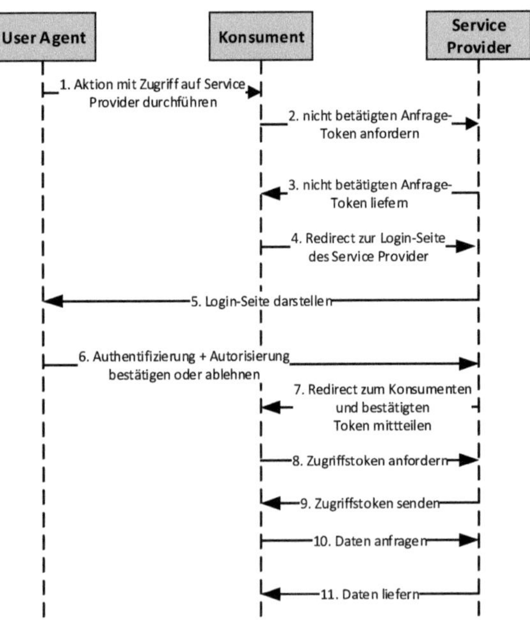

Abbildung 4-14: OAuth-Protokollablauf (in Anlehnung an ([Dew09])

Zum besseren Verständnis sei angenommen, dass ein Benutzer (*User Agent*) über einen Online Fotoservice (*Konsument*), Bilder aus seinem Online-Album (*Service Provider*) bestellen

[22] http://openid.net/foundation/sponsoring-members/

will (1). Durch diese Serviceanfrage ausgelöst, fordert der Konsument ein Anfragetoken auf das Online-Album beim Service Provider des Benutzers an (2). Voraussetzung für eine valide Kommunikation zwischen Konsument und Service Provider ist der Austausch von digitalen Zertifikaten im Vorfeld einer Transaktion. Daraufhin wird das angeforderte Token an den Konsumenten übermittelt, woraufhin eine Authentifizierung und Autorisierung des Anfragetokens durch den Benutzer erforderlich ist (4, 5, 6). Nach erfolgreicher Authentifizierung und Autorisierung werden verschiedene Token zwischen Konsument und Service Provider ausgetauscht (7, 8, 9), woraufhin der Konsument letztendlich Zugriff erhält (10, 11) [Ham10].

Grundsätzlich wird in OAuth zwischen zwei Varianten unterschieden. Ist eine Interaktion mit einem Endbenutzer erforderlich, wird vom dreibeinigen OAuth-Typ gesprochen. Bei einer reinen Maschine-Maschine Interaktion, handelt es sich um die Basisversion bzw. den zweibeinigen OAuth [Dew09].

4.2.4 Bewertung

Die vorgestellten FIdM-Technologien und Standards haben sich seit Beginn der Entwicklungen im Bereich des föderierten Identitätsmanagement gegenseitig beeinflusst (vgl. Abbildung 4-15). Zur Vereinfachung reduziert sich die Abbildung auf die, in dieser Arbeit behandelten FIdM-Technologien, von denen jedoch nicht alle Versionssprünge abgebildet werden.

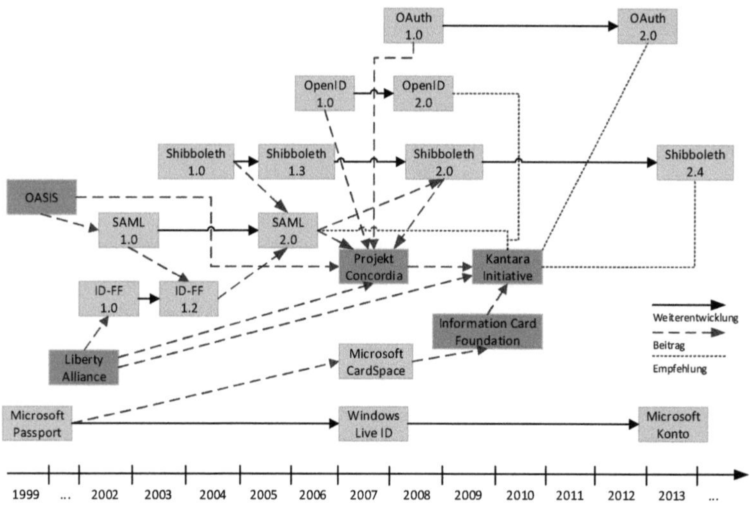

Abbildung 4-15: Evolution von FIdM-Technologien und deren Abhängigkeiten

Anhand der Grafik lässt sich erkennen, dass die Defizite von Microsoft Passport, ein wesentlicher Treiber für die Entstehung neuer Technologien sind. In Konsequenz wurde die Liberty

Alliance (LA) gegründet, um offene Standards für FIdM zu schaffen. Mit der Entwicklung der Liberty ID-FF Reihe, trug die LA wesentlich zur Weiterentwicklung des SAML Standards bei. SAML 2.0 wiederum ist fester Bestandteil von Shibboleth. Parallel wurden weitere FIdM-Initiativen, wie OpenID oder OAuth, insbesondere im Umfeld sozialer Medien vorangetrieben. Durch die Vielzahl an Bestrebungen, wurden Aktivitäten zur Förderung der Harmonisierung und Interoperabilität notwendig. Daher wurde das *Projekt Concordia* ins Leben gerufen, zu welchem zahlreiche Konsortien (z.B. OASIS und Liberty Alliance) mit deren Entwicklungen beigetragen haben [MI09]. Concordia fokussierte sich in erste Linie auf Interoperabilitätsszenarien zwischen den existierenden FIdM-Technologien auf technischer Ebene. Eine ganzheitliche Betrachtung zum Thema Identitätsmanagement inklusive von Prozessen, Organisationsstrukturen sowie einschlägigen Richtlinien und Gesetzen erfolgt seit 2009 in der *Kantara Initiative*[23], welche durch den Zusammenschluss einer Reihe von Konsortien gegründet wurde [Kan09]. Die Initiative steht seither in enger Abstimmung mit den Entwicklungskonsortien um OpenID, OAuth oder Shibboleth. Relativ eigenständig laufen hingegen die Bestrebungen von Microsoft.

Vertrauensmodelle von FIdM-Technologien

Die wesentliche Zielsetzung dieser Arbeit, ist die Flexibilisierung von Identitätsföderationen. Die Flexibilität hängt dabei in erster Linie von den zugrundeliegenden Maßnahmen der Vertrauensbildung ab [BT10]. Daher werden im Folgenden die zugrunde liegenden Vertrauensmodelle der beschriebenen FIdM-Technologien und Standards untersucht. Für eine genauere Erläuterung der Begriffe des Vertrauens sowie des Vertrauensmodells sei vorläufig noch auf Kapitel 5 verwiesen.

Microsoft Passport kann sowohl von Kunden als auch von Service Provider nur nach erfolgter Registrierung beim *Passport-Server* genutzt werden. Eine Vertrauensbeziehung zwischen Passport zu seinen Nutzern basiert dabei auf kryptografischer Grundlage, respektive auf der Verwendung einer PKI. Anfragen von Service Provider und Nutzern werden nur als vertrauenswürdig eingestuft, wenn entsprechende digitale Zertifikate verwendet werden. Umgekehrt wird insbesondere von Nutzerseite, aber auch von Seiten der Service Provider Vertrauen in Microsoft Passport grundlegend vorausgesetzt, da alle notwendigen Identitätsinformationen bei Passport hinterlegt werden müssen. Der SAML Standard empfiehlt als Grundlage von Vertrauensbeziehungen ebenfalls den Einsatz einer PKI [RHP⁺08]. Dabei werden digitale Zertifikate in sogenannten Vertrauenslisten bei den beteiligten Instanzen hinterlegt. Auf dem gleichen Prinzip beruht Vertrauen in einem *Circle of Trust* der Liberty Alliance sowie bei Shibboleth, wo Vertrauen zwischen den Domänen, respektive den beteiligten Instanzen auch durch den Einsatz von digitalen Zertifikaten im Rahmen einer PKI realisiert wird [CEH⁺05]. Ebenso setzen Microsoft CardSpace und OAuth auf diese Variante [Cha06], um

[23] https://kantarainitiative.org/

Vertrauen entsprechend gewährleisten zu können. Zusätzlich sind bei allen genannten Technologien entsprechende schriftliche Vereinbarungen (z.B. SLA) im Vorfeld einer Föderation erforderlich. Ein explizites Vertrauensmodell bleibt OpenID schuldig. Jedoch ist davon auszugehen, dass ähnlich wie bei den oben genannten Verfahren, Vertrauensbeziehungen auf kryptografischer Grundlage basieren. Die Ergebnisse werden in Tabelle 4-4 zusammengefasst.

FIdM-Technologie	**Vertrauensmodell**
Liberty ID-FF	PKI empfohlen, Umsetzung durch Vertrauenslisten
Microsoft CardSpace	PKI mittels Vertrauenslisten
Microsoft Passport	PKI mittels Vertrauenslisten
OAuth	PKI mittels Vertrauenslisten
OpenID	kein Vertrauensmodell
SAML	PKI empfohlen, Umsetzung durch Vertrauenslisten
Shibboleth	PKI empfohlen, Umsetzung durch Vertrauenslisten

Tabelle 4-4: FIdM-Technologien und ihre Vertrauensmodelle

Aus diesen Erkenntnissen lässt sich ableiten, dass die Schaffung und die Pflege von Vertrauensbeziehungen im Rahmen von Identitätsföderationen bisher nur am Rande eine Rolle gespielt haben. Jedoch ist Vertrauen die fundamentale Grundlage von Föderationen. Daher wird sich in bestehenden Technologien in der Regel durch den Einsatz einer PKI geholfen. Zusätzlich sind jedoch auch schriftliche Vereinbarungen beispielsweise in Form von Service Level Agreements erforderlich. Beide Maßnahmen führen zu einer unflexiblen Ausrichtung von Identitätsföderationen, respektive einem statischen Teilnehmerkreis, in dem alle Instanzen bereits im Vorfeld bekannt sein müssen.

Moderne und zukunftsorientierte Geschäftsmodelle, welche beispielsweise am Prinzip der Kostenführerschaft ausgerichtet sind, erfordern aber eine flexible Einbindung von möglicherweise unbekannten Marktteilnehmern. Heutige FIdM-Technologien können diese Anforderung jedoch nicht bewältigen. Daher muss der bisherige Ansatz des föderierten Identitätsmanagement erweitert werden. Im Rahmen dieser Arbeit wird deshalb ein Vorschlag zur Integration von Technologien des Vertrauensmanagements in FIdM erarbeitet.

4.3 Dynamische Identitätsföderationen

Nachdem die Grundlagen von föderiertem Identitätsmanagement sowie eine Reihe von FIdM-Implementierungen vorgestellt wurden, werden im Folgenden wesentliche Herausforderungen von FIdM identifiziert sowie dynamische Identitätsföderationen definiert.

4.3.1 Herausforderungen von FIdM

Die oben erläuterten FIdM Standards, Protokolle und Systeme sowie zahlreiche Veröffentlichungen und Erfahrungen in der Praxis zeigen im Zusammenhang mit FIdM eine Reihe von Herausforderungen (z.B. [BBCS07, BMPS10, CGG⁺10]). Im Rahmen einer Literaturstudie von Jensen wurden existierende Arbeiten systematisch analysiert und bestehende Herausforderungen erfasst [Jen12b].

Die Einführung eines umfassenden Identitätsmanagementsystems sowie die damit verbundenen Prozesse als Grundlage für föderiertes Identitätsmanagement verursachen **hohe Investitionskosten** [Smi08]. Des Weiteren mangelt es häufig an notwendigem **Hintergrundwissen** um FIdM in organisationsübergreifenden Szenarien einzusetzen, obwohl die Technologie an sich in vielen alltäglichen Anwendungen (z.B. Google und Facebook) bereits integriert ist. Das **IdP-Discovery-Problem** beschäftigt sich mit der Fragestellung, an wen Authentifizierungsanfragen weitergeleitet werden sollen [MR08].

Die entscheidende Herausforderung im Zusammenhang mit FIdM ist jedoch **Vertrauen** zwischen den beteiligten Instanzen. Vertrauen gilt als zentrales Konzept für föderiertes Identitätsmanagement [Smi08]. In aktuellen FIdM-Systemen wird Vertrauen mittels organisatorischer und vertraglicher Vereinbarungen sowie auf der technischen Seite durch die Verwendung einer PKI geschaffen und gepflegt (vgl. Abschnitt 4.2.4). Dieses Vertrauen muss *out-of-band*[24] etabliert werden, was Föderationen sehr statisch und unflexibel werden lässt. Die Beschränkung auf bestehende Vertrauensbeziehungen limitiert potentielle Partnerschaften [ZLZ10]. Eine der wesentlichen Erkenntnisse aus der Forschungsarbeit im Rahmen des EU-Projekts SPIKE (vgl. Abschnitt 2.2), ist die Notwendigkeit von dynamischen und kurzfristigen bzw. kurzzeitigen Kollaborationen. Dieser Anforderung wird der Stand der Technik von föderiertem Identitätsmanagement nicht gerecht und rechtfertigt daher die Entwicklung eines dynamischen Föderationsmodells im Rahmen dieser Arbeit.

Föderierte Identitäten sind aufgrund ihrer organisations- bzw. domänenübergreifenden Gültigkeit ein attraktives Angriffsziel. Durch die Kompromittierung einer föderierten Identität, wären also nicht nur interne, sondern auch externe IT-Systeme betroffen. Obwohl verbesserter Datenschutz als wesentlicher Nutzen von FIdM identifiziert wurde, ist ein dahingehend nicht zu vernachlässigender Aspekt zu berücksichtigen. Föderationen können sich über Landesgrenzen hinweg erstrecken, wodurch unterschiedliche Regelungen und Gesetzmäßigkeiten hinsichtlich Datenschutz gelten können. Als wesentliche Herausforderung von Identitätsföderationen wurde bereits im Einleitungsteil, die Etablierung sowie das Management

[24] *Out-of-band* bedeutet in diesem Zusammenhang, dass relevante Informationen auf einem zweiten Kanal, also nicht dem eigentlichen Kommunikationskanal übermittelt werden. Ein Beispiel aus dem Online-Banking ist das sogenannte mTAN-Verfahren, bei dem die jeweilige Transaktionsnummer per SMS auf das entsprechende Mobiltelefon übermittelt wird.

von Vertrauen zwischen den beteiligten Parteien identifiziert. Insbesondere für dynamische Föderationen stellt Vertrauen den entscheidenden Baustein dar.

4.3.2 Dynamik für FIdM

Nachdem im vorherigen Abschnitt die Herausforderungen von FIdM skizziert wurden, wird in diesem Teil der Arbeit eine Definition von dynamischen Identitätsföderationen erarbeitet. Dazu werden zuerst existierende Begriffsbestimmungen bzw. Charakterisierungen identifiziert.

Ferdous et al. [FP13] definieren dynamische Identitätsföderation wie folgt: Eine Gruppe von zwei oder mehr zuvor unbekannten Entitäten, welche dynamisch miteinander föderieren, ohne auf bestehende Geschäfts- bzw. technische Verträge zurückzugreifen, mit der Zielsetzung Dienstleistungen und Ressourcen unter bestimmten Bedingungen bereitzustellen und zu nutzen. Arias Cabarcos et al. [AAMD09] legen Anforderungen an dynamische Föderationen fest:

- Flexible Ausgestaltung zur Bildung von Vertrauen
- Minimierung der Abhängigkeit von zentralen Administratoren und Vorkonfigurationen
- Berücksichtigung einer Evolution des Vertrauens im Laufe der Zeit
- Einbindung von Risikomanagement

Zusätzlich wird in diesem Zusammenhang auf die Notwendigkeit von bilateralen Vertrauensbeziehungen hingewiesen [MTA14]. Des Weiteren charakterisiert Boursas [Bou09] dynamische Föderationen als ein sich stetig veränderndes Konstrukt, durch den laufenden Ein- und Austritt von Teilnehmern, was auch zu einem wechselnden Angebot an Ressourcen und Dienstleistungen führt.

Nach Analyse einschlägiger Fachliteratur, wird auf Grundlage dieser Angaben der Terminus *dynamische Föderationen* für diese Dissertationsarbeit wie folgt definiert:

> *Im Rahmen von dynamischen Identitätsföderationen kollaborieren bekannte und unbekannte Entitäten auf Basis von flexiblen bilateralen Vertrauensbeziehungen zum Zwecke der Ressourcenteilung, wobei sich der Teilnehmerkreis von Föderationen laufend verändern kann.*

Diese Begriffsbestimmung wird als Grundlage für die weitere Arbeit verwendet.

Kapitel 5

5 Vertrauen für Identitätsföderationen

Das folgende Kapitel stellt einen Überblick zur Thematik *Vertrauen*, mit Fokus auf das Online-Umfeld sowie Föderationen bereit. Dazu werden grundlegende Konzepte vorgestellt, indem relevante Begrifflichkeiten definiert sowie Architekturansätze und Berechnungsalgorithmen eingeführt werden. Im Folgenden wird der Bezug von Vertrauen zum Risikokonzept sowie der IT-Sicherheit hergestellt. Des Weiteren wird die Vertrauenswürdigkeit von digitalen Identitäten beleuchtet. Abgeschlossen wird dieses Kapitel mit der Einführung von Online-Vertrauensmodellen.

5.1 Grundlegende Konzepte

Im Rahmen dieses Abschnitts werden relevante Termini hergeleitet und weitere grundlegende Konzepte vorgestellt.

5.1.1 Definition von Vertrauen

Vertrauen ist bereits seit mehreren Jahrzehnten Gegenstand unterschiedlicher Forschungsdisziplinen. So wurde Vertrauen im Bereich der Evolutionsbiologie, Anthropologie, Soziologie [Busk98], Psychologie (z.B. [KA59, Bro93]), aber auch der Wirtschaftswissenschaften[25] und der Informatik in verschiedenen Ausprägungen[26] untersucht [Cha08]. Vermutlich gerade aufgrund all dieser Forschungsbemühungen gibt es für den Begriff *Vertrauen* keine eindeutige Definition. Einschlägige Fachliteratur verweist mehrfach darauf, dass auch kein einheitliches Verständnis des Bergriffs im Kontext der Informationssicherheit existiert (z.B. [GS00, MC01, Mui02, Gra03, KNS08]). Dazu werden im Folgenden einige populäre Definitionen diskutiert[27]. Eine, in der einschlägigen Fachwelt sehr verbreitete Auslegung findet sich bei Gambetta:

---

[25] Beispielsweise wird Vertrauen in den Wirtschaftswissenschaften häufig vor dem Hintergrund spieltheoretischer Grundlagen näher betrachtet. Themen dabei sind z.B. das Gefangenendilemma oder das Kaufhauskettenspiel, bei denen davon ausgegangen wird, dass ein kooperierendes Gleichgewicht existiert [Mui02].

[26] In der Dissertationsschrift von [Cha08, S. 11] wird eine allgemeine Übersicht über die grundlegenden Arbeiten bezüglich Vertrauen in den verschiedenen Forschungsdisziplinen gegeben.

[27] Eine Übersicht der existierenden Definitionen von Vertrauen wird durch die *World Database of Trust* zur Verfügung gestellt [Jam10].

> *When we say we trust someone or that someone is trustworthy, we implicitly mean that the probability that he will perform an action that is beneficial or at least not detrimental to us is high enough for us to consider engaging in some form of cooperation with him. Correspondingly, when we say that someone is untrustworthy, we imply that that probability is low enough for us to refrain from doing so* [Gam00].

Somit kann bei bestehendem Vertrauen mit einer gewissen Wahrscheinlichkeit davon ausgegangen werden, dass eine bestimmte Aktion entsprechend den Erwartungen ausgeführt wird. Diese Interpretation von Vertrauen ist in der Literatur auch unter dem Begriff *Reliability Trust* bekannt [JIB07]. Grandison et al. [GS00] verbinden mit Vertrauen ein sehr breites Spektrum, welches den Aufbau und das Management von Vertrauen sowie Sicherheitsaspekte umfasst. Daher wird die vorherige Definition um Aspekte wie Zuverlässigkeit bzw. Ehrlichkeit ergänzt, was zu folgender Auslegung führt:

> *Trust is the firm belief in the competence of an entity to act dependably, securely and reliably within a specified context* [GS00].

Eine der meistzitierten Arbeiten hinsichtlich Vertrauen ist die Publikation von Josang et al. [JIB07], der auf Ergebnisse von McKnight et al. [MC96] zurückgreift:

> *Trust is the extent to which one party is willing to depend on something or somebody in a given situation with a feeling of relative security, even though negative consequences are possible* [JIB07].

Dabei wird auf die Abhängigkeit zum Gegenüber sowie auf dessen Zuverlässigkeit angespielt. Gleichzeitig wird aber auch deutlich, dass Vertrauen mit einer gewissen Unsicherheit und damit einhergehend mit Risiko verbunden ist. So kann eine Interaktion auch mit negativen Folgen behaftet sein.

Insgesamt ist nach Analyse gängiger Definitionen festzustellen, dass diese nicht widerspruchsfrei sind und zahlreiche verschiedene Begriffsbestimmungen aus unterschiedlichen Blickwinkeln existieren. Eine Konsolidierung des Begriffs hat bisher in diesem Zusammenhang nicht stattgefunden. Daher ist es für die weitere Arbeit und deren Zielsetzung erforderlich, ein eindeutiges Begriffsverständnis zu schaffen. Im Rahmen von dynamischen Identitätsföderationen ist einerseits ein Identitätsnachweis und andererseits sind Quellen und Maßnahmen zur Ableitung des zukünftigen Verhaltens notwendig. Für diese Arbeit werden somit folgende Begrifflichkeiten eingeführt:

- **Identitätsvertrauen** bezieht sich auf die tatsächliche Übereinstimmung der Identität einer Entität mit der behaupteten digitalen Identität und wird typischerweise durch Verfahren der Authentifizierung wie z.B. durch Eingeben von Passwörtern oder die

Verwendung von X.509 Zertifikaten etabliert. Identitätsvertrauen wird mittels einer binären Entscheidung (z.B. Ja / Nein bzw. vertrauenswürdig / nicht vertrauenswürdig) dargestellt.

- **Verhaltensvertrauen** bewertet die Zuverlässigkeit einer Entität oder auch die Qualität von angebotenen Dienstleistungen. Dabei werden beispielsweise Erfahrungen oder Bewertungen von Dritten berücksichtigt. Verhaltensvertrauen wird in der Regel mittels einer diskreten oder skalaren Metrik (vgl. Abschnitt 5.5) angegeben.

Eigenschaften von Vertrauen

Vertrauen wird für gewöhnlich eine Reihe von Eigenschaften zugeordnet (z.B. [AH00, Rie09]). Dabei gilt Vertrauen als *subjektives* Empfinden, was bedeutet, dass verschiedene Entitäten für eine gleiche Entität A unterschiedliche Sichtweisen haben können. Des Weiteren ist Vertrauen *abhängig* von der jeweiligen *Situation* beziehungsweise einem bestimmten *Kontext*. Außerdem kann nicht erwartet werden, dass das Vertrauen von Entität A zu C, das gleiche Vertrauen wie von C zu A ist. Somit ist Vertrauen *asymmetrisch*. Auch wenn einer Entität in der Vergangenheit vertraut wurde, muss dies nicht für weitere Interaktionen gelten. Vertrauen kann sich aufgrund neuer Erkenntnisse im Laufe der Zeit positiv bzw. negativ verändern und ist dadurch *dynamisch*. Außerdem ist Vertrauen nicht transitiv im mathematischen Sinne, da bei Empfehlungen von Dritten auch die Vertrauenswürdigkeit der Quelle berücksichtigt werden muss.

5.1.2 Definition von Reputation

Die Konzepte *Reputation* und *Vertrauen* sind grundsätzlich sehr eng miteinander verwandt. In einigen Arbeiten werden die Begriffe auch synonym verwendet (z.B. [AH00] oder [Del03]). Trotzdem existiert eine klare Abgrenzung beider Konzepte. Zu diesem Zweck wird auf eine häufig zitierte Begriffsdefinition des *Concise Oxford English Dictionary* verwiesen:

> *Reputation is what is generally said or believed about a person's or thing's character or standing* [Oxf08].

Diese Definition korrespondiert mit Forschungsergebnissen aus dem Bereich sozialer Netzwerke (z.B. [Fre79, ML82]). Reputation wird als ein Wert interpretiert, der aus zugrunde liegenden Netzwerken abgeleitet wird und für alle Mitglieder des Netzwerks sichtbar ist. An folgenden Aussagen kann der Unterschied zwischen Vertrauen und Reputation beispielhaft verdeutlicht werden [JIB07]:

(1) I trust you because of your good reputation.

(2) I trust you despite your bad reputation.

Daraus lassen sich verschiedene Schlüsse ziehen. So kann Reputation eine Grundlage für Vertrauen bilden, weswegen eine Person mit guter Reputation, eher als vertrauenswürdig eingestuft wird. Anhand der zweiten Aussage wird jedoch deutlich, dass Reputation nur als Teilkonzept von Vertrauen zu interpretieren ist. Durch eine schlechte Reputation lässt sich eine Entität nicht zwangsweise als nicht vertrauenswürdig einstufen. Dabei können beispielsweise positive persönliche Erfahrungen ausschlaggebend sein. Reputation setzt sich also aus verschiedenen Einflussgrößen zusammen, die unterschiedlich gewichtet sein können, wobei eigene Erfahrungen in der Regel am stärksten gewichtet werden [SS05].

Zur Ermittlung der Reputation werden Reputationssysteme eingesetzt, die grundsätzlich folgende Aufgaben erfüllen [HB13]:

- Sammlung von Bewertungen
- Aggregation bzw. Berechnung der Reputation
- Verteilung der Reputation

Collaborative Filtering / Collaborative Sanctioning

Gegenüber Reputation ist eine Abgrenzung zu den Konzepten des *Collaborative Filtering* (CF) und *Collaborative Sanctioning* (CS) erforderlich. Beide ähneln Reputationssystemen, da bei beiden Systemen Bewertungen ihrer Mitglieder gesammelt werden. Hauptunterschied ist jedoch der Zweck, zu dem die Daten gesammelt werden. CF-Systeme (auch Empfehlungssysteme bzw. *Recommendersystems*) basieren darauf, dass Individuen einen unterschiedlichen Geschmack bezüglich verschiedener Produkte/Services haben. Die Vielzahl an angebotenen Produkten und Dienstleistungen erschwert Nutzern das Auffinden neuer Güter, welche den jeweiligen Vorstellungen entsprechen. CF-Systeme vergleichen Bestellhistorien bzw. Produktenbewertungen ihrer Mitglieder auf Übereinstimmungen bzw. Ähnlichkeiten und können dementsprechend Vorschläge für potentielle Neuanschaffungen geben (z.B. [HK07], [MC07]). Empfehlungssysteme werden im Rahmen dieser Dissertationsarbeit nicht weiter behandelt. *Collaborative Sanctioning* [MMA01] kann synonym für Reputationssysteme verwendet werden. CS verfolgen die Zielsetzung schlechte Produktqualität oder bösartige Anbieter zu sanktionieren und dadurch implizit Anreize zu schaffen. Amazon setzt beispielweise eine Kombination beider Ansätze für seinen Online-Handel ein.

5.1.3 Vertrauensbildende Maßnahmen

Die Flexibilisierung von Föderationen erfordert die Einbindung von verschiedenen vertrauensbildenden Maßnahmen. In der Literatur sind im Wesentlichen zwei unterschiedliche Ansätze zur Vertrauensbildung zwischen den Entitäten von Identitätsföderationen bekannt [BDOS05]. Einerseits existieren so genannte *traditionelle Maßnahmen* und andererseits *moderne Maßnahmen*.

Traditionelles Vertrauen

Diese Art der Vertrauensbildung basiert im Wesentlichen auf der Verifizierung einer digitalen Identität. Dazu wird die Registrierung bei einem Identity Provider durch eine Entität vorausgesetzt. Daher dienen in diesem Zusammenhang die unter Abschnitt 3 aufgeführten IT-Sicherheitstechnologien, wie Authentifizierung oder Autorisierung als vertrauensbildende Maßnahmen. Entitäten, welche durch die entsprechenden IdM-Prozesse notwendige Zugriffsberechtigungen erhalten, werden gleichzeitig auch als vertrauenswürdig eingestuft. Vertrauen beschränkt sich dabei in erster Linie auf die eigene Domäne. Eine Ausnahme bilden dabei (cross-zertifizierte) Public-Key Infrastrukturen oder auch Identity Assurance Frameworks (vgl. Abschnitt 5.4.3).

Modernes Vertrauen

Im Gegensatz dazu wird seit einigen Jahren zunehmend Vertrauen auf Basis von sogenannten modernen Verfahren etabliert [JIB07]. Als Grundlage dazu werden beispielsweise eigene Erfahrungen aus vergangenen Transaktionen, Empfehlungen von Dritten oder auch soziale Beziehungen verwendet. Die zugrunde liegenden Mechanismen zielen auf die Ableitung des zukünftigen Verhaltens einer Entität ab. Dadurch kann auch Vertrauen zu vorher unbekannten Teilnehmern aufgebaut werden, was auch Entitäten außerhalb der eigenen Domäne einschließt. Des Weiteren können mittels dieser Maßnahmen Vertrauensbeziehungen dynamischer ausgestaltet werden, d.h. durch positive bzw. negative Rückmeldungen während oder nach einer Transaktion, können Vertrauenswerte angepasst werden.

5.1.4 Architekturansätze

Grundsätzlich existieren zwei wesentliche Architekturansätze um Vertrauen und Reputation in Systemen abzubilden [JIB07].

Zentrale Systeme

Diese Art wird durch eine zentrale vertrauenswürdige Instanz charakterisiert, wobei diese Instanz für die Sammlung von Bewertungen sowie die Berechnung und Verteilung von Vertrauenswerten verantwortlich ist. Im Anschluss an eine Transaktion schicken die Teilnehmer ihre Bewertungen an das System, welches diese zur Berechnung bzw. Aktualisierung des Vertrauenswertes verwendet. Dieser Wert kann für zukünftige Transaktionen als vertrauensbildende Maßnahme zur Entscheidungsfindung beitragen [HB13]. Die Auktionsplattform *ebay* setzt beispielsweise auf ein zentrales System.

Dezentrale Systeme

Komplett dezentral organisierte Systeme halten keine zentrale Autorität bzw. vertrauenswürdige Instanz vor, an welche Bewertungen übermittelt bzw. von welcher Bewertungen angefragt werden können (z.B. Gnutella[28]). Daneben existieren sogenannte Mischsysteme, die teilweise auch auf zentrale Komponenten setzen [NU10]. So kann die Suche nach geeigneten Informationsquellen über ein zentrales Verzeichnis realisiert werden, während die eigentlichen Bewertungen aber bei den einzelnen Knoten liegen (z.B. Napstar[29]). Eine weitere Variante schlägt vor, einzelne besonders bewährte Nutzer unter den Teilnehmern als vertrauenswürdige Instanzen einzusetzen, welche den Bewertungsprozess entsprechend abbilden (z.B. [ZH07]).

Bewertung

Sowohl zentrale als auch dezentrale Systeme sind mit Vor- und Nachteilen verbunden (vgl. Tabelle 5-1). Während das Manipulationspotential in der zentralen Variante als gering einzustufen ist, besteht bei dezentralen ein hohes Risiko, was sich in den wesentlich effizienteren Schutzmechanismen von ersterem begründet. Vertrauen ist bei zentralen Systemen insbesondere in die zentrale Instanz notwendig, jedoch zusätzlich zu den jeweiligen Interaktionspartnern sowie den Quellen von potentiellen Empfehlungen. Im dezentralen Fall sind Vertrauensbeziehungen zu einer oder auch mehreren Entitäten aufzubauen. Hinsichtlich der Verfügbarkeit können dezentrale Systeme durch ihre redundante Auslegung punkten, was sich beispielsweise an File-Sharing Systemen zeigt. Sobald ein Teilnehmer nicht mehr verfügbar ist, springt ein anderer ein. Außerdem haben dezentrale Systeme gegebenenfalls Vorteile bezüglich der Skalierbarkeit.

	Zentrale Systeme	Dezentrale Systeme
Manipulationspotential	gering	hoch
Skalierung	möglicherweise problematisch	skalierbar
Verfügbarkeit	*Single Point of failure*	redundante Auslegung
Vertrauensbeziehungen	zentrale Instanz + n Teilnehmer	n Teilnehmer

Tabelle 5-1: Zentrale vs. dezentrale Vertrauenssysteme (in Anlehnung an [Zan10])

Im Rahmen des Vergleichs können noch weitere Kriterien Berücksichtigung finden, sind jedoch für diese Arbeit nicht erforderlich. Für ein dynamisches Föderationsmodell sind insbesondere das Manipulationspotential sowie notwendige Vertrauensbeziehungen von Bedeutung.

[28] http://www.gnutellaforums.com/
[29] http://www.napster.com/

5.1.5 Berechnungsalgorithmen

Im Zusammenhang mit den Maßnahmen moderner Vertrauensbildung existiert eine Reihe von verschiedenen Berechnungsalgorithmen des Vertrauenswerts, von denen im Folgenden die gängigsten Varianten kurz vorgestellt werden:

- **Berechnung der Summe bzw. des Durchschnitts:** Getrennte Aufsummierung aller positiven und negativen Vertrauenswerte, wobei die negativen im Anschluss von den positiven Werten abgezogen werden (z.B. ebay). Der Durchschnitt wird aus dem Quotienten der positiven und aller (positive + negative) Bewertungen berechnet (z.B. Amazon).
- **Bayessche Systeme:** Diese setzen wahrscheinlichkeitstheoretische Modelle ein, um Vertrauen zu berechnen. Dabei wird der Reputationswert über die *Beta Probability Density Function* (PDF) modelliert. Das Tupel a und b zeigt die Bewertungen vergangener Interaktionen und repräsentiert neben dem Wahrscheinlichkeitswert, der sich aus der Beta PDF ergibt, den Reputationswert (z.B. [TPJL06]).
- **Diskrete Modelle:** Bei dieser Variante können die Teilnehmer mit diskreten Aussagen, wie beispielsweise *sehr vertrauenswürdig, vertrauenswürdig, unzuverlässig* und *sehr unzuverlässig* bewertet werden (z.B. [AH00]).
- **Fuzzy Modelle:** Bei dieser Variante ist es möglich, Vertrauen als unscharfe sprachliche Werte zu beschreiben. So kann z.B. die Qualität einer Dienstleistung als *gut, durchschnittlich* bzw. *schlecht* oder die Lieferzeit von Waren als *kurz, durchschnittlich* bzw. *lang* bewertet werden. Dieser Ansatz wird beispielsweise auch von Amazon zur Bewertung von Kundenrezensionen verwendet, siehe Abbildung 5-1.

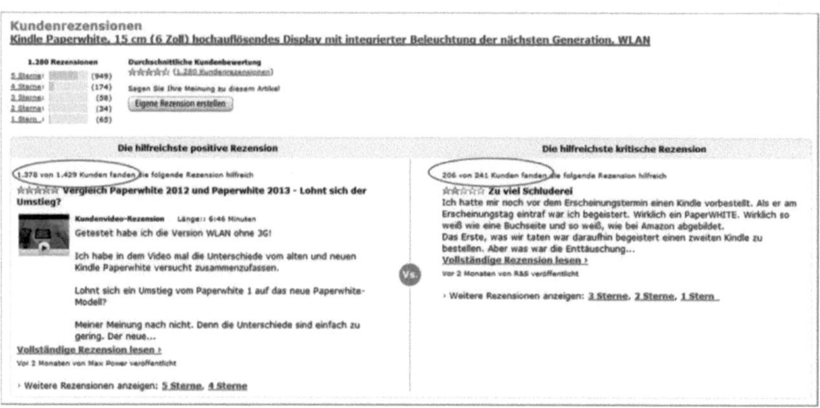

Abbildung 5-1: Beispiel für die Umsetzung eines Fuzzy Models

- **Flow Modelle:** Für diese Art von Algorithmen wird in der Regel ein Gesamtwert für das Vertrauen im Netzwerk angenommen, der auf alle Mitglieder verteilt wird. Somit nimmt der Vertrauenswert der anderen Netzwerkteilnehmer ab, sobald der eigene Wert steigt und umgekehrt (z.B. Google PageRank).

Die Berechnung kann entweder bei der zentralen Einheit, bei dem Teilnehmer selbst oder bei der Zieleinheit ausgeführt werden [AGL⁺13b].

5.2 Vertrauen und Risiko

In Kapitel 3 wurden bereits einige Sicherheitsrisiken im Kontext von Identitätsföderationen beleuchtet. In diesem Abschnitt erfolgt eine Untersuchung des Zusammenhangs zwischen den Konzepten *Vertrauen* und *Risiko*. Grundsätzlich muss definitionsgemäß zwischen Risiko[30] und IT-Risiko unterschieden werden. Für die Zielsetzung dieser Arbeit ist lediglich das IT-Risiko von Relevanz, was definiert wird als:

> *„Die Gefahr der Realisierung von Verlusten, die infolge der Verletzung eines oder mehrerer [...] Schutzziele [...] aufgrund eines durchgeführten Angriffs unter Ausnutzung von Schwachstellen eintreten“* [Pro08].

Neben den drei klassischen Schutzzielen Vertraulichkeit, Integrität und Verfügbarkeit, spielt für Identitätsföderationen die Zurechenbarkeit eine wichtige Rolle, da die korrekte Zuordnung der getätigten Transaktionen zu digitalen Identitäten und technischen Komponenten einen zentralen Aspekt darstellt. Das Bundesamt für Sicherheit in der Informationstechnik (BSI) gliedert IT-Gefahren in fünf Gefährdungsbereiche: Höhere Gewalt, organisatorische Mängel, menschliche Fehlhandlungen, technisches Versagen und vorsätzliche Handlungen, welche die Grundlage für Angriffe und somit der Verletzung der Schutzziele darstellen [Pro08]. IT-Risiken werden in Unternehmen im Rahmen des IT-Risikomanagements betrachtet, welches Teil des gesamten Risikomanagements einer Organisation ist. Für weitere grundlegende Informationen zu dieser Thematik sei auf entsprechende Literatur verwiesen (z.B. [Cot08, Van12, CD13]). Die Begriffe Risiko und IT-Risiko werden für den weiteren Verlauf der Arbeit synonym verwendet.

Sowohl Vertrauen als auch Risiko sind Konzepte zur Unterstützung der Entscheidungsfindung in unsicheren Situationen bzw. Umgebungen [JP04]. Insbesondere die Definition des Vertrauensbegriffs nach McKnight et al. [MC96] deutet einen Zusammenhang beider Konzepte an. Demnach birgt Vertrauen das Risiko negativer Konsequenzen. Des Weiteren gilt: je höher das Risiko (beispielsweise einer Transaktion), desto höher ist das erforderliche Vertrauen [RK05]. Im Gegensatz zu bekannten, existiert gegenüber unbekannten Interaktionspartnern generell niedrigeres Vertrauen und geringere Risikobereitschaft [BZ04]. Letztendlich spielt

[30] Risiko: „Kennzeichnung der Eventualität, dass mit einer (ggf. niedrigen, ggf. auch unbekannten) Wahrscheinlichkeit ein (ggf. hoher, ggf. in seinem Ausmaß unbekannter) Schaden bei einer (wirtschaftlichen) Entscheidung eintreten oder ein erwarteter Vorteil ausbleiben kann“ [WKG14].

also im Zusammenhang mit der Vertrauensbildung zwischen potentiellen Interaktionspartnern, auch das Risiko der eigentlichen Transaktion eine wesentliche Rolle. Das Risiko einer Transaktion wird beispielsweise durch den Wert einer Transaktion (z.B. Transfer eines hohen Geldbetrags) oder durch deren Zweck (z.B. Installation/Wartung eines sicherheitsrelevanten IT-Systems) beeinflusst.

Ansätze zur Risikobewertung

Für diese Arbeit spielt das Risiko einer Transaktion als Ausgangspunkt zur Ableitung notwendiger vertrauensbildender Maßnahmen eine wesentliche Rolle. Daher wird im Folgenden eine Reihe von existierenden Ansätzen zur Risikobewertung präsentiert.

Müller et al. erwarten, dass einer organisationsübergreifen Interaktion eine Kosten-Nutzen-Analyse, also eine Risikoquantifizierung vorausgeht. In die Kosten werden auch etwaige Risiken einkalkuliert. Zur Berechnung sind dabei sowohl die erwartete Schadenshöhe, als auch die Wahrscheinlichkeit des Schadenseintritts notwendig. Die Berechnung dieser beiden Faktoren ist nicht trivial. Der erwartete Schaden kann beispielsweise aufgrund historischer Werte geschätzt werden, währenddessen wird die Schadenswahrscheinlichkeit maßgeblich durch die ergriffenen Sicherheitsmaßnahmen bei den beteiligten Parteien beeinflusst [MSEW11].

Manchala definiert eine Risiko-Vertrauens-Matrix, welche auf entsprechenden Variablen basiert (siehe Abbildung 5-2) [Man98]. Auf der x-Achse werden dabei die Kosten einer Transaktion und auf der y-Achse die transaktionshistorischen Erfahrungswerte eines bestimmten Interaktionspartners, die sich statistisch aus vorhergehenden Transaktionen berechnen lassen, abgetragen. In der Matrix wird eine sogenannte Vertrauenszone festgelegt, welche signalisiert, dass keine zusätzlichen Prüfungen des jeweiligen Partners für eine bestimmte Transaktion erforderlich sind. Zugleich deuten die grau-markierten Felder an, dass eine Prüfung notwendig ist. Zusammen mit FuzzyLogik-Inferenzregeln kann damit eine Entscheidung bzgl. einer Transaktionsanfrage getroffen werden. Generell zeigt sich an dieser Matrix die Abhängigkeit zwischen dem Wert einer Transaktion und dafür notwendiger historischer Erfahrungswerte, was letztendlich auf das Verhältnis Risiko-Vertrauen überführt werden kann.

Schläger et al. schlagen eine qualitative Methode zur Risikobewertung und Entscheidungsunterstützung bezüglich Outsourcing von sicherheitsrelevanten Diensten vor [SN06]. Dazu werden mögliche Angriffe auf die einzelnen Sicherheitsdienste wie beispielsweise Authentifizierung oder Autorisierung sowie auch deren Zusammenhang mit der jeweiligen Architektur (zentral, dezentral) identifiziert und bewertet. Mittels der Konzepte *Annual Loss Expectancy* (ALE) sowie *Return on Security Investment* (RoSI) [Ber02] wird ein Modell entwickelt, welches eine ökonomisch-motivierte Betrachtung des Risikos erlaubt. Durch die Methode kann beurteilt werden, ob die Vorteile einer Auslagerungsentscheidung, die damit verbundenen Risiken ausreichend abdecken.

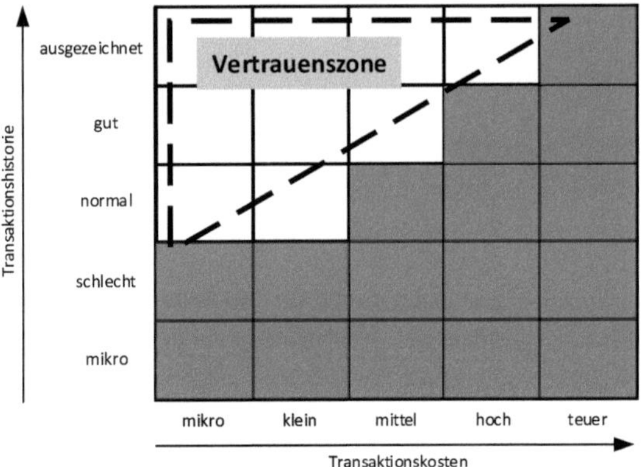

Abbildung 5-2: Risiko-Vertrauens-Matrix (in Anlehnung an [Man98])

Daneben existieren noch weitere Ansätze des Risikomanagements (z.B. ([CGS+03, JP04, QH06, AAM+12]), die aber nicht weiter diskutiert werden. Zusammenfassend kann festgestellt werden, dass Risiko und Vertrauen eng miteinander verknüpft sind. Gerade in verteilten Umgebungen, wie Identitätsföderationen spielen beide Konzepte eine wesentliche Rolle. Risiko wird somit als Teilkonzept für das DFM angesehen.

5.3 Vertrauen und IT-Sicherheit

In der bisherigen Arbeit wurde bereits thematisiert, dass zwischen Vertrauen und IT-Sicherheit eine Verbindung besteht, jedoch wurde dies bisher noch nicht genauer ausgeführt. Daher werden im Folgenden die Verknüpfungen beider Konzepte aufgearbeitet.

Im Zusammenhang mit IT-Sicherheit wird der Begriff Vertrauen in unterschiedlicher Art und Weise verwendet [Jos07]. Dabei sind *Trusted Systems* bzw. *Trusted Computing* frühe Beispiele, die in einschlägiger Literatur identifiziert werden können [AJ95]. Ersteres bedeutet, dass die notwendigen Sicherheitsanforderungen für ein bestimmtes System erfüllt werden und es damit als vertrauenswürdig einzustufen ist. Vertrauenswürdigkeit ist dabei als relativ zu interpretieren und hängt unter anderem von der Einstellung des jeweiligen Betrachters bzw. des Umfeldes ab [CGB+93]. *Trusted Computing Platforms* (TCP), wie PCs oder mobile Geräte werden mit einem zusätzlichen Chip, dem sogenannten *Trusted Platform Module* (TPM) ausgestattet werden. Dieses soll Funktionen wie sicheres Booten, Bestätigung der Integrität der Systemkonfiguration, sowie die sichere Generierung und Aufbewahrung kryptografischer

Schlüssel gewährleisten. Jedoch ist dazu ein angepasster *Bootloader* sowie ein entsprechendes Betriebssystem notwendig, um die Funktionen des TPM nutzen zu können [Eck13].

Bereits seit seinen Ursprüngen wird *Trusted Computing* kontrovers diskutiert. Kritiker unterstellen, dass die *Trusted Computing Group* (TCG)[31] alleine die Interessen der im Mitgliederkonsortium vertretenen Hersteller verfolgt. Insbesondere im Zusammenhang mit *Digital Rights Management* (DRM), besteht die Sorge darin, dass die Belange der Endverbraucher nicht berücksichtigt werden. Ein vor kurzem veröffentlichter Artikel von *ZEIT ONLINE* greift eine Meldung des Bundesamtes für Sicherheit in der Informationstechnik (BSI) auf, in der vor dem Einsatz von TPM, insbesondere im Zusammenhang mit dem Microsoft Betriebssystem Windows 8, gewarnt wird. Microsoft könne festlegen, welche Programme noch auf dem Computer installiert werden können, bereits eingerichtete Programme nachträglich unbrauchbar machen und Geheimdiensten helfen, fremde Computer zu kontrollieren. Auch wird explizit vor dem Einsatz von *Trusted Computing* Konzepten in deutschen Behörden gewarnt. "Durch den Verlust der vollen Oberhoheit über Informationstechnik" seien "die Sicherheitsziele *Vertraulichkeit* und *Integrität* nicht mehr gewährleistet."[32] Aufgrund einer durch Microsoft erwirkten einstweiligen Verfügung durfte der Artikel in dieser Form nicht mehr verbreitet werden und wurde daher in abgeänderter Form publiziert, ebenso hat das BSI in einer Stellungnahme seine Aussagen abgeschwächt [Beu13].

Trusted Computing Konzepte versuchen Vertrauen durch zusätzliche Hardwarekomponenten herzustellen. Durch die vorliegende Arbeit soll die Teilnahme an Föderationen möglichst flexibel gestaltet werden und unter anderem die Eintrittsbarrieren in Föderationen gesenkt werden. Aus diesen Gründen wird auf eine Anwendung von *Trusted Computing* Konzepten im zu entwickelnden Modell im Rahmen dieser Dissertationsarbeit verzichtet.

Des Weiteren wird auch häufig von sogenanntem *Vertrauensmanagement* (engl. *Trust Management*) gesprochen. Dieser Terminus wird in der Literatur erstmalig von Blaze et al. verwendet und wie folgt definiert:

> *Trust Management is a unified approach to specifying and interpreting security policies, credentials, and relationships which allow direct authorization of security-critical actions* [BFL96].

Dabei steht explizit die Autorisierung von sicherheitskritischen Aktionen im Vordergrund. Grundlage dafür sind Vertrauensbeziehungen (*relationsships*), die auf der Erfüllung von Richtlinien (*security policies*) durch Berechtigungsnachweise (*credentials*) basieren. Einige Jahre später wurde diese Definition als nicht mehr ausreichend betrachtet und daher durch Grandison erweitert:

---

[31] http://www.trustedcomputinggroup.org/

[32] Zeit-Online vom 20. August 2013, "Bundesregierung warnt vor Windows 8"

> *Trust management is the activity of collecting, encoding, analyzing and presenting evidence relating to competence, honesty, security or dependability with the purpose of making assessments and decisions regarding trust relationships* [Gra03].

Grandison erkennt in seiner Interpretation, dass Vertrauensmanagement wesentlich breiter gefasst werden muss und bezieht daher neben sicherheitsrelevanten auch weitere Aspekte wie Nachweise hinsichtlich von Kompetenzen oder Ehrlichkeit ein, die letztendlich ebenfalls als Anhaltspunkte zur Bildung von Vertrauensbeziehungen genutzt werden. In engem Zusammenhang mit Vertrauensmanagement stehen sogenannte *Vertrauensverhandlungen* (*(Automated) Trust Negotiations - ATN*). Dieser Ansatz basiert unter anderem auf dem Konzept kontextspezifischer Attribute (vgl. Kapitel 6.1.1) sowie auf digitalen Zertifikaten. ATN wird auch als Zugriffskontrollverfahren bezeichnet [BSB07] und zielt auf die Bildung von Vertrauen mittels der spezifischen Eigenschaften von Entitäten ab. Dabei werden iterativ Berechtigungsnachweise in Abhängigkeit der jeweiligen Sicherheitsrichtlinien zwischen den beteiligten Instanzen ausgetauscht. Populäre Implementierungen aus diesem Umfeld sind *TrustBuilder* [SSJ04] oder *Trust-X* [BFS04, BFS04], welche auch als Grundlage für weitere Forschungsarbeiten eingesetzt werden (z.B. [BSB07, KPR+07]). ATN ist im weiteren Sinne synonym zu Vertrauensmanagement nach Blaze et al. [BFL96] zu interpretieren. Zielsetzung des DFM ist eine (teil-) automatisierte Vertrauensetablierung zwischen den beteiligten Instanzen. Daher liefert das Grundkonzept des ATN einen wertvollen Baustein für diese Arbeit.

Wie bereits in Abschnitt 4.2.2.2 beschrieben, wird im Zusammenhang mit föderiertem Identitätsmanagement von einem sogenannten *Circle of Trust*, also einem Zusammenschluss von Entitäten zum Zwecke der domänenübergreifenden Ressourcenteilung gesprochen. Des Weiteren existieren *Trusted Third Parties*, welche in einem spezifischen Kontext für bestimmte Aufgaben grundsätzlich als vertrauenswürdig eingestuft werden (z.B. *Certificate Authority* in einer PKI). Im WWW werden authentifizierte und verschlüsselte Verbindungen mittels SSL/TLS unterstützt und durch eine Browser PKI umgesetzt. Für Nutzer ist dies durch ein geschlossenes Vorhängeschloss im Browser[33] und durch das zusätzliche „s" in der Webadresse (http's') zu erkennen. Außerdem sind Internetnutzer heutzutage, insbesondere in Online-Shops mit einer Reihe von Gütesiegeln[34] konfrontiert.

Gütesiegel sollen grundsätzlich als Prädikatsmerkmal für sichere und vertrauenswürdige Webshops gelten. In der Regel existieren keine einheitlichen Standards hinsichtlich der Kriterien zur Ausstellung von Gütesiegeln, was zu Intransparenz und Unsicherheit führt.

---

[33] Bei Firefox v.24.3.0 befindet sich das Vorhängeschluss in der Adressleiste

[34] Ein direkter Zusammenhang von Gütesiegeln und IT-Sicherheit scheint auf den ersten Blick nicht gegeben, jedoch befasst sich von den im Folgenden angesprochen Siegeln, wenigstens ein Kriterium mit den Themen Datenschutz und Datensicherheit, was eine kurze Aufarbeitung in diesem Abschnitt begründet.

Abbildung 5-3: Empfohlene Gütesiegel der Initiative D21 (in Anlehnung an [Ini13])

In Deutschland werden hingegen von der *Initiative D21*[35] insgesamt vier Gütesiegel (*Trusted Shops, internet privacy standards, EHI geprüfter Online Shop, S@fer Shopping*; vgl. Abbildung 5-3) empfohlen, mit denen in 2011 rund 7.500 Online-Shops ausgezeichnet waren. Die Anbieter dieser Gütesiegel wurden nach bestimmten Qualitätskriterien evaluiert und haben sich verpflichtet diese einzuhalten[36]. Hinsichtlich IT-Sicherheit orientiert sich die Initiative am Bundesdatenschutzgesetz §9 – technische und organisatorische Maßnahmen [Bun90] und verpflichtet Anbieter ein dementsprechend angemessenes Sicherheitskonzept einzusetzen. *Trusted Shops* gibt dahingehend beispielsweise vor, dass *die Inhalte des Online-Angebots und die Daten von Nutzern und Kunden angemessen zu schützen und Missbrauch zu verhindern* sind[37], in dem unter anderem Verschlüsselungstechnologien Anwendung finden müssen.

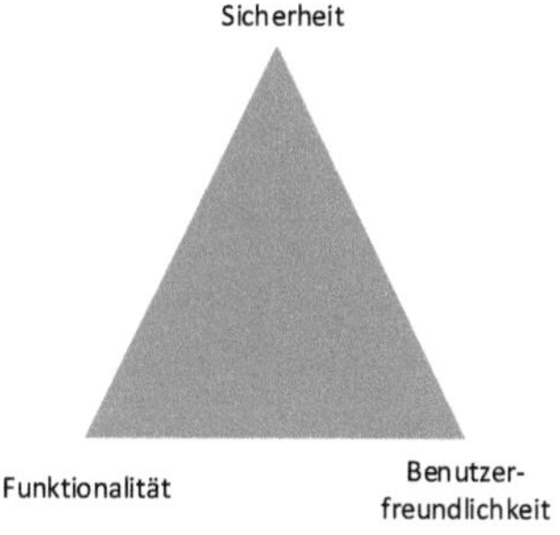

Abbildung 5-4: Wechselwirkung von Sicherheit, Funktionalität und Benutzerfreundlichkeit (in Anlehnung an [Wai10])

Zusammenfassend gilt, dass Sicherheitsmechanismen gerade in verteilten Systemen vor unbefugtem Zugriff und Manipulation schützen (sollen). Wie in diesem Abschnitt aufgezeigt, sind die Konzepte Vertrauen und IT-Sicherheit sehr eng miteinander verzahnt. Jedoch ist dabei auf die Wechselwirkung (*Trade-Off*) zwischen Sicherheit, Funktionalität und Benutzerfreundlichkeit hinzuweisen (z.B. [Jos07, Wai10]). Beispielsweise hat eine erhöhte Sicherheit in der Regel eine Einschränkung von Funktionalität und Bedienbarkeit zur Folge (vgl. Abbil-

[35] http://internet-guetesiegel.de/: Die Initiative D21 ist Europas größte Partnerschaft zwischen Politik und Wirtschaft. Verbraucherschutz im Internet ist eines der Satzungsziele der Initiative D21.

[36] http://internet-guetesiegel.de/wp-content/uploads/D21-Qualitaetskriterien.pdf

[37] http://www.trustedshops.de/guetesiegel/einzelkriterien.html

dung 5-4: Wechselwirkung von Sicherheit, Funktionalität und Benutzerfreundlichkeit (in Anlehnung an [Wai10]).

5.4 Vertrauenswürdigkeit digitaler Identitäten

Wie in Abschnitt 4.1.2.1 beschrieben, ist ein Lebenszyklusmodell für die Aktualität von digitalen Identitäten verantwortlich. Jedoch kann das Modell keine Aussage darüber treffen, wer die digitalen Identitäten verwaltet. Einerseits kann dies durch die Entitäten selbst erfolgen, andererseits können auch Dritte wie z.B. die Personalabteilung einer Organisation oder ein beliebiger Identity Provider im Internet, für die Verwaltung zuständig sein. Somit stellt sich die Frage, wer digitale Identitäten in einem bestimmten Kontext verwaltet. Gerade dieser Aspekt ist entscheidend für die Vertrauenswürdigkeit einer digitalen Identität. Es besteht also ein starkes Abhängigkeitsverhältnis zwischen der verantwortlichen Instanz für die Verwaltung einer digitalen Identität und deren Vertrauenswürdigkeit. Die Verwendung von föderierten Identitäten erfordert damit Vertrauen in digitale Identitäten und in deren kompletten Lebenszyklus [RWMR09].

Dieser Aspekt ist insofern für diese Arbeit relevant, da in dem zu konzipierenden Modell Abhängigkeiten in Bezug auf Vertrauensprozesse zu implementieren sind. Daher ist es wichtig, dass digitale Identitäten als kleinstes Element in diesem Prozess eine entsprechende Vertrauenswürdigkeit besitzen. Für diese Arbeit wird deshalb zwischen zwei verschiedenen Arten von Identitäten unterschieden.

5.4.1 Unbeglaubigte Identitäten

Im Internet können verschiedene Angebote von Dienstleistern genutzt werden, für deren Nutzung häufig Identitäten erforderlich sind. Damit lassen sich alle Aktivitäten eindeutig einer Identität zuordnen. Für die erstmalige Nutzung eines Web Services ist im Regelfall eine Registrierung beim Service Provider notwendig. Während dieses Prozesses werden bestimmte Angaben über Formulare abgefragt und letztendlich eine digitale Identität erstellt, welche dann die Nutzung zugriffsgeschützter Bereiche ermöglicht.

Digitale Identitäten, die von Entitäten selbst und ohne weitere Prüfungen erzeugt werden können, haben den Nachteil bzw. bergen das Risiko falscher oder fehlerhafter Daten. Beispielsweise ist für die Einrichtung einer kostenlosen E-Mail Adresse bei vielen Mail-Providern[38] keine Vorlage von amtlichen Dokumenten erforderlich. Attributwerte wie z.B. *Vorname* und *Nachname* können frei erfunden sein. Die E-Mail Adresse selbst kann daher einen fiktiven Namen oder den Namen einer anderen real existierenden Person tragen. Folg-

[38] https://www.gmx.net/mail/freemail/registrierung/ oder https://registrierung.web.de/

lich ist es möglich, eine derartige digitale Identität mit falschen Angaben im Internet zu missbrauchen.

Bei bestimmten Webangeboten wie z.B. sozialen Netzwerken, Foren und Chats ist es jedoch sogar erwünscht, dass es nicht möglich sein soll, von einer digitalen Identität auf eine reale Person schlussfolgern zu können. Diese Art von Identität wird als *Pseudonym* bezeichnet. Dabei wird oftmals der Spitzname (engl. *nickname*) oder ein anderer kurzer Bezeichner verwendet, der innerhalb dieses Systems eindeutig ist. In Deutschland wird durch das Telemediengesetz geregelt, dass Dienstanbieter im Internet, den Nutzern die Möglichkeit einräumen müssen, ihre Identität anonymisieren zu können.[39]

In der Konsequenz können Informationssysteme, die auf die Echtheit der Angaben in digitalen Identitäten angewiesen sind, unbeglaubigten Identitäten nur eingeschränkt vertrauen.

5.4.2 Beglaubigte Identitäten

Digitale Identitäten lassen sich aber auch von anderen Instanzen verwalten. In diesem Prozess findet prinzipiell eine entsprechende Überprüfung der Attribute bzw. der personenbezogenen Daten der Entität statt. Zwar ist die Generierung beglaubigter Identitäten zeitaufwändiger, jedoch wird ein höheres Maß an Sicherheit in Bezug auf die Echtheit der Attributwerte erreicht. Somit sind beglaubigte digitale Identitäten vertrauenswürdiger.

Internet-Anbieter, die Dienstleistungen wie z.B. die Abwicklung von Bankgeschäften anbieten, müssen beglaubigte digitale Identitäten verwenden, damit jederzeit eine rechtssichere Abwicklung der Transaktionen gewährleistet ist. Bei der Einrichtung der digitalen Identität kann das Finanzinstitut z.B. auf den Personalausweis bzw. die Bankkundendaten[40] zurückgreifen. Damit ist zwischen der digitalen Identität und der jeweiligen Entität eine eindeutige Beziehung hergestellt. Im Falle einer selbsterstellten Identität, wäre es einem Dienstleister bei etwaigen Rechts- bzw. Vertragsverletzungen nicht oder nur schwer möglich, Haftungsansprüche gegenüber der Entität geltend zu machen.

In Bezug auf die Verwaltung von Identitäten innerhalb von Organisationen ist es daher wichtig, beglaubigte Identitäten zu verwenden. Beispielweise wird an der Universität Regensburg ein Benutzer-Account für Studierende erst nach erfolgreicher Immatrikulation durch die Studentenkanzlei oder nach erfolgreicher Verifizierung eines gesonderten Antrags[41], freigeschaltet. Anschließend können mit dieser digitalen Identität nachvollziehbar IT-Ressourcen und Dienstleistungen der Universität genutzt werden.

---

[39] Vgl. §13 (6) TMG
[40] https://secure.deutsche-bank.de/opra/pbc/internet/process/internet_elektronischemedien/start.do
[41] http://www.uni-regensburg.de/rechenzentrum/rz-account/

Um sicherzustellen, dass Identitäten vertrauenswürdig sind, müssen die Prozesse des Identitätsmanagements zuverlässig und regelkonform arbeiten. In diesem Zusammenhang hat sich in den vergangen Jahren der Begriff der *Identity Assurance*, welche sich mit der Absicherung von Identitätsmanagementprozessen beschäftigt, etabliert (vgl. Abschnitt 5.4.3).

5.4.3 Identity Assurance

Föderationen implizieren eine Verteilung der Identitätsmanagementprozesse auf unterschiedliche Parteien. Daher müssen sich die involvierten Parteien darauf verlassen können, dass die jeweilige Gegenseite seine Aufgaben mit entsprechender Sorgfalt ausführt. Für den Anwendungsfall des *Web SSO* (vgl. Abschnitt 4.2.2.2) muss sich beispielsweise der SP darauf verlassen, dass der IdP, die mit der Authentifizierung verbundenen Schritte sowie weitere Aspekte, wie z.B. der Identitätsnachweis oder die Attributausgabe korrekt durchgeführt wurden. Im Kontext von Föderationen wird dabei von *Identity Assurance* gesprochen, was dem Grad an Vertrauen entspricht, welcher einer bestimmten Behauptung (z.B. im Kontext einer *SAML-Assertion*) entgegengebracht wird (z.B. [MI09, BT10, Kan10a]).

Identity Assurance wird in der Regel in verschiedene Stufen (engl. Level) gegliedert. Diese sogenannten *Identity Assurance Level* (IAL) assoziieren unterschiedliche Vertrauensniveaus, welche sich durch zugeordnete Technologien, Prozesse und Richtlinien definieren. Tabelle 5-2 zeigt die IALs des Rahmenwerks der Kantara Initiative am Beispiel der zu verwendenden Authentifizierungstokens. Daneben existieren noch weitere Kriterien wie der Identitätsnachweis oder organisatorische Richtlinien, für die jedoch auf die entsprechende Literatur verwiesen sei [Kan10a].

Für das Kommentieren von Nachrichtenseiten wird beispielsweise lediglich die Verwendung eines Benutzername/Passwort-Verfahrens empfohlen (vgl. IAL1). Währenddessen verpflichtet ein sehr hohes Vertrauensniveau zu einer Multi-Faktor Authentifizierung z.B. mittels einer SmartCard, die zusätzlich mit einem Fingerabdruck gesichert ist (vgl. IAL4).

Im Rahmen der Erstellung von digitalen Identitäten muss dabei ebenfalls berücksichtigt werden, inwiefern sich die Entitäten gegenüber einem IdP identifizieren müssen. Die Prüfung von Attributen mittels eines amtlichen Lichtbildausweises, ist in diesem Zusammenhang als vertrauenswürdiger einzustufen, als eine Verifizierung über eine freie Email-Adresse, mit Hilfe derer lediglich ein Weblink bestätigt werden muss.

Zielsetzung von *Identity Assurance* ist somit, gegenüber Dritten sicherzustellen, dass ein IdP korrekte Identitätsdaten erzeugt, verwaltet und bereitstellt. In diesem Zusammenhang haben sich in den vergangenen Jahren eine Reihe von sogenannten *Identity Assurance Frameworks (IAF)* etabliert.

Identity Assurance Level	Vertrauensniveau	Authentifizierungs-verfahren	Anwendungsfall
IAL1	minimal bzw. nicht vorhanden	PIN oder Passwort	Kommentieren von Nachrichtenseiten
IAL2	Gering	Ein-Faktor-Authentifizierung (Nachweis über Besitz des Tokens über sicheres Authentifizierungs-protokoll)	Änderung seiner Anschrift auf der Webseite eines Versicherungs-unternehmens
IAL3	Hoch	Multi-Faktor Authentifizierung mit Software-basierten Tokens (z.B. Kombination aus elektronischem Zertifikat im Web Browser und Passwort)	Patentanwalt übermittelt digital vertrauliche Informationen an ein Patentamt
IAL4	sehr hoch	Multi-Faktor Authentifizierung mit Hardware-basierten Tokens (z.B. SmartCard gesichert mit einem Fingerabdruck)	Banküberweisung über 1 Million Euro

Tabelle 5-2: Kantara IAF – Identity Assurance Levels [Kan10a]

Identity Assurance Frameworks

Im Rahmen einer umfangreichen Recherche konnten weltweit insgesamt sechs wesentliche IAFs identifiziert werden (siehe Tabelle 5-3). Dabei wurden nur IAFs berücksichtigt, welche zum Zeitpunkt der Recherche (April 2013) öffentlich zugänglich waren.

Institution/Projekt	IAF	Referenz
Australien Government – Department of Finance and Deregulation	National e-Authentication Framework (A-NeAF)	[Dep09]
British Columbia - Ministry of Citizens' Services; Architecture and Standards Branch	Identity Assurance Standard (BC-IAS)	[Low10]
InCommon	Identity Assurance Assessment Framework (InC-IAAF)	[Inc13]
Kantara Initiative	Identity Assurance Framework (KI-IAF)	[Kan10b]
OMB/NIST	E-Authentication Guidance for Federal Agencies / Electronic Authentication Guideline (eAGFA/EAG)	[OMB03, NIST11]
STORK (EU Forschungsprojekt)	Quality Authenticator Scheme (S-QAS)	[HLE09]

Tabelle 5-3: Identifizierte Identity Assurance Frameworks

Eine ausführliche Beschreibung der einzelnen Frameworks würde am Fokus dieser Arbeit vorbeiführen, weshalb für eine detaillierte Betrachtung an dieser Stelle auf die in Tabelle 5-3 aufgeführten Referenzen verwiesen wird. Jedoch werden IAFs im Rahmen des zu entwickelnden dynamischen Föderationsmodells als wichtiger Baustein angesehen, weshalb ein systematischer Vergleich mit Hilfe eines Kriterienkatalog durchgeführt wurde. Zur Herleitung der Kriterien wurden einerseits der Lebenszyklus digitaler Identitäten (siehe Abschnitt 4.1.2.1) und andererseits existierende Literatur zu den IAFs als Grundlage verwendet. Eine Gewichtung der einzelnen Kriterien erfolgte an dieser Stelle nicht. Ebenso erhebt der Katalog keinen Anspruch auf Vollständigkeit, da nicht ausgeschlossen ist, dass noch weitere Kriterien existieren, welche jedoch für die hier geforderten Belange nicht erforderlich sind. Letztendlich konnten die in Tabelle 5-4 beschriebenen Kriterien identifiziert werden:

Kriterium	**Beschreibung**
Identity Assurance Level (IAL)	Abstufung innerhalb eines IAF mittels verschiedener Niveaus mit unterschiedlichen Anforderungen.
Identitätsnachweis	Überprüfung identitätsbezogener Daten anhand bestimmter Spezifikationen (durch Autoritäten).
Token und Schutzmaßnahmen	Beschreibung der zu verwendenden Token sowie Schutzmaßnahmen zur sicheren Vorhaltung und Aktualisierung.
Wiederherstellung	Bereitstellung von Richtlinien wie Credentials wiederhergestellt bzw. erneuert werden (z.B. „Passwort vergessen").
Rücknahme/Widerruf	Richtlinien wie die Rücknahme bzw. der Widerruf von Credentials umzusetzen sind. Dabei sollen auch die Hintergründe (z.B. Ablauf eines digitalen Zertifikats) gespeichert werden.
Zertifizierungsprozess	Prozess, welchen eine Organisation durchlaufen muss, um für einen Identity Assurance Level zertifiziert zu werden.

Tabelle 5-4: Kriterienkatalog für den Vergleich von IAFs

Im Folgenden werden die IAFs anhand dieser Kriterien systematisch verglichen. Um die Übersichtlichkeit zu wahren, wurde für jedes Kriterium eine eigene Vergleichstabelle erstellt.

IAF	**Identity Assurance Level (IAL)**
A-NeAF	Level 1 – 4
BC-IAS	Level 1 – 4
InC-IAAF	Bronze, Silver
KI-IAF	Level 1 – 4
eAGFA/EAG	Level 1 – 4
S-QAS	Level 1 – 4

Tabelle 5-5: Identity Assurance Level

Hinsichtlich der Identity Assurance Level stellen alle IAFs vier Stufen des Vertrauensniveaus zur Verfügung. Lediglich InCommon weicht in diesem Zusammenhang ab und gibt ein Bronze und Silver Level vor (vgl. Tabelle 5-5).

IAF	Identitätsnachweis
A-NeAF	L1: keine Angaben; L2-4: amtliches Lichtbilddokument + weitere Dokumente
BC-IAS	L1: nicht erforderlich; L2-4: amtliches Lichtbilddokument + weitere Dokumente
InC-IAAF	keine Angaben
KI-IAF	L1: selbst ausgestellte Dokumente; L2-4: amtliches Lichtbilddokument + weitere Dokumente
eAGFA/EAG	L1: nicht erforderlich; L2-4: amtliches Lichtbilddokument + weitere Dokumente
S-QAS	L1: gültige Email Adresse; L2-4: amtliches Lichtbilddokument + weitere Dokumente

Tabelle 5-6: Identitätsnachweis

Tabelle 5-6 vergleicht die Anforderungen an einen Identitätsnachweis, der bei allen Frameworks vorgegeben wird. So sind in der Regel für *Identity Assurance Level 1* (=L1) keine Angaben bzw. Nachweise erforderlich. Ab Stufe zwei muss jedoch ein amtliches Lichtbilddokument bei der entsprechenden Autorität vorgelegt werden, mit dem die Identität und seine Attribute verifiziert werden. In den Stufen drei und vier sind noch weitere Dokumente wie beispielsweise Finanznachweise, aus welchen die Bankverbindung ersichtlich wird, notwendig. In diesem Zusammenhang werden von Seiten InCommon keine Vorgaben gemacht.

IAF	Token und Schutzmaßnahmen
A-NeAF	Detaillierte Beschreibung geeigneter Token für jeden Level.
BC-IAS	Orientiert sich teilweise an eAGFA/EAG und liefert eine detaillierte Auflistung von Token und Schutzmaßnahmen auf den jeweiligen IAL.
InC-IAAF	Nur rudimentäre Angaben über die Schutzmechanismen auf Bronze und Silver Level.
KI-IAF	Orientiert sich teilweise an eAGFA/EAG und liefert eine detaillierte Auflistung von Token und Schutzmaßnahmen auf den jeweiligen IAL.
eAGFA/EAG	Detaillierte Auflistung welche Token mit den jeweiligen Schutzmaßnahmen zu verwenden sind.
S-QAS	Detaillierte Beschreibung geeigneter Token für jeden Level.

Tabelle 5-7: Token und Schutzmaßnahmen

In Tabelle 5-7 wird aufgezeigt, inwiefern die einzelnen IAFs Beschreibungen der zu verwendenden Token und einhergehenden Schutzmaßnahmen für die einzelnen IALs bereitstellen. Dabei wird das Framework *eAGFA/EAG* zum Teil als Grundlage für weitere IAF eingesetzt. Dieses definiert für jeden Assurance Level entsprechende Tokenvarianten. So sind auf der ersten Stufe wissensbasierte Verfahren, wie z.B. Passwörter erlaubt, die jedoch nur als Hashwert bei dem jeweiligen Betreiber hinterlegt werden dürfen. Währenddessen sind auf der vierten Stufe hardwarebasierte Tokens wie beispielsweise Smartcards in Kombination mit biometrischen Merkmalen vorgeschrieben.

IAF	Wiederherstellung
A-NeAF	keine Angaben
BC-IAS	Nachweis durch gemeinsames Geheimnis (z.B. im Vorfeld definierte Fragestellungen)
InC-IAAF	Nur auf Silver Level, Nachweis eines gemeinsamen Geheimnis zwischen IdP und Nutzer ist zur Änderung erforderlich
KI-IAF	Richtlinien zur Änderung von Passwörtern
eAGFA/EAG	keine Angaben
S-QAS	keine Angaben

Tabelle 5-8: Wiederherstellung

Die Wiederherstellung bzw. Erneuerung von Credentials in den einzelnen IAFs, wird in Tabelle 5-8 behandelt. Dabei zeigt sich, dass dieser Bereich bei drei Frameworks (A-NeAF, eAGFA/EAG und S-QAS) unberücksichtigt bleibt. Die Kantara Initiative definiert dafür eigene Richtlinien, in welchen festgelegt wird, welche Anforderungen auf den einzelnen Stufen beispielsweise für das Zurücksetzen von Passwörtern erfüllt werden müssen. Dabei muss ab Level zwei ein zusätzliches Token (z.B. Zusatzfrage) nachgewiesen werden können, um sein Passwort zurücksetzen bzw. ändern zu können.

IAF	Rücknahme/Widerruf
A-NeAF	keine Angaben
BC-IAS	L1: keine Anforderungen, L2: Widerruf innerhalb 72h, L3-4: Widerruf innerhalb 24h
InC-IAAF	Nur auf Silver-Level Widerruf innerhalb von 72h
KI-IAF	L1: Widerruf generell ermöglicht, L2/3/4: Widerruf innerhalb 72h/24h/18h
eAGFA/EAG	L1: keine Anforderungen, L2: Widerruf innerhalb 72h, L3-4: Widerruf innerhalb 24h
S-QAS	keine Angaben

Tabelle 5-9: Rücknahme/Widerruf

Tabelle 5-9 vergleicht die Frameworks hinsichtlich der Anforderungen für Rücknahme bzw. Widerruf von Credentials. Dabei spezifizieren die IAFs der NIST, Kantara Initiative sowie des Staates Britisch Columbia auf der zweiten Stufe die Ausführung einer Widerrufsanfrage von Credentials innerhalb von 72 bzw. 24 Stunden. Auf Level vier fordert die Kantara Initiative eine Rücknahme, sogar im Rahmen von 18 Stunden. Die IAFs aus Australien und von STORK machen diesbezüglich keine Angaben.

Der Zertifizierungsprozess wird in Tabelle 5-10 betrachtet. Dazu machen aber lediglich die Kantara Initiative sowie InCommon entsprechende Angaben. Die Zertifizierung wird dabei in beiden Fällen detailliert beschrieben und hat bei erfolgreicher Begutachtung eine Gültigkeit von drei Jahren. Die Zertifizierung wird dabei von entsprechend autorisierten Instanzen vor Ort ausgeführt.

IAF	Zertifizierungsprozess
A-NeAF	keine Angaben
BC-IAS	keine Angaben
InC-IAAF	Detaillierte Prozessbeschreibung, Zertifizierung insgesamt 3 Jahre gültig, in der Regel keine weitere Prüfung während der Gültigkeitsdauer
KI-IAF	Detaillierte Prozessbeschreibung, Zertifizierung insgesamt 3 Jahre gültig, bei jährlicher Prüfung
eAGFA/EAG	keine Angaben
S-QAS	keine Angaben

Tabelle 5-10: Zertifizierungsprozess

Das IAF der Kantara Initiative stellt dazu umfangreiche Zertifizierungsrichtlinien zur Verfügung.

Bewertung

Die betrachteten IAFs weisen insbesondere hinsichtlich der Berücksichtigung der einzelnen Aspekte des Lebenszyklus von digitalen Identitäten, welche sich in den Kriterien widerspiegeln, deutliche Unterschiede auf. Die Kriterien *Wiederherstellung* und *Widerruf* werden im Rahmen des australischen IAF bzw. bei STORK nicht betrachtet. Ein *Zertifizierungsprozess* liegt sogar bei vier der sechs IAFs (A-NeAF, BC-IAS, eAGFA/EAG und S-QAS) nicht vor. Des Weiteren liefert das IAF von British Columbia keine Angaben zum *Identitätsnachweis*. Lediglich die Kantara Initiative berücksichtigt alle genannten Kriterien in seinem *Identity Assurance Framework*. Das IAF der OMB/NIST kann als wesentliche Grundlage für die anderen Ansätze interpretiert werden. Einige Aspekte, wie die *Assurance Level*, der *Identitätsnachweis* oder die zu verwendenden *Token* wurden dabei zum Teil übernommen bzw. erweitert.

Als defizitär können bei IAFs grundsätzlich zwei Gesichtspunkte eingestuft werden. Die Bewertung und die daraus resultierenden Vertrauensbeziehungen sind lediglich unidirektional von Service Provider zu Identity Provider ausgelegt. Weitere Beziehungen im Rahmen von Föderationen werden nicht berücksichtigt. Außerdem ist der ermittelte *Identity Assurance Level* ein starrer Wert, der frühestens bei einer darauffolgenden Prüfung angepasst werden kann. Somit ist das Vertrauensniveau als weitgehend statisch anzusehen.

Unabhängig davon, sind Identity Assurance Frameworks als eine sehr zuverlässige vertrauensbildende Maßnahme einzustufen. Aufgrund der umfangreichen und zeitlich aufwändigen Zertifizierungsprozesse, kann ein Einsatz von IAFs im Rahmen dynamischer Identitätsföderationen nicht immer gewährleistet werden, ist jedoch gerade im Zusammenhang mit sicherheitskritischen Anwendungen erforderlich. Das IAF der Kantara Initiative deckt als einziges Framework alle untersuchten Kriterien ab. Des Weiteren agiert die Initiative global und ist nicht auf Länder- bzw. Kontinentgrenzen beschränkt. Zusammensetzung, Ausrichtung und

Zielsetzung des Kantara Initiative lassen auch zukünftig auf eine intensive Pflege und Weiterentwicklung des IAF schließen.

5.5 Online-Vertrauensmodelle

Online-Vertrauensmodelle (OVM)[42] umfassen eine Reihe von Regeln und Sprachen, um Vertrauen zwischen Entitäten voll- bzw. teil-automatisiert ableiten zu können [MFL12]. Im weiteren Sinne beschreiben OVM, wie IT-Sicherheitstechnologien bzw. allgemein ausgedrückt, vertrauensbildende Maßnahmen dazu verwendet werden, um Bedrohungen für ein Informationssystem abzuwehren [QFH10]. Mit OVM wird also eine Möglichkeit geschaffen, Vertrauensverhältnisse zwischen potentiellen Transaktionspartnern in einem Netzwerk aufzubauen. Je nach Ausrichtung können die Modelle einen Vertrauenswert generieren, der einen bestimmten Level von Vertrauen widerspiegelt. Dieser sollte mit dem tatsächlichen Vertrauen eines Teilnehmers in einen anderen Teilnehmer möglichst gut übereinstimmen. Der Vertrauenswert basiert beispielsweise auf Erfahrungen aus vorangegangenen Transaktionen (z.B. [TPJL06, Jos12b]).

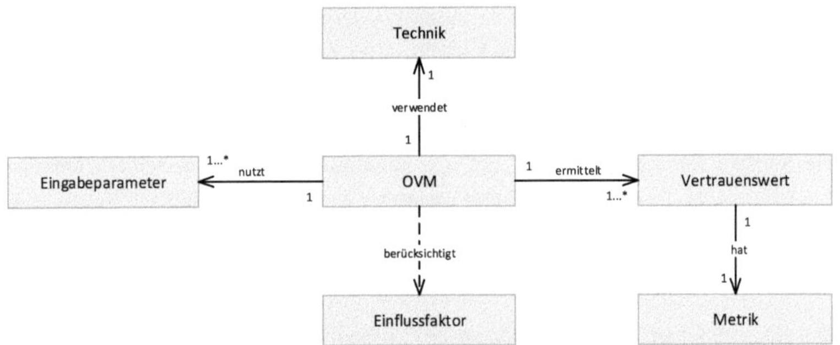

Abbildung 5-5: Komponenten eines OVM

Abbildung 5-5 zeigt die wesentlichen Komponenten eines OVM. Dabei verwenden Online-Vertrauensmodelle bestimmte Techniken (z.B. Summe) um entsprechende Eingabeparameter (z.B. Direkte Erfahrungen) unter Berücksichtigung von Einflussfaktoren (z.B. Kontext) zu verarbeiten, um einen Vertrauenswert als Grundlage für eine Entscheidung zu ermitteln. Dem jeweiligen Vertrauenswert liegt eine bestimmte Metrik zugrunde, wobei sich diese in der Regel auf drei grundlegende Arten begrenzt (z.B. [HZNR09, Zan10]):

- **Skalare Metriken** nutzen ein eindeutiges Minimum und Maximum, beispielsweise den Wertebereich von 0 bis 1, wobei *0* in der Regel *absolutem Misstrauen* und *1 absolutem Vertrauen* entspricht. Angaben im Wertebereich, werden beispielsweise als

[42] Der Begriff Online-Vertrauensmodell wird für die weitere Arbeit synonym zu Vertrauensmodell verwendet.

Zahl (0,6) oder als Prozentwert (60%) angegeben. Die Semantik der einzelnen Werte wird häufig von den Nutzern selbst interpretiert und ist daher subjektiv.

- **Diskrete Metriken** besitzen eine fest definierte Anzahl von Vertrauensgraden, deren Darstellung oft sprachlichen Konstrukten entsprechen. Darunter werden verbal formulierte Aussagen zum Grad des Vertrauens verstanden. Dies ist für die Nutzer einfacher zu verstehen als Zahlenwerte. Die drei Stufen *absolutes Misstrauen*, *neutrales Vertrauen* und *absolutes Vertrauen*, repräsentieren ein Beispiel einer diskreten Metrik mit drei Vertrauensgraden.
- **Binäre Metriken** sind eine besondere Form der diskreten Metrik und nutzen lediglich zwei Zustände, beispielsweise *Misstrauen* und *Vertrauen*. Dazwischen sind keine weiteren Werte vorgesehen.

5.5.1 Prozess des Vertrauensmanagement

In der Literatur existieren hierfür bereits vereinzelt Bestrebungen einen einheitlichen Prozess zum Management von Vertrauen zu etablieren. Dieser Abschnitt analysiert die wesentlichen Ansätze und schlägt letztendlich ein konsolidiertes Modell für dynamische Identitätsföderationen vor, welches als Grundlage im Evaluationskriterienkatalog in Abschnitt 6.3 Anwendung findet.

Hoffman et al. [HZNR09] unterteilen OVM in die Phasen *Formulation*, *Calculation* und *Dissemination*. Dabei werden in der *Formulation*-Phase die jeweiligen Informationsquellen und Eingabeparameter identifiziert und festgelegt. Ausgehend von diesen Ergebnissen wird in der *Calculation*-Phase mit Hilfe einer bestimmten Technik ein Vertrauenswert ermittelt, welcher in der letzten Phase gespeichert und verteilt wird. Marti schlägt ebenfalls ein dreistufiges Modell vor [Mar05], welches sich aus den Phasen *Information Gathering*, *Scoring & Ranking* und *Action* zusammensetzt. Dabei werden in der ersten Phase die notwendigen Eingabeparameter gesammelt, in der zweiten Phase der Vertrauenswert berechnet und schließlich die Transaktion in der letzten Phase durchgeführt, wobei darin auch Bewertungsmechanismen enthalten sind.

Hingegen stellt Ries ein Modell mit sechs Phasen vor [Rie09]. In der ersten Phase werden Eingabeparameter erfasst und mit Hilfe einer Technik wird ein Vertrauenswert ermittelt. Parallel wird der Nutzen der Transaktion bestimmt und beispielsweise gegenüber Faktoren wie Kosten oder Risiken abgewogen. Phase drei legt fest, ob und mit wem eine Transaktion ausgeführt wird. Anschließend erfolgt die eigentliche Transaktion, welche in der folgenden Phase bewertet wird. Die Speicherung sowie Verteilung der Bewertung wird in Phase sechs ausgeführt. Eine ähnliche, aber dennoch alternative Variante schlagen Gómez et al. [GM10] mit einem Modell bestehend aus fünf Phasen vor, namentlich *Gathering Information*, *Sco-*

ring & Ranking, Entity Selection, Transaction sowie *Reward & Punishment*[43]. Dabei sind im Vergleich zu Ries [Rie09] folgende Abweichungen festzustellen. In der ersten Phase werden vorhandene Eingabeparameter nicht nur identifiziert, sondern es wird auch mittels einer Integritätsprüfung festgelegt, inwiefern die Daten im Folgenden Verwendung finden. Weiterhin ist auf die explizite Berücksichtigung einer sogenannten *Reward & Punishment*-Phase hinzuweisen, in der Transaktionspartner auch negativ bewertet werden können.

Abbildung 5-6 veranschaulicht und vergleicht die Phasen der vorgestellten Modelle. Aus diesem Vergleich schlussfolgernd, bieten Gómez et al. [GM10] das umfangreichste Modell, während bei den weiteren einzelne Phasen keine Berücksichtigung finden. Jedoch ist zu beachten, dass Marti [Mar05] und Ries [Rie09] wohl implizit auf die beiden fehlenden Elemente zurückgreifen, dies jedoch nicht aus ihren Arbeiten hervorgeht. Deshalb werden die betroffenen Phasen jeweils ausgegraut dargestellt.

[HZNR09]	Formulation	Calculation	Dissemination			
[Mar05]	Information Gathering	Scoring & Ranking		Action		
[Rie09]		Evaluation of trustworthiness of candidates/Evaluation of utility of interaction	Decision Making	Interaction	Evaluation and reporting of quality	Update of opinion
[GM10]	Gathering Information	Scoring & Ranking	Entity Selection	Transaction	Reward & Punishment	

Abbildung 5-6: Vergleich des Vertrauensbildungsprozesses ausgewählter Modelle

Wesentliches Defizit aller vorgestellten Modelle ist der sequentielle Prozessverlauf. Rückkopplungen sind grundsätzlich in verschiedenen Phasen sinnvoll. Ein erneuter Aufruf der *Information Gathering*-Phase kann erforderlich werden, falls sich kein adäquater Partner für eine Transaktion findet. Des Weiteren können einzelne Phasen parallel stattfinden, da die *Transaction*-Phase an sich bereits überwacht werden muss und gegebenenfalls Konsequenzen durch geeignete Mechanismen angestoßen werden müssen. Zusätzlich berücksichtigt kein Modell die Auswahl geeigneter Kandidaten vor dem ersten Schritt, also beispielsweise inwiefern überhaupt geeignete Serviceanbieter aufgefunden werden können.

[43] Damit unterscheidet es sich von den vorherigen Modellen, die abgesehen von einer Bewertung keine Bestrafung bzw. Belohnung des Interaktionspartners vorsehen.

5.5.2 Systematische Literaturstudie

In der einschlägigen Fachwelt gelten die Arbeiten *„Formalising Trust as a Computational Concept"* von Marsh aus dem Jahr 1994 [Mar94] sowie *„Decentralized Trust Management"* von Blaze et al. [BFL96] im Jahr 1996 als Meilensteine der Vertrauensforschung im Kontext der IT-Sicherheit. Seit deren Veröffentlichung wurde eine enorme Anzahl an Arbeiten publiziert, die sich mit OVM beschäftigen. Dieses Kapitel zeigt einen Überblick der Forschungsaktivitäten auf diesem Gebiet, basierend auf einer umfassenden Studie. Dazu wurde eine Erhebung und Analyse von wissenschaftlicher Literatur, welche OVM im Kontext von IT-Sicherheit behandelt, durchgeführt. Insgesamt wurden **2719** Arbeiten identifiziert, die sich mit dieser Thematik beschäftigen.

5.5.2.1 Vorgehensweise

Die steigende Anzahl an Büchern, Journalen, Konferenzen und Workshops, macht eine systematische Vorgehensweise für Literaturstudien unabdingbar [Fet06]. Dieser Aspekt wird dahingehend verstärkt, dass die Vertrauensforschung auch in anderen Wissenschaftsbereichen (z.B. Psychologie, Soziologie oder Medizin) eine wesentliche Rolle spielt, weshalb auf eine entsprechende Einschränkung geachtet werden muss. Aufgrund der zu erwartenden hohen Anzahl an Publikationen, welche analysiert werden müssen, wäre ein manuelles Vorgehen fehleranfällig und ineffizient. Um eine vollständige Sammlung an relevanten Arbeiten zu gewährleisten, wurde daher ein vierstufiges Verfahren in Anlehnung an die Vorgehensweise der Autoren in [FPS11] angewandt.

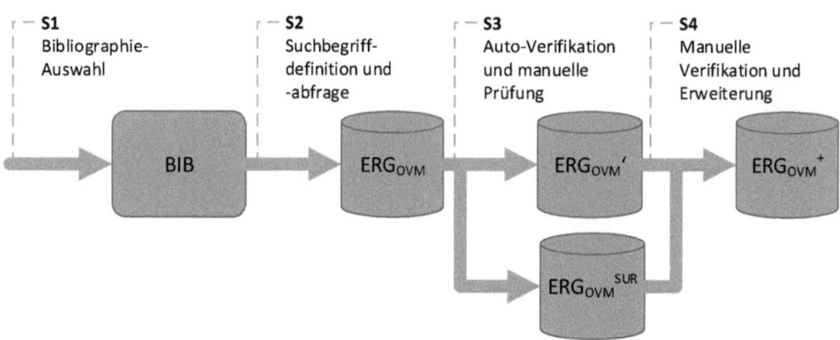

Abbildung 5-7: Prozess der Literaturstudie

Abbildung 5-7 visualisiert die verwendete Vorgehensweise, welche sich aus vier wesentlichen Schritten zusammensetzt. Nachdem zuerst geeignete Bibliographien ausgewählt werden, werden in Schritt zwei entsprechende Suchtermini definiert und die Suche ausgeführt. Anschließend erfolgen eine automatisierte Verifikation der Suchergebnisse sowie eine manuelle Prüfung. Die finale Ergebnismenge speist sich aus einer manuellen Verifikation sowie einer daraus resultierenden Erweiterung.

S1: Bibliographie-Auswahl

Ein vollständiger Überblick der relevanten Publikationen erfordert eine sorgfältige Analyse der zur Verfügung stehenden bibliographischen Sammlungen wissenschaftlicher Publikationen. Dafür konnten folgende Datenbanken identifiziert werden: ACM Digital Library[44], AIS Electronic Library[45], DBLP Computer Science Bibliography[46], Google Scholar[47], IEEE Computer Society Digital Library[48], Microsoft Academic Search[49] und SpringerLink[50].

Wie auch die Autoren in [FPS11] kommt der Verfasser dieser Arbeit nach einer Evaluation der identifizierten Datenbanken zum Ergebnis, dass sich die Bibliographie DBLP für diesen Zweck am besten eignet. DBLP beschränkt sich weder auf spezielle Autoren noch werden bestimmte Konferenzreihen bzw. Journale bevorzugt behandelt oder ausgeschlossen. Des Weiteren kann die Suchanfrage selbst sowie das Suchergebnis mittels verschiedener zur Verfügung gestellter Funktionalitäten verfeinert werden. Die von DBLP zurückgelieferten Ergebnisse werden aber mithilfe der Datenbanken der IEEE und ACM Digital Library verifiziert und gegebenenfalls ergänzt.

S2: Suchbegriffdefinition und –abfrage

Obwohl diese Dissertationsschrift in deutscher Sprache angefertigt wird, werden englische Suchbegriffe verwendet, da relevante Literatur fast ausschließlich in englischer Sprache verfasst und publiziert wurde.

Naheliegend ist die Suche nach dem Termini *trust*. Jedoch gibt eine entsprechende Suchanfrage bei DBLP insgesamt **13795 Suchergebnisse** zurück (Abfragedatum 03.08.2013), wovon im Kontext der IT-Sicherheit aber nur eine Teilmenge relevant ist. Aufgrund der vielfältigen Verwendung des Begriffs in anderen Forschungsdisziplinen war ein derartiges Ergebnis zu erwarten, was eine Adaption der Suchbegriffe erforderlich macht.

Daher werden die Begriffe *Trust Management, Trust Model, Trust System, trust-based, Reputation Management, Reputation Model, Reputation System, reputation-based* verwendet, um die Ergebnismenge entsprechend einzuschränken. Eine Suchanfrage bei DBLP mit diesen Begrifflichkeiten resultiert in insgesamt **2711 Datensätzen**. Zur Überprüfung dieses Resultats wurden identische Anfragen bei den Bibliographien der IEEE und ACM gestellt, wodurch noch **257 zusätzliche Arbeiten** identifiziert werden konnten und entsprechend in die Ergeb-

[44] http://dl.acm.org/
[45] http://aisel.aisnet.org/
[46] http://www.informatik.uni-trier.de/~ley/db/
[47] http://scholar.google.de/
[48] http://www.computer.org/portal/web/csdl/home
[49] http://academic.research.microsoft.com/
[50] http://link.springer.com/

nismenge aufgenommen wurden (Abfragedatum 03.08.2013). Somit ergibt sich ein Daten-Set **ERG_{OVM}** von insgesamt **2968 Datensätzen**.

S3: Auto-Verifikation und manuelle Prüfung

Trotz der Einschränkung auf die oben genannten Begrifflichkeiten, ergibt sich also eine relativ große Datenbasis. Eine stichprobenartige Analyse von **ERG_{OVM}** zeigte, dass eine Teilmenge der Publikationen dieses Daten-Sets für die Literaturstudie nicht relevant ist. Daher erfolgt in diesem Schritt eine Verifikation der Felder *Titel, Keywords, Titel der Konferenz* bzw. *des Journals* und *Abstract* mit den Suchbegriffen *trust* und *reputation* im Kontext der IT-Sicherheit. In diesem Zusammenhang wird die Annahme getroffen, dass in einem der genannten Felder eines Datensatzes die Suchbegriffe (*trust* oder *reputation*) enthalten sein müssen, wenn sich eine Publikation mit einem OVM beschäftigt.

Wenn auf diese Weise keine Übereinstimmung festgestellt werden konnte, wurden die entsprechenden Datensätze markiert und zusätzlich manuell überprüft. Dabei konnten OVMs identifiziert werden, die in den untersuchten Bereichen keine abgefragten Schlüsselwörter enthalten, da andere Begrifflichkeiten verwendet wurden und somit ausgeschlossen worden wären.

Letztendlich wurden **310 Datensätze** als irrelevant klassifiziert, wodurch sich die Ergebnismenge **ERG_{OVM}'** auf insgesamt **2658 Publikationen** reduziert. Als zusätzliches Resultat konnten **15 existierende Überblicksartikel** zu OVM als **ERG_{OVM}^{SUR}** identifiziert werden, welche im folgenden Schritt Verwendung finden.

S4: Manuelle Verifikation und Erweiterung

Zur finalen Verfeinerung der Ergebnismenge wurden die Referenzen der **15** Überblicksartikel aus **ERG_{OVM}^{SUR}** manuell überprüft. Dabei wurde untersucht, ob darin Publikationen enthalten sind, die bisher noch nicht in der Ergebnismenge aufgeführt sind. Auf diese Weise konnten weitere **54 Arbeiten** identifiziert werden, die sich mit OVM beschäftigen. Des Weiteren wurden **7 Publikationen** ergänzt, die OVM zur Umsetzung dynamischer Föderationen beinhalten, jedoch andere Begrifflichkeiten verwenden und dadurch mittels automatisierter Suchanfrage nicht erkannt werden konnten. Somit beträgt das finale Daten-Set **ERG_{OVM}^{+}** insgesamt **2719 Datensätze**. Aufgrund der in Relation zu **ERG_{OVM}'** geringen Anzahl an zusätzlichen OVM, die in **S4** gefunden werden konnten, kann von einer sehr umfangreichen und auch vollständigen Literaturstudie ausgegangen werden.

5.5.2.2 Abgeleitete Resultate

Im Folgenden werden einige Ergebnisse der Literaturstudie grafisch veranschaulicht. Dabei zeigt Abbildung 5-8 die Anzahl von Publikationen, die sich mit OVM beschäftigen auf Jahresebene.

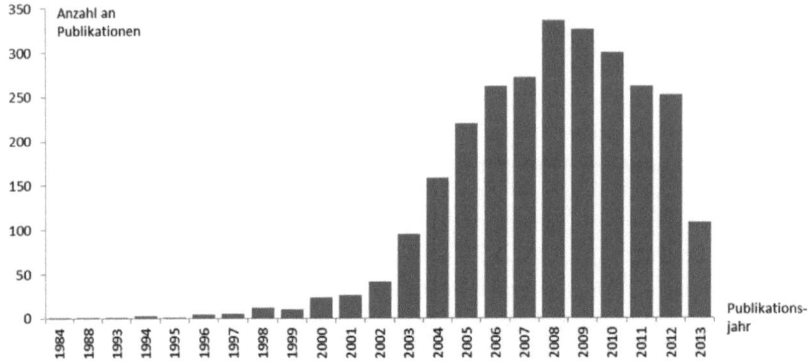

Abbildung 5-8: Publikationen mit Bezug zu OVM

Es ist zu beobachten, dass sich die Zahl der Veröffentlichungen seit einigen Jahren relativ konstant im Bereich von 250-300 pro Jahr hält. Der vermeintliche Rückgang in 2013 lässt sich mit der verwendeten Datenbasis begründen, die im August 2013 erhoben wurde und wenigstens die Hälfte der Publikationen dieses Jahres nicht berücksichtigen konnte. Auch muss die Zeitverzögerung bei der Einbindung von Veröffentlichungen in Tagungs- und Konferenzbände einbezogen werden.

Des Weiteren wurde die Ergebnismenge $\mathbf{ERG_{OVM}}^{+}$ hinsichtlich existierender Kategorien von OVM analysiert, wozu eine Prüfung der einzelnen Datensätze erforderlich war. Aufgrund der hohen Datenmenge können jedoch nicht alle Veröffentlichungen komplett durchgearbeitet werden. Daher wird an dieser Stelle auf einen bewährten Ansatz von Swanson & Ramiller [SR93] zurückgegriffen, wonach die Publikationen anhand einer bestimmten Systematik überprüft werden. Dabei werden die Sektionen: *Abstract*, *Einleitung*, *Diskussion* und *Schlussfolgerungen* der einzelnen Arbeiten untersucht. Im Zuge dieser Analyse konnten im Wesentlichen die bereits angeführten Klassen von OVM, namentlich *Identitätsvertrauen* und *Verhaltensvertrauen* bestätigt werden (vgl. Abbildung 5-9).

Dabei ist zu beobachten, dass sich bis zum Jahr 2002 die Publikationen in beiden Klassen relativ vergleichbar hinsichtlich ihrer Anzahl entwickeln, anschließend ist jedoch ein deutliches Übergewicht von OVM in der Kategorie des Verhaltensvertrauens festzustellen.

	1984	1988	1993	1994	1995	1996	1997	1998	1999	2000	2001	2002
OVM	1	1	1	3	1	4	5	12	10	23	26	41
Anteil in %	*0,04*	*0,04*	*0,04*	*0,11*	*0,04*	*0,15*	*0,18*	*0,44*	*0,37*	*0,85*	*0,96*	*1,51*
Identitäts-vertrauen	0	0	1	1	1	2	0	8	7	8	14	19
Verhaltens-vertrauen	1	1	0	2	0	2	5	3	3	14	12	22

	2003	2004	2005	2006	2007	2008	2009	2010	2011	2012	2013	Σ
OVM	95	158	220	262	272	336	326	300	262	252	108	2719
Anteil in %	*3,49*	*5,81*	*8,09*	*9,64*	*10,00*	*12,36*	*11,99*	*11,03*	*9,64*	*9,27*	*3,97*	*100*
Identitäts-vertrauen	38	58	88	85	69	49	39	31	8	23	10	559
Verhaltens-vertrauen	56	99	130	172	197	281	285	264	231	224	96	2100

Abbildung 5-9: OVM Kategorien auf Jahresebene

Evolution von OVM

Nach den ersten wegweisenden Publikationen im Bereich rechnergestützter Vertrauensbildung (engl. Computational Trust) von Marsh [Mar94] und Blaze et al. [BFL96], wurde eine Vielzahl unterschiedlicher OVMs mit verschiedenen Zielsetzungen veröffentlicht. Die grundlegende Klassifizierung von Rasmusson et al. konnte auch im Jahr 2013 bestätigt werden [RJ96]. Einerseits existieren sogenannte *credential-basierte OVMs* (=hard security) (z.B. [BFL96, CFL+97, BFK99]). Wie der Name des Clusters bereits andeutet, werden Richtlinien definiert, welche die Zugriffsbedingungen (wie z.B. erforderliche Berechtigungsnachweise) auf eine bestimmte Ressource spezifizieren. Auf der anderen Seite konnte der Cluster von *soft-security OVMs* nachgewiesen werden (z.B. [SS01, HJS06a, TPJL06]). Diese Modelle basieren auf sozialen Kontrollmechanismen (z.B. Bewertungen von ehemaligen Transaktionspartnern, von denen das zukünftige Verhalten abgeleitet werden kann).

Zusätzlich konnten prozess-basierte Verfahren identifiziert werden, welche letztendlich aber auch der Klasse der *hard-security-OVM* zuzuordnen sind. Dabei sind beispielsweise Assurance Frameworks (vgl. Kantara Identity Assurance [Kan10b]) oder Zertifizierungen der IT-Sicherheitsprozesse nach BSI Grundschutz zu nennen. Solche Offline-Zertifizierungen können online verfügbar gemacht werden und damit einen wertvollen Beitrag zur Transparenz von OVMs und letztendlich deren Vertrauenswürdigkeit leisten.

Interessant im Zusammenhang mit der Literaturrecherche ist die Entwicklung der OVMs. Dabei kann eine stetige Verfeinerung und Verbesserung der Funktionsweise festgestellt werden. Die ersten OVMs waren hauptsächlich auf die klassische Zugriffskontrolle ausgelegt und orientieren sich somit eher an geschlossenen Netzwerken. Mit der zunehmenden Etablierung offener Systeme kann anschließend die gehäufte Entwicklung von *soft-security* Modellen beobachtet werden (z.B. [AH00, DVP+02, MM02, YS02]). Während die bisherigen Ansätze hauptsächlich auf einer zentralen Architektur fußten, setzen die Autoren von [AD01] auf eine vollständig verteilte Speicherung von Vertrauensinformationen. Die Autoren in [SS01] beziehen auch soziale Beziehungen in die Vertrauensbildung mit ein. Mit der Verbreitung von *soft-security* Modellen wurden auch Protokolle zur Erkennung und Isolation von Fehlverhalten in OVMs wie der Manipulation von Bewertungen notwendig [BL02]. Cahill et al. [CGS⁺03] beschäftigen sich mit der Betrachtung des Risikos als wesentlicher Einflussfaktor zur Bildung von Vertrauen. Lösungsstrategien für das sogenannte *Bootstrapping-Problem*[51] wurden von den Verfassern in [OAKS04] präsentiert, während die Problemstellung erstmals von Zacharia et al. [ZMM99] erkannt wurde. Die Forschergruppe in [HJS04] berechnet Vertrauen unter anderem auf Basis der zugrundeliegenden Rolle des potentiellen Transaktionspartners und ergänzt damit das Spektrum der *soft-security* Modelle. Zunehmend wurden auch weitere Einflussfaktoren wie der Kontext oder die Zeit bei der Vertrauensbildung berücksichtigt (z.B. [SS05, MGM06]). Das Potential von hybriden OVMs, also der Kombination aus *hard-* und *soft-security* Verfahren wurde erstmals von [BDOS05] erkannt. Dabei beschäftigen sich in den darauffolgenden Jahren auch weitere Forschergruppen mit dieser Thematik ([LV07, AG10, BED+10]). In den letzten Jahren ist zu erkennen, dass insbesondere die Betrachtung der Robustheit von OVMs in den Vordergrund tritt (z.B. [GM09, HZNR09, ST11, Jos12b]. Letztendlich kann festgestellt werden, dass OVMs zunehmend unterschiedliche Eingabeparameter und Einflussfaktoren bei der Vertrauensbildung berücksichtigen, was den errechneten Vertrauenswert zwar einerseits verlässlicher, aber andererseits das OVM an sich wesentlich komplexer und damit intransparenter werden lässt. Des Weiteren ist ein zunehmender Trend hinsichtlich der Dezentralisierung von OVMs zu erkennen. Dabei werden verstärkt kryptografische Verfahren wie z.B. *Distributed Hash Tables*, *Zero-knowledge-Ansätze* oder *homomorphe Verschlüsselung* eingesetzt (z.B. [UPV11, AGL⁺13a, AGL⁺13b]).

Aufgrund der Vielzahl an OVMs existiert mittlerweile eine Reihe von Überblicksartikeln, die das Themengebiet Online-Vertrauen aufzuarbeiten versuchen (z.B. [SR11, ZDB11, LM12, MFL12]). Häufig werden dabei Taxonomien zur Strukturierung existierender OVMs vorgeschlagen. Jedoch werden nur relativ wenige Arbeiten tatsächlich in die Taxonomien eingeordnet, was zu einem unscharfen und unvollständigen Ergebnis führt. Des Weiteren brachte die Literaturrecherche zu Tage, dass sich der Entwicklungsprozess von OVMs offenbar hauptsächlich an den jeweiligen Anwendungsbereichen orientiert, es jedoch kein strukturiertes Vorgehen gibt. Die Beurteilung der Vertrauenswürdigkeit von OVMs hinsichtlich Robustheit, Sicherheit und Zuverlässigkeit, spielt letztendlich eine untergeordnete Rolle. Auch ist keine Struktur bei den eingesetzten vertrauensbildenden Maßnahmen und deren Wertigkeit zu erkennen.

[51] Neue Teilnehmer in Föderationen können zu Beginn auf keine bzw. nur auf sehr wenige Erfahrungen mit anderen Mitgliedern als Grundlage der Vertrauensbildung zurückgreifen und somit erst nach einem gewissen Zeitraum von gesammelten Bewertungen profitieren.

5.5.3 Ausgewählte Online-Vertrauensmodelle

Im Folgenden erfolgt eine kurze Einführung der wesentlichen OVMs, welche im Rahmen der Literaturanalyse identifiziert werden konnten. Die Ergebnisse bilden einen wichtigen Baustein dieser Arbeit. Dabei werden die unterschiedlichen Veröffentlichungen hinsichtlich ihres verwendeten Ansatzes zur Vertrauensbildung beschrieben. Dazu wird eine grobe Unterscheidung in die Kategorien *Trust and Reputation Models, kommerzielle Online-Vertrauensmodelle* und *OVM für Identitätsföderationen* eingeführt. Ein detaillierter Vergleich anhand von Evaluationskriterien erfolgt in Kapitel 6.

5.5.3.1 Trust and Reputation Models

PolicyMaker – Decentralized Trust Management

PolicyMaker [BFL96, BFS98, BFIK99] wurde in den AT&T Labs zum Management von Vertrauen zwischen unbekannten Parteien in offenen Systemen entwickelt und ist eines der ersten in der Literatur genannten OVM. Dabei fokussiert dieser Ansatz die Spezifikation und Interpretation von Sicherheitsrichtlinien und Berechtigungsnachweisen. Im Grunde ermöglicht *PolicyMaker* die Bindung von Zugriffsberechtigungen an einen öffentlichen Schlüssel. Somit kann dieses Modell als Erweiterung von Frameworks wie X.509 oder PGP angesehen werden. Mittels *PolicyMaker* können Serviceanfragen bzw. bestimmte angefragte Aktionen in Bezug auf die jeweilige lokale Sicherheitsrichtlinie evaluiert werden [BFRS97]. Jeder Teilnehmer kann seine Zugriffsrichtlinien selbst definieren. Eine Zugriffsanfrage kann entweder gewährt bzw. verweigert und dementsprechend kann eine Vertrauensbeziehung aufgebaut werden. Zusätzlich können fehlende Berechtigungsnachweise nachgefordert werden, um nicht ausreichendes Vertrauen zu erhöhen. Richtlinien und Berechtigungsnachweise müssen in einer PolicyMaker-spezifischen Sprache beschrieben werden, was auf der einen Seite die Zuverlässigkeit verbessert, aber auf der anderen Seite die Komplexität erhöht.

KeyNote: Trust Management for Public-Key Infrastructures

KeyNote [Bla99, BFK99, BIK03] wurde als Nachfolger von PolicyMaker entwickelt und weist auch entsprechend große Parallelen in Bezug auf Architektur und Design auf. Der Fokus liegt wie beim Vorgänger auf der Autorisierung, jedoch wurde zusätzlich Wert auf die Standardisierung der Beschreibungssprachen von Richtlinien und Berechtigungsnachweisen sowie die Möglichkeit der Integration von KeyNote in Applikationen gelegt. Zur Interpretation einer Zugriffsanfrage benötigt KeyNote die entsprechenden lokalen Richtlinien, Berechtigungsnachweise sowie die angefragte Aktion und den jeweiligen öffentlichen Schlüssel. Aufgrund dieser Eingabedaten wird eine Aktion entweder autorisiert oder verweigert.

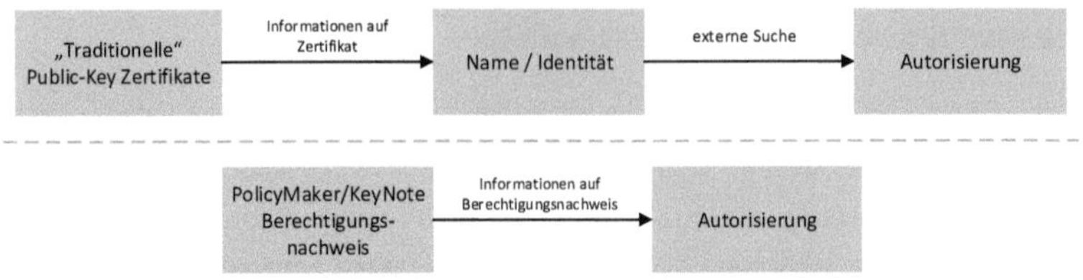

Abbildung 5-10: Unterschied traditionelle PKI und PolicyMaker bzw. KeyNote

Der wesentliche Unterschied von traditionellen PKI-Lösungen und *PolicyMaker* bzw. *KeyNote* wird in Abbildung 5-10 skizziert. Während beispielsweise in X.509 PKIs die Schritte Authentifizierung und Autorisierung getrennt ablaufen, lösen *PolicyMaker* bzw. *KeyNote* diesen Aspekt in einem Schritt.

Supporting Trust in Virtual Communities

Nach den ersten credential-basierten OVM wurde mit dem Model von Abdul-Rahman et al. eines der ersten feedback-basierten Vertrauensmodellen entwickelt [AH00]. Damit werden Erfahrungen aus vergangenen Transaktionen für die Auswahl von zukünftigen Partnern berücksichtigt. Das Modell unterscheidet in direktes Vertrauen aufgrund eigener Erfahrungen und Empfehlungen von Dritten. Dabei wird der jeweilige Vertrauensgrad in diskreten Stufen formuliert (*very trustworthy, trustworthy, untrustworthy, very untrustworthy*). Die Anzahl der einzelnen Bewertungen wird für jeden Teilnehmer in Form von Tupeln angelegt. Die höchste Ausprägung des Tupels, bildet letztendlich den Vertrauenswert. Wenn Agent A bezüglich Agent B über ein Tupel der Form (1,4,3,6) verfügt, wird Agent B als *very untrustworthy* eingestuft. Im Falle der gleichen Anzahl von Ausprägungen einer Stufe, wird ein neutraler Wert oder eine Einschränkung auf *mostly (un)trustworthy* zurückgegeben.

REGRET: Reputation in gregarious societies

REGRET [SS01, SS02, Sab04] repräsentiert ein OVM, das unter anderem soziale Netzwerke und die dort abgebildeten Beziehungen als Grundlage für die Vertrauensberechnung verwendet. Grundsätzlich basiert das OVM auf drei Dimensionen: *individuell, sozial* und *ontologisch*. Mittels der individuellen Dimension können direkte Erfahrungen einbezogen werden, während mit der sozialen Dimension Empfehlungen von Dritten sowie sozialen Strukturen umfasst werden. Dabei werden letztere mittels *sozialer Netzwerkanalyse* berücksichtigt. Letztere werden in Soziogrammen umgesetzt, welche es ermöglichen Beziehungen wie Kooperationen oder Konkurrenzsituationen abzubilden. REGRET geht davon aus, dass mehrere Bestandteile einer Dienstleistung oder eines Produkts als ausreichend vertrauenswürdig bewertet sein müssen, um diesem als Ganzes zu vertrauen, was durch den Einsatz von Ontologien erreicht wird. Des Weiteren stellt REGRET ein Modul zur Verfügung, welches die Zuverlässigkeit von Bewertungen in Form von Gewichtungen definiert. Dabei beruht die Messung der Zuverlässigkeit auf Fuzzylogik-Regeln [Zad79].

Mit dieser Fuzzylogik-Regel wird ausgedrückt, dass im Falle eines hohen Kooperationslevel zwischen Teilnehmer w_i und *b*, die Zuverlässigkeit in die Empfehlungen von w_i hinsichtlich *b* aus der Sicht von *a* sehr schlecht ist. Hintergrund dieser Heuristik ist, dass Kooperationen in der Regel einen gewissen Grad an Verbundenheit ausdrücken, wodurch gegenseitige Empfehlungen beeinflusst sein können.

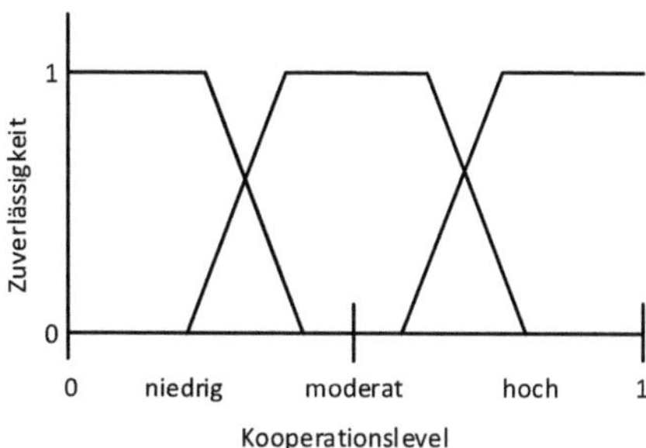

Abbildung 5-11: Zuverlässigkeit von Empfehlungen (in Anlehnung an [SS02])

Eine mögliche Regel könnte wie folgt aussehen:

$$IF\ coop(w_i, b) is\ high$$
$$THEN\ socialTrust(a, w_i, b)\ is\ very\ bad$$

The EigenTrust algorithm for reputation management in P2P networks

EigenTrust [KSGM03] ist eines der meistzitierten und beschriebenen OVM in der einschlägigen Literatur. Es wurde ursprünglich für Filesharing-Systeme in P2P Netzwerken entwickelt, um die Qualität der verfügbaren Download-Quellen ermitteln zu können. Jeder Peer verfügt über einen eindeutigen globalen Vertrauenswert aufgrund seiner Upload-Historie. Diese globale Bewertung kommt wie folgt zustande: *Peer i* kann eine Transaktion mit *Peer j* entweder zufriedenstellend (sat(i,j)) oder nicht zufriedenstellend (unsat(i,j)) bewerten. Daraus kann ein lokaler Vertrauenswert s_{ij} von *Peer i* bezüglich *Peer j* gebildet werden:

$$s_{ij} = sat(i,j) - unsat(i,j)$$

Der globale Vertrauenswert von *Peer j* errechnet sich wiederum aus der Summe aller lokalen Vertrauenswerte, die mit den globalen Vertrauenswerten der jeweiligen *Peers* gewichtet werden. Zusätzlich sieht EigenTrust sogenannte *pretrusted nodes* vor, einerseits um Berechnungen zu vereinfachen und andererseits als Maßnahme gegen bösartige Teilnehmer.

TRAVOS: Trust and reputation in the context of inaccurate information sources

Teacy et al. [Tea05, TPJL06] entwickelten mit TRAVOS (*Trust and Reputation model for Agent-based Virtual OrganisationS*) ein auf der Wahrscheinlichkeitstheorie basierendes OVM, welches sich sehr eng am *Beta Reputation System* von Josang et al. [JI02] orientiert. Grundsätzlich betrachtet TRAVOS zwei Informationsquellen: Direkte Erfahrungen aus eigenen Transaktionen und Informationen von Dritten, wobei der Fokus auf ersterem liegt. Bewertungen sind auf binäre Entscheidungen reduziert, d.h. „1“ für erfolgreiche Transaktionen und „0“ für nicht erfolgreiche. Darauf aufbauend macht sich TRAVOS die Dichtefunktion [DS02] zu Nutze, um die Wahrscheinlichkeit einer erfolgreichen Transaktion mit einem bestimmten Teilnehmer zu ermitteln, was letztendlich als sein Vertrauenswert interpretiert wird. Zusätzlich berücksichtigt TRAVOS die Verlässlichkeit seiner ermittelten Werte, welcher eine Metrik zugrunde liegt, die auf der Anzahl von Transaktionen basiert. Sobald die Verlässlichkeit einen vordefinierten Grenzwert unterschreitet, werden Informationen von Dritten über den potentiellen Transaktionspartner angefordert. Bei diesen Informationen handelt es sich um die Häufigkeit von erfolgreichen und nicht erfolgreichen Transaktionen von Dritten mit dem potentiellen Partner. Das Ergebnis wird mit den eigenen Erfahrungen verglichen und letztendlich als Entscheidungsgrundlage verwendet.

FIRE: An Integrated Trust and Reputation Model for Open Multi-Agent Systems

Das FIRE-Modell [HJS04, HJS06a, HJS06b] wurde im Kontext von offenen Multi-Agenten Systemen, wie z.B. P2P oder Grid Systemen entwickelt. Für die Vertrauensermittlung können insgesamt vier Informationsquellen herangezogen werden (*Interaction Trust, Witness Reputation, role-based trust* und *certified reputation*). Durch das breite Spektrum an Informationsquellen erscheint FIRE grundlegend sehr flexibel. Direkte Erfahrungen werden mittels der Komponente *Interaction Trust* abgedeckt, während *Witness Information* als Informationen von Dritten interpretiert werden können. *Certified Reputation* sind Bewertungen über sich selbst, ausgestellt von vorherigen Transaktionspartnern. Jedoch wird dabei unter anderem die Gewährleistung der Integrität dieser Werte außer Acht gelassen. Die vierte Quelle, *role-based trust* zielt auf Beziehungen untereinander ab. Dabei liegt die Annahme zugrunde, dass ein Mitarbeiter eines bestimmten Unternehmens mehr Vertrauen zu einem Kollegen hat, als zu einem Externen. Die Abbildung bzw. Berechnung der letztgenannten Komponente erfolgt mittels Regeln.

Für jede Komponente wird eine eigene Berechnungsformel mit entsprechender Gewichtungsfunktion zur Verfügung gestellt. Dabei werden direkte Erfahrungen durch Berücksichtigung des Zeitpunkts der Transaktion beeinflusst und Informationen von Dritten durch die Zuverlässigkeit der Bewertung an sich. Für letzteres werden die Abweichung zwischen der tatsächlichen Leistung des potentiellen Transaktionspartners sowie die Informationen von

Dritten betrachtet. Je weiter diese voneinander entfernt sind, desto schwächer ist die Zuverlässigkeit der Bewertung von Dritten.

5.5.3.2 Kommerzielle Online-Vertrauensmodelle

ebay Bewertungsprofile

Als eines der bekanntesten OVM kann wohl das Modell von ebay [eba13] angesehen werden. Zielsetzung ist dabei, die Unterstützung von Käufern zur Identifikation von vertrauenswürdigen Verkäufern. Verkäufer nutzen dies, um eine positive Bewertung aufzubauen. Nach den Ergebnissen der Studie in [RZSL06] können Verkäufer mit höheren Bewertungspunkten auch höhere Preise für ihre Angeboten Güter erzielen, als Verkäufer mit weniger Bewertungspunkten. Grundsätzlich ist das OVM leicht verständlich aufgebaut. Nach jeder Transaktion können sich Käufer und Verkäufer gegenseitig bewerten. Die Bewertung kann in drei Ausprägungen abgegeben werden: positiv (+1), neutral (0) oder negativ (-1), wobei Verkäufer nur positiv bewerten können. Der gesamte Wert errechnet sich anhand der Summe von positiven und negativen Bewertungen. Zusätzlich wird ein Prozentwert angegeben, der die positiven Bewertungen im Verhältnis zu der Gesamtanzahl der Bewertungen der vergangenen zwölf Monate widerspiegelt (vgl. Abbildung 5-12). Jedoch werden keine Maßnahmen zur Integration beider Werte bereitgestellt, letztendlich liegt es am jeweiligen Nutzer zu entscheiden, ob ein Verkäufer vertrauenswürdig ist.

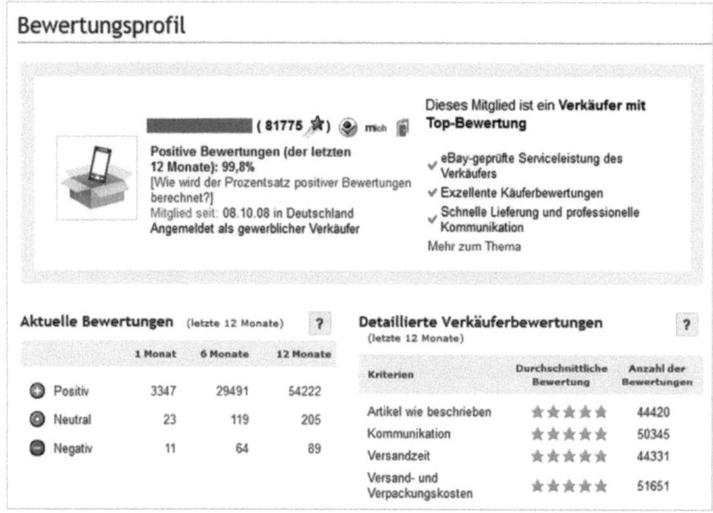

Abbildung 5-12: Beispielhaftes Bewertungsprofil in ebay (in Anlehnung an [eba13])

Zusätzlich stellt das Bewertungsprofil von ebay noch weitere Informationen zur Verfügung. So werden Bewertungen nach Zeiträumen gegliedert dargestellt und es werden visuelle Maßnahmen ergriffen, wie beispielweise ein Stern, der je nach Höhe der Bewertungspunkte eine bestimmte Farbe erhält. Daneben können Käufer auch weitere Kriterien wie die Kommunikation oder Versandzeit anhand von Sternen (max. fünf) bewerten.

Amazon Produktbewertungssystem

Das Amazon Produktbewertungssystem zielt auf die Beurteilung der Qualität von Produkten ab [ama13]. Rezensionen bestehen dabei einerseits aus Text und andererseits aus einer Bewertung von ein bis fünf Sternen. Aus den gesamten Bewertungen wird der Durchschnitt gebildet und zusammen mit dem jeweiligen Produkt angezeigt (vgl. Abbildung 5-13).

Kundenrezensionen können von Nutzern als hilfreich bzw. nicht hilfreich kategorisiert werden und werden für jede Rezension in ihrer Gesamtanzahl angezeigt. Weiterhin können Rezensenten ihre Bewertungen vertrauenswürdiger gestalten, indem angegeben wird, dass das entsprechende Produkt bei Amazon erworben wurde, was auch durch Amazon geprüft und bestätigt wird. Bewertungen können auch nur nach erfolgter Registrierung und Anmeldung abgegeben werden.

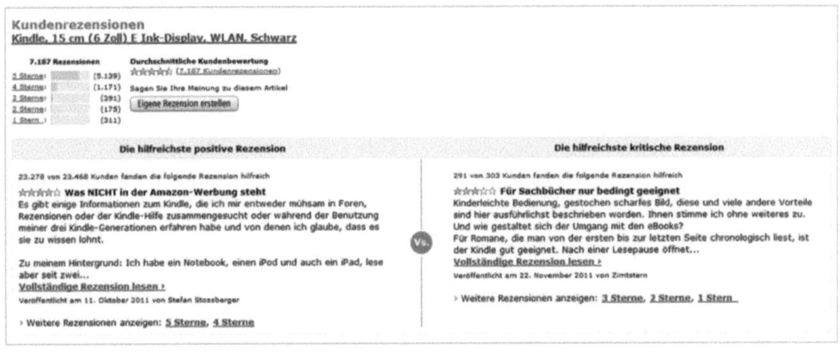

Abbildung 5-13: Beispielhafte Rezension des Amazon Kindle [ama14]

5.5.3.3 OVM für Identitätsföderationen

FAMTN - Federated Attribute Management and Trust Negotiation

Bhargav-Spantzel et al. [BSB07] entwickeln ein Modell mit der Zielsetzung der Flexibilisierung von Föderationen und kombinieren Techniken des föderierten Identitätsmanagement und *Automated Trust Negotiations* (vgl. Abschnitt 5.3). FAMTN unterscheidet Teilnehmer an einer Föderation in externe Nutzer und Mitglieder. Grundsätzlich basiert die Vertrauensbildung, wie bei ATN üblich, auf dem Austausch von Attributen. In diesem OVM sind die wesentlichen Bausteine der Vertrauensbildung sogenannte *session tickets* und *trust tickets*. Erstere werden von einem SP ausgestellt, sobald eine Vertrauensbeziehung zu einem Nutzer etabliert wurde, können aber nur von Föderationsmitgliedern genutzt werden. Darin enthalten sind eine Nutzerkennung sowie der verwendete Web Service. *Session tickets* können anschließend als Ersatz für weitere Vertrauensverhandlungen im Falle eines erneuten Serviceaufrufs eingesetzt werden. In *trust tickets* werden Informationen zu Service Providern und deren Services hinterlegt, die der Nutzer bereits verwendet hat sowie das Ergebnis der jeweiligen Vertrauensverhandlungen. Auch wird darin definiert, welche Attribute für den Serviceaufruf übermittelt wurden und ob diese innerhalb der Föderation geteilt werden dürfen. Ein SP1 fordert für den Zugriff auf seinen Web Service die Attribute a und b, welche vom Nutzer auch übermittelt werden, wodurch eine Vertrauensbeziehung zustande kommt. Das Attribut a darf innerhalb der Föderation geteilt werden. Möchte der Nutzer anschließend einen Web Service von SP2 nutzen, welcher die Attribute a und c anfordert, muss nur noch Attribut c übermittelt werden. Zum Nachweis von Attribut c, fragt SP2 bei SP1 an. Für SP2 und SP1 wird dabei eine implizite Vertrauensbeziehung vorausgesetzt.

Dynamic Security Assertion Markup Language – Simplifying Single Sign-On

Harding et al. [HJK08] schlagen eine Erweiterung des SAML Standards vor, um den Vertrauensaufbau von Identitätsföderationen weitgehend zu automatisieren. Im Rahmen einer SAML-basierten Föderation werden digitale Zertifikate zu Beginn *out-of-band* zwischen den beteiligten Parteien ausgetauscht, um eine kryptografische Vertrauensbeziehung aufzubauen. Diese werden in der sogenannten *Trust Anchor List* (TAL) abgelegt und werden dazu verwendet, eingehende Anfragen auf Vertrauenswürdigkeit zu prüfen. Kann eine Anfrage nicht mit einem digitalen Zertifikat aus der TAL validiert werden, wird die Anfrage abgewiesen. Harding et al. erwarten, dass die Anzahl an Teilnehmern in Föderationen steigt und verweisen auch auf die Notwendigkeit der Pflege von digitalen Zertifikaten, womit sie ihren Vorschlag begründen. Dazu bindet dieser Ansatz digitale Zertifikate in die SAML Metadaten ein. Das SAML Metadatendokument wird im Rahmen der Konfigurationsphase ausgetauscht und muss selbst entsprechend signiert werden. Mittels Validierung der Zertifikatskette kann die Gültigkeit des übermittelten digitalen Zertifikats festgestellt werden, welches wiederum zur Gewährleistung von Authentizität, Integrität und Vertraulichkeit der weiteren Kommunikation verwendet werden kann.

Trust-Based Access Control in Federated Environments (TBAC)

Boursas et al. [BR07, BD08, Bou09] schlagen ein umfangreiches OVM zur Vertrauensetablierung in föderativen Umgebungen[52] vor. Dabei kann Vertrauen aus direkten Erfahrungen ver-

[52] Eine föderative Umgebung wird definiert als Kollaboration von mehreren Organisationen zum Zwecke der Ressourcenteilung über verschiedene Domänen hinweg. Besonderes Augenmerk gilt dabei dem Schutz vor nicht autorisiertem Zugriff der genannten Ressourcen [Bou09].

gangener Transaktionen, Empfehlungen von Dritten sowie Delegationspfaden abgeleitet werden. Letzteres ist im Zusammenhang mit digitalen Zertifikatsketten zu sehen, wird jedoch lediglich als Faktor der Vertrauensbildung angeführt, letztendlich aber nicht umgesetzt. Zusätzlich kann sogenannter *Content Quality Trust* berücksichtigt werden (siehe Abbildung 5-14), womit mittels bestimmter Parameter die Qualität eines Produkts oder einer Dienstleistung bewertet wird. Zur Vertrauensberechnung stellt das TBAC Modell eine Aggregationsfunktion zur Verfügung, die je nach Verfügbarkeit einen oder mehrere Komponenten berücksichtigt, wobei die Priorität in TBAC ähnlich wie bei TRAVOS [TPJL06] auf den eigenen Erfahrungen liegt.

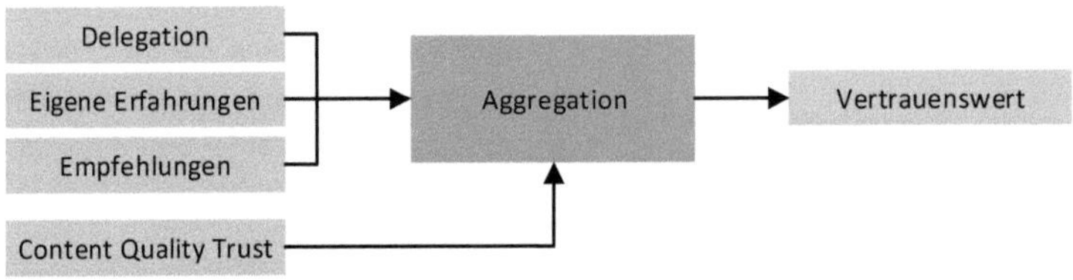

Abbildung 5-14: Aggregation von Vertrauen (in Anlehnung an [Bou09])

Dieses OVM berücksichtigt neben der eigentlichen Ermittlung eines Vertrauenswertes, zumindest rudimentär auch weitere Phasen und Aspekte eines OVM. Zum einen wird das Risikolevel, das beispielsweise mit der Ausführung einer bestimmten Dienstleistung durch einen unbekannten Nutzer verbunden ist, die Grundlage für den jeweils erforderlichen Vertrauenswert. Zum anderen wird im Modell auch eine Kontrollfunktion zur Verfügung gestellt, welche das aktuelle Vertrauensniveau überwacht und gegebenenfalls anpassen kann.

Network and Trust Model for Dynamic Federation

Der Ansatz zur Umsetzung dynamischer Föderationen von Xiang et al. [XKER10] basiert wiederum auf digitalen Zertifikaten. Jede Entität in einer Föderation hält eine Vertrauenstabelle vor, in der alle bekannten Nachbarn mit einem Vertrauenswert t (v_i, v_j) hinterlegt werden, wobei v_i die Entität selbst und v_j den jeweiligen Nachbarn repräsentiert. Dieser Wert bezieht sich auf digitale Zertifikate und wird wie folgt berechnet.

$$t(v_i, v_j) = \begin{cases} 1 & gleiche\ Zertifizierungsstelle \\ 0{,}5 & vertrauenswürdige\ Zertifizierungsstelle \\ 0{,}1 & selbst\ ausgestelltes\ Zertifikat \end{cases}$$

Eine Definition einer vertrauenswürdigen Zertifizierungsstelle fehlt an dieser Stelle jedoch. Eine Vertrauenstabelle kann somit letztendlich mit einer *Trust Anchor List* mit entsprechenden Vertrauenswerten gleichgesetzt werden. Zusätzlich wird in diesem Modell ein sogenannter IdP-Hub als weitere Rolle eingeführt, welche Vertrauensbeziehungen über Föderationsgrenzen hinweg etablieren kann (vgl. Abbildung 5-15).

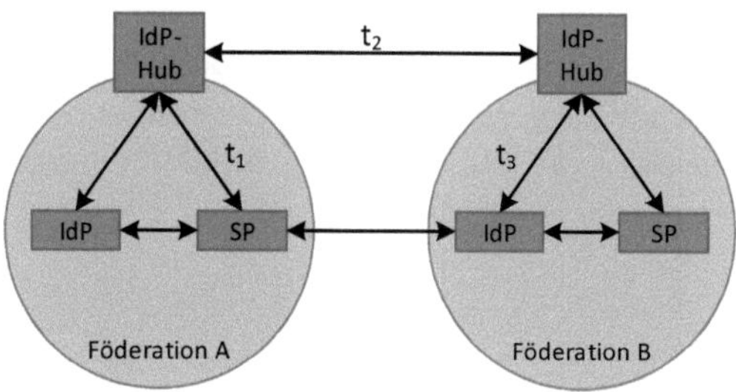

Abbildung 5-15: Inter-Föderation (in Anlehnung an [XKER10])

Die Berechnung eines Vertrauenswertes im Rahmen einer Inter-Föderation erfolgt mittels Multiplikation der jeweiligen Kanten. Somit ergibt sich ein Vertrauenswert $t = t_1 * t_2 * t_3$. Zur Ermittlung des idealen Vertrauenspfades zwischen zwei Entitäten, setzen Xiang et al. auf eine modifizierte Variante des Dijkstra Algorithmus [Dij59].

TRIMS - privacy-aware trust and reputation model for identity management systems

TRIMS stellt einen Ansatz zur dynamischen Vertrauensbildung mit Fokus auf föderiertes Identitätsmanagement vor [GGM10]. Im Wesentlichen werden dazu zwei Informationsquellen verwendet. Einerseits werden eigene Erfahrungen und andererseits werden Beobachtungen von Dritten berücksichtigt. Dabei werden sowohl Nutzer an sich als auch weitere Identity Provider befragt. Mit Hilfe einer gewichteten Summe wird daraus ein globaler Vertrauenswert ermittelt. Zusätzlich ermöglicht TRIMS eine Abstufung des Zugriffs, d.h. aufgrund des ermittelten Vertrauenswertes können unterschiedliche Aktionen freigegeben werden. Im Falle einer Serviceanfrage kann dabei z.B. zwischen Lesen, Schreiben und Ausführen unterschiedenen werden. Die Umsetzung erfolgt ähnlich zu REGRET [SS02] mittels Fuzzylogik-Regeln. Zudem berücksichtigt dieses OVM auch die Nachbereitung einer Transaktion, in der ein Service Provider bewertet werden kann.

Enhancing Privacy and Dynamic Federation in IdM for Consumer Cloud Computing

Arias-Cabarcos et al. [Ari11, AAM+12, SAA$^+$12, AAGM13] basieren eine Umsetzung dynamischer Föderationen im Wesentlichen auf einer Erweiterung des SAML Standards durch die Einbindung von Reputationswerten. Dazu wird ein SAML-konformes Konstrukt eingeführt, welches unter anderem die Elemente Reputationswert, Datum und Kontext enthält. Sobald eine Serviceanfrage eines unbekannten IdP eingeht, fragt ein SP bei den bekannten Entitäten aus seiner lokalen Datenbank (*Dynamic Trust List*) Informationen zu diesem IdP an. Anschließend werden die erhaltenen Werte standardmäßig aufsummiert, jedoch wird angegeben, dass generell auch weitere Techniken unterstützt werden. Der ermittelte Vertrauenswert wird beim SP in seiner lokalen Datenbank gespeichert und mit einem freidefinierbaren Grenzwert abgeglichen, was letztendlich als Entscheidungskriterium für eine Transaktion herangezogen wird. Nach einer Transaktion ist die Nachbereitung durch eine Bewertung vorgesehen. Außerdem ist zu erwähnen, dass dieses Modell Risiken als Einflussfaktor für Entscheidungen berücksichtigt (vgl. Abschnitt 5.2). Zu beachten ist jedoch ferner, dass eine Vertrauensbeziehung lediglich einseitig, von SP zu IdP Berücksichtigung findet. Weitere Vertrauensbeziehungen werden nicht betrachtet.

Kapitel 6

6 Vergleich von Online-Vertrauensmodellen

Letztendlich kann ein eigener Vorschlag zur Lösung der Forschungsproblematik dieser Arbeit nicht entwickelt werden, ohne die im vorherigen Kapitel vorgestellten Online-Vertrauensmodelle gründlich und kritisch zu untersuchen. Nachdem die verschiedenen Eingabeparameter zur Vertrauensbildung vorgestellt und analysiert werden, wird ein Klassifizierungsschema zur Einordnung von OVM eingeführt. Zum Abschluss dieses Kapitels wird ein Kriterienkatalog als fundierte Grundlage der Evaluation von OVM entwickelt und angewendet. Dabei repräsentiert dieser Abschnitt den letzten Teil der *Suggestion* Phase der Forschungsmethodik Design Research.

6.1 Eingabeparameter zur Vertrauensbildung

Vertrauensbildende Maßnahmen können in sogenannte harte und weiche Eingabeparameter unterschieden werden, wobei zusätzlich auch allgemeine Einflussfaktoren existieren. Grundsätzlich gilt, je mehr unterschiedliche Eingabeparameter im Rahmen von Online-Vertrauensmodellen zur Vertrauensbildung verwendet werden, desto verlässlicher wird der Vertrauenswert, jedoch ist dabei auch die steigende Komplexität zu berücksichtigen [SS05].

6.1.1 Harte Eingabeparameter

Die sogenannten harten Eingabeparameter dienen in erster Linie der Überprüfung einer vorgegeben Identität. In der Literatur werden diese Mechanismen teils auch mit den Begriffen *Access Trust* bzw. *Identity Trust* umschrieben (z.B. [GS00, JIB07]). Daher ist – auch aufgrund der begrifflichen Verwandtschaft - eine sehr enge Beziehung zu Authentifizierungsmaßnahmen, Autorisierungsprozessen bzw. Zugriffskontrollparadigmen gegeben. Im Wesentlichen können harte Eingabeparameter in die folgenden Kategorien unterschieden werden:

- Berechtigungsnachweise
- Kryptografische Verfahren
- Zertifizierungen

6.1.1.1 Berechtigungsnachweise

Wie bereits oben beschrieben, sind Berechtigungs- bzw. Identitätsnachweise typischerweise eine Sammlung von Attributen und Behauptungen zu einer spezifischen Entität, welche von einem *Identity Provider* ausgegeben werden. Dabei können Berechtigungsnachweise einerseits in papier-basiert und digital unterschieden werden, andererseits werden auch sogenannte kontextspezifische Attribute berücksichtigt.

Papier-basierte Berechtigungsnachweise

Für diese Arbeit ist eine Untergliederung von papier-basierten Berechtigungsnachweisen, wie beispielsweise Reisepässen oder Führerscheinen, hinsichtlich ihrer Wertigkeit für die Vertrauensbildung erforderlich. Dazu kann die jeweilige Art der Verifizierung (vgl. *Registrierung* aus Abschnitt 4.1.2) herangezogen werden und basierend auf den Ergebnissen der Autoren in [MDK06], wird in Tabelle 6-1 eine Klassifizierung von papier-basierten Berechtigungsnachweisen vorgestellt.

Typ	Beschreibung	Verifikation	Beispiele
Primär	Resultate von signifikanten Ereignissen	Bezeugung durch Regierungsvertreter, Familie, Freunde, Bekannte	Geburtsurkunde, Heiratsurkunde, Sterbeurkunde
Sekundär	Ausstellung nach Aufforderung zur Autorisierung für einen bestimmten Zweck oder zum Nachweis einer bestimmten Zugehörigkeit	basiert zum Großteil auf primären und anderen sekundären Berechtigungsnachweisen	Reisepass, Führerschein, Personalausweis, Handelsregistereintrag
Tertiär	Ausgabe durch Organisationen oder andere Autoritäten; haben nur einen beschränkten Einsatzzweck	variiert sehr stark, von eigentlich keinen Anforderungen (z.B. Treuekarte) bis zu sehr starken Anforderungen (vergleichbar zu sekundären Berechtigungsnachweisen)	Mitarbeiterausweis, Studentenausweis, Mitgliedskarte

Tabelle 6-1: Typen von physischen Berechtigungsnachweisen

Primäre Berechtigungsnachweise entstehen als Resultat von signifikanten Ereignissen und werden in der Regel durch Regierungsvertreter, Familie, Freunde oder Bekannte bezeugt. Diese Art von Identitäts- bzw. Berechtigungsnachweisen wird gewöhnlich nur einmalig ausgestellt. Währenddessen werden sekundäre Berechtigungsnachweise nur nach Beantragung bzw. zum Nachweis einer bestimmten Zugehörigkeit, in der Regel durch staatliche Stellen ausgestellt. Grundsätzlich ist dieser Typus sehr vielseitig einsetzbar und enthält normalerweise ein Lichtbild und weitere biometrische Merkmale. Verifiziert werden diese Berechtigungsnachweise in der Regel aufgrund von primären und anderen sekundären Credentials. Bei der Stadt Regensburg erfordert die Ausstellung eines Personalausweises unter anderem die Vorlage der Geburts- oder Heiratsurkunde[53]. Der elektronische Personalausweis (nPA) der Bundesrepublik Deutschland ermöglicht auch den sogenannten elektronischen Identitätsnachweis, also die sichere und vertrauenswürdige Bereitstellung von ausgewählten per-

[53] http://www.regensburg.de/rathaus/stadtverwaltung-a-z/15532/personalausweis.html

sönlichen Attributen gegenüber Dritten [KN10]. Es handelt sich somit um ein papier-basiertes Dokument, welches auch für elektronische Zwecke verwendet werden kann, was die zunehmende Vermischung von papier-basierten und elektronischen Berechtigungsnachweisen verdeutlicht (vgl. Abschnitt 4.1.1).

Unter dem tertiären Typus werden die weiteren Berechtigungsnachweise zusammengefasst. Diese können von Organisationen, anderen Autoritäten oder auch durch Endbenutzer selbst ausgestellt werden, jedoch ist damit in der Regel nur ein beschränkter Einsatzzweck verbunden. Die Art der Verifizierung variiert dabei sehr stark. Angefangen von eigentlich keinen Anforderungen bis hin zu vergleichbaren Anforderungen der Klasse sekundärer Berechtigungsnachweise. Diverse Unternehmen bieten heutzutage Mitgliedskarten für Treue- bzw. Bonuspunkte an, welche häufig ohne Verifikation der jeweiligen Identität ausgestellt werden. Dagegen ist die Einschreibung und die damit verbundene Erstellung eines Studentenausweises an der Universität Regensburg unter anderem mit der Vorlage eines amtlichen Lichtbildausweises bei der Studentenkanzlei verbunden[54].

Grundsätzlich muss dabei angemerkt werden, dass neben der eigentlichen Verifikation noch weitere Aspekte zur Vertrauenswürdigkeit eines Berechtigungsnachweises beitragen können. In diesem Zusammenhang spielen beispielsweise Fälschungssicherheit oder Rücknahmeprozesse bei Verlust bzw. Missbrauch eine entscheidende Rolle. Unabhängig davon kann der Verifikationsvorgang als wesentlich angesehen werden. Des Weiteren wäre die Entwicklung eines derartigen Klassifikationsschemata außerhalb des Rahmens dieser Arbeit, weshalb auf die Einordnung in Tabelle 6-1 zurückgegriffen wird.

Digitale Berechtigungsnachweise

Neben papier-basierten existieren auch digitale Berechtigungsnachweise, wie beispielsweise Passwörter oder digitale Zertifikate. Aufgrund der Vielzahl an digitalen Credentials wäre eine Klassifikation hinsichtlich der jeweiligen Wirkung auf Vertrauen hilfreich bzw. sogar erforderlich. Jedoch stellt die Literatur nach bestem Wissen des Autors kein derartiges Schema bereit, welches für diese Zwecke Anwendung finden könnte. Grundsätzlich ist das Vertrauen in die jeweiligen Berechtigungsnachweise aber von den zugrunde liegenden IdM-Prozessen abhängig. Auch die Evaluationskriterien von Identity Assurance Frameworks wie der Kantara Initiative (vgl. Abschnitt 5.4.3) können dabei einen Beitrag leisten. Die Entwicklung eines derartigen Schemata geht jedoch über die Zielsetzung dieser Arbeit hinaus, weshalb dieser Aspekt nicht weiter verfolgt wird.

Es sei jedoch noch darauf hingewiesen, dass eine wirklich trennscharfe Abgrenzung zum papier-basierten Pendant zumindest teilweise als problematisch eingestuft wird. Einige digitale

[54] http://www.uni-regensburg.de/studium/studentenkanzlei/bewerbung-einschreibung//einschreibung/index.html

Berechtigungsnachweise werden auf papier-basierten Pendants hinterlegt. Als Beispiel sei wieder auf den elektronischen Personalausweis verwiesen.

Kontextspezifische Attribute

Des Weiteren können sogenannte kontextspezifische Attribute als Berechtigungsnachweise angesehen werden. Dabei kann es sich beispielsweise um geografische Informationen [RSB11] handeln, die mit Hilfe von Techniken wie RFID, NFC, GPS oder WLAN bereitgestellt werden. Die geografische Position dient als Beweis für die Existenz einer Identität an einem bestimmten Ort. Ebenso kann ein gewisser Zeitpunkt als kontextspezifisches Attribut Verwendung finden. Diese Informationen können genutzt werden, um zeitlich und örtlich begrenzte Transaktionen durchzuführen.

6.1.1.2 Kryptografische Verfahren

Diese Art von Eingabeparameter kann auch als eine Untermenge von Berechtigungsnachweisen angesehen werden und wird in erster Linie zum Schutz der Vertraulichkeit und Integrität eingesetzt. Am Beispiel einer PKI werden im Folgenden die relevanten Aspekte von kryptografischen Verfahren im Kontext von Vertrauensbeziehungen erläutert. Entscheidend für die Vertrauensbildung in einer PKI ist die Verteilung der öffentlichen Schlüssel von Autoritäten, welche *out-of-band* erfolgen muss. Dies bedeutet, dass ein zusätzlicher Kommunikationskanal, neben dem tatsächlich von der PKI zu sichernden, verwendet werden muss. Dabei kann ein *hashwert* eines öffentlichen Schlüssels einer Autorität, wie einer Zertifizierungsstelle in einer vertrauenswürdigen Umgebung veröffentlicht werden. Gleichzeitig wird dieser öffentliche Schlüssel mittels eines möglicherweise ungesicherten Kommunikationsmediums (z.B. per Email) versendet. Der Empfänger kann den erhalten öffentlichen Schlüssel verifizieren, indem er dessen *hashwert* über eine vordefinierte Funktion bildet und mit dem veröffentlichten Wert vergleicht (vgl. Abschnitt 3.3.2).

Werden im Rahmen einer Transaktion digitale Zertifikate als vertrauensbildende Maßnahme eingesetzt, muss letztendlich der Zertifizierungsstelle und der damit verbundenen Einhaltung der Zertifizierungsrichtlinie vertraut werden. Jedoch ist dabei keine Abstufung des Vertrauens möglich, es handelt sich also um eine binäre Vertrauensentscheidung. Es wurden zwar Lösungen vorgeschlagen, welche verschiedene Vertrauensniveaus mit Zertifikaten verbinden (z.B. [KJH08, Jos13]), jedoch wäre die Konsequenz aus solchen Modellen, dass ein digitales Zertifikat z.B. nur mit 90%iger Wahrscheinlichkeit authentisch ist. Dabei ist fraglich, ob eine Zertifizierungsstelle ein derartiges Geschäftsmodell verfolgen kann [Jos13].

Zusammenfassend lässt sich feststellen, dass sich der Grad an Vertrauen in eine PKI durch sogenannte *out-of-band*-Vertrauensbeziehungen zwischen den beteiligten Instanzen definiert. Der Aufbau solcher Beziehungen ist teuer und langsam, jedoch ist nach Etablierung dieses direkten Vertrauens eine effiziente Möglichkeit für sichere Services gegeben. PKIs bringen kein Vertrauen in das Verhalten einer Identität, sondern nur die Identität an sich kann verifiziert werden. Wie hoch das Vertrauen letztendlich eingestuft werden kann, hängt von den Richtlinien der jeweiligen PKI ab.

6.1.1.3 Zertifizierungen

Eine weitere Möglichkeit um Vertrauen zu schaffen, ist die Prüfung und Bewertung von informationstechnischen Systemen sowie Abläufen nach einheitlichen Kriterien durch unabhängige Prüfstellen. Das Ergebnis einer solchen Prüfung und Bewertung kann durch ein Zertifikat (bzw. Gütesiegel) bestätigt werden. In Deutschland gibt es dazu beispielsweise eine Reihe durch das Bundesamt für Sicherheit in der Informationstechnik (BSI) anerkannter Prüfstellen[55], welche eine Evaluierung durchführen, wie z.B. *T-Systems GEI GmbH*[56] oder *TÜV Informationstechnik GmbH Member of TÜV NORD GROUP*[57]. Das BSI gewährleistet dabei Objektivität und Einheitlichkeit der Prüfungen sowie die Unparteilichkeit und gibt nach erfolgreicher Evaluation durch die Prüfstellen, entsprechende Zertifikate aus. Aktuelle und vom BSI unterstützte Zertifizierungsstandards sind *ITSEC* [ITS91] und *Common Criteria* [CC12].

Für Identitätsföderationen im Speziellen können die zugrunde liegenden IdM-Prozesse (vgl. Abschnitt 4.1.2) als Grundlage zur Ableitung von Vertrauen verwendet werden. Wie in Abschnitt 5.4.3 beschrieben, wurde dabei der Begriff der *Identity Assurance* geprägt, also der Grad an Vertrauen, welcher einer bestimmten Behauptung entgegen gebracht wird. Das jeweilige IAL einer Organisation fungiert somit als Zertifizierung, welche wiederum als vertrauensbildende Maßnahme eingesetzt werden kann.

6.1.2 Weiche Eingabeparameter

Die im vorherigen Abschnitt behandelten harten Eingabeparameter bieten keine Schutzmaßnahmen falls ein Teilnehmer ethisch inkorrekt handelt. Um dieser Bedrohung entgegen zu treten, existieren sogenannte weiche Eingabeparameter, womit sich das Verhalten von Entitäten ableiten lässt. Insbesondere Szenarien, welche Transaktionen mit unbekannten Teilnehmern beinhalten, können von diesen Parametern profitieren. Weiche Eingabeparameter können im Wesentlichen in drei Kategorien unterschieden werden:

- Direkte Erfahrungen
- Empfehlungen
- soziologische Informationen

[55] https://www.bsi.bund.de/DE/Themen/ZertifizierungundAnerkennung/Konformitaetsbewertung/Stellen/CC_Liste/cc_itsec_pruefstellen.html
[56] https://www.bsi.bund.de/SharedDocs/Personen/T-Systems_Killmann.html
[57] https://www.bsi.bund.de/SharedDocs/Personen/TUEV_Nord_Peter.html

Direkte Erfahrungen

Direkte Erfahrungen[58] gelten als die wichtigste und zuverlässigste Informationsquelle im Kontext von weichen Eingabeparametern [SS05]. Dabei werden eigene Erfahrungen aus vergangenen Transaktionen mit einem potentiellen Partner für die Entscheidungsfindung verwendet. Gegeben sei beispielsweise eine Transaktion in der eine Entität A ein bestimmtes Produkt über einer Online-Plattform von einer Entität B erwirbt. Eine Bewertung dieser Aktion kann dabei aus verschiedenen Kriterien wie Preis, Produktqualität, Lieferzeit oder Kommunikation bestehen. Diese Erfahrungen müssen in maschinenlesbarer Form in einer Datenbank hinterlegt werden, um für zukünftige Entscheidungen verwendet werden zu können.

Empfehlungen

Andererseits zählen zu weichen Eingabeparametern auch indirekte Erfahrungen. Diese Eingabeparameter werden von anderen Föderationsteilnehmern zur Verfügung gestellt. Dabei handelt es sich um deren direkte Erfahrungen mit potentiellen Transaktionspartnern bzw. um Parameter, die auch diesen Teilnehmern wiederum übermittelt wurden. Um auf diese Weise eine Entscheidung bezüglich einer Entität B treffen zu können, müssen entsprechende Entitäten gefunden werden, die bereits mit B interagiert haben bzw. ihrerseits Erfahrungen von anderen Teilnehmern gesammelt haben. Eine mögliche Variante hierfür ist eine Datenbank, in der alle bisherigen Transaktionspartner bzw. weitere bekannte Teilnehmer einer bestimmten Entität hinterlegt werden [NU10]. Sobald also Informationen über einen potentiellen Transaktionspartner benötigt werden, schickt die jeweilige Entität eine Anfrage an seine Kontaktliste, welche die Anfrage wiederum weiterleiten können und ihrerseits Informationen einholen können. In diesem Zusammenhang spielt insbesondere die Glaubwürdigkeit einer Empfehlung von Dritten eine entscheidende Rolle, unabhängig davon ob diese positiv oder negativ ausfällt. Bewertungen können falsch oder auch unvollständig sein. Die Gesamtheit der Bewertungen ergibt die (globale) **Reputation** eines Teilnehmers in einer bestimmten Community [YH07].

Soziologische Informationen

Grundlage dieses Eingabeparameters sind (soziale) Beziehungen zwischen den Föderationsteilnehmern und die jeweiligen Rollen, welche diese in einer Online-Community bzw. Gesellschaft innehaben [SS05]. Dabei können Beziehungen aus der realen Welt, wie beispielsweise Konkurrenz, Partnerschaft oder auch die Angehörigkeit zum gleichen Unternehmen Einfluss nehmen. Ebenso ist auch die Zugehörigkeit zu bestimmten Gruppierungen bzw. Mitgliedschaften zu berücksichtigen. Einzelpersonen, die Mitglied einer Gruppe sind, können den Reputationswert einer Gruppe besitzen, wenn diese als Individuum wahrgenommen werden [JIB07].

[58] In der empirischen Umfrage in Abschnitt 2.3 wurde diese als *eigene Erfahrungen* bezeichnet.

Eine Quantifizierung solcher Beziehungen ist objektiv in der Regel nicht bzw. nur sehr begrenzt abbildbar, weswegen existierende OVMs einerseits auf Regeln zurückgreifen (vgl. Abschnitt 5.5.3.1). In Abhängigkeit von den aufgestellten Regeln werden der zu evaluierenden Partei entsprechend dem jeweiligen Beziehungsstatus vordefinierte Vertrauenswerte zugewiesen. Andererseits setzen OVMs dabei auf Verfahren der sozialen Netzwerkanalyse (SNA). SNA befasst sich unter anderem mit der Erfassung und Analyse von sozialen Netzwerken (z.B. [DFG10, SC11]). Verwendung finden dabei z.B. Visualisierungstechniken.

6.1.3 Allgemeine Einflussfaktoren

Neben harten und weichen Eingabeparametern existieren noch allgemeine Einflussfaktoren, welche auf die zuvor genannten Parameter zutreffen können. Dazu wurden im Rahmen dieser Arbeit folgende Einflussfaktoren identifiziert:

- Zeit
- Kontext
- Risiko
- Glaubwürdigkeit

Zeit

Wie bereits oben erwähnt ist die Dynamik eine der wesentlichen Charakteristika von Vertrauen (vgl. Abschnitt 5.1.1). Vertrauen kann sich somit im Laufe der Zeit verändern, sowohl positiv als auch negativ, beispielsweise in Folge neuer Bewertungen bzw. Erkenntnisse bezüglich eines Föderationsteilnehmers. Jedoch muss in diesem Zusammenhang beachtet werden, dass ältere Bewertungen möglicherweise einen vergangenen Zustand reflektieren, welcher nicht mehr dem Aktuellen entspricht. Dies kann in einem OVM durch Gewichtung der Bewertungen realisiert werden, d.h. ältere Bewertungen werden geringer gewichtet als neuere. Einerseits kann dies mittels eines Alterungsfaktors umgesetzt werden, wodurch Bewertungen schrittweise bis hin zur Nichtberücksichtigung entwertet werden [JI02]. Andererseits bieten Zeitfenster die Möglichkeit, nur die Einschätzungen in einem vordefinierten Zeitfenster zu berücksichtigen (vgl. ebay, Abbildung 5-12).

Kontext

Des Weiteren ist Vertrauen abhängig von der jeweiligen Situation beziehungsweise einem bestimmten Kontext. Es ist offensichtlich, dass einem Anbieter von Musikdateien, nicht in gleichem Maße hinsichtlich von Bankgeschäften vertraut wird. Ein Kontext beschreibt eine Situation oder Szenario bzw. allgemein ausgedrückt, einen Satz an Bedingungen, die an eine bestimmte Vertrauensbeziehung geknüpft sind [PSA12]. Im Wesentlichen setzt sich ein Kontext aus einem Namen, Typ sowie einer funktionalen Beschreibung zusammen [MB09]. Die

Wertigkeit von Vertrauensbeziehungen zwischen zwei Entitäten in unterschiedlichen Kontexten ist in der Regel nicht gleich.

Risiko

Wie bereits in Abschnitt 5.2 erläutert, ist Risiko als Konzept, als Einflussfaktor für die Vertrauensbildung zu interpretieren. Dabei gilt, je höher die erwartete Schadenshöhe und die entsprechende Eintrittswahrscheinlichkeit im Zusammenhang mit einer bestimmten Transaktion sind, desto höher sind die Anforderungen an die aufzubringenden vertrauensbildenden Maßnahmen.

Glaubwürdigkeit

Problematisch im Zusammenhang mit vielen OVM ist die Annahme, dass die abgegebenen Bewertungen generell ehrlich und unverfälscht sind [MB09]. Im Vergleich zur realen Welt, wo in der Regel den Aussagen von vertrauenswürdigen Personen mehr Gewicht geschenkt wird, ist dies jedoch eine unrealistische Abbildung [Ten04]. Der Einflussfaktor der Glaubwürdigkeit ist unmittelbar mit einer entsprechenden Gewichtung verknüpft. Daher wird empfohlen, die Bewertungen von glaubwürdigen Teilnehmern höher zu gewichten, als von solchen mit niedriger Glaubwürdigkeit (z.B. [XL04, HJS06b]). Ebenso ist die Frage nach der Glaubwürdigkeit von harten Eingabeparametern wie beispielsweise Zertifizierungen, zumindest teilweise berechtigt, was auch durch die empirische Studie in Abschnitt 2.3 bestätigt wurde.

6.1.4 Zusammenfassung

Zusammenfassend werden die einzelnen Aspekte einer Föderation als Klassendiagramm dargestellt (vgl. Abbildung 6.1). Dazu werden die im Rahmen dieses und der vorherigen Kapitel erarbeiteten Erkenntnisse integriert betrachtet.

Dabei wird insbesondere der Bezug von Föderationen und Vertrauen betont, wozu beispielhaft eine Vertrauensbeziehung zwischen Identity Service Provider[59] und Service Provider dargestellt wird. Diese Relation ist mit einem bestimmten Wert an Vertrauen belegt, welcher sich in Abhängigkeit verschiedener Aspekte bildet. Zusätzlich werden noch weitere relevante Beziehungen für diese Arbeit dargestellt. Im Wesentlichen soll mit Hilfe von Abbildung 6-1 die Komplexität von Vertrauen in Föderationen verdeutlicht werden.

[59] Weitere Informationen zu dieser Entität werden in Kapitel 7 bereitgestellt.

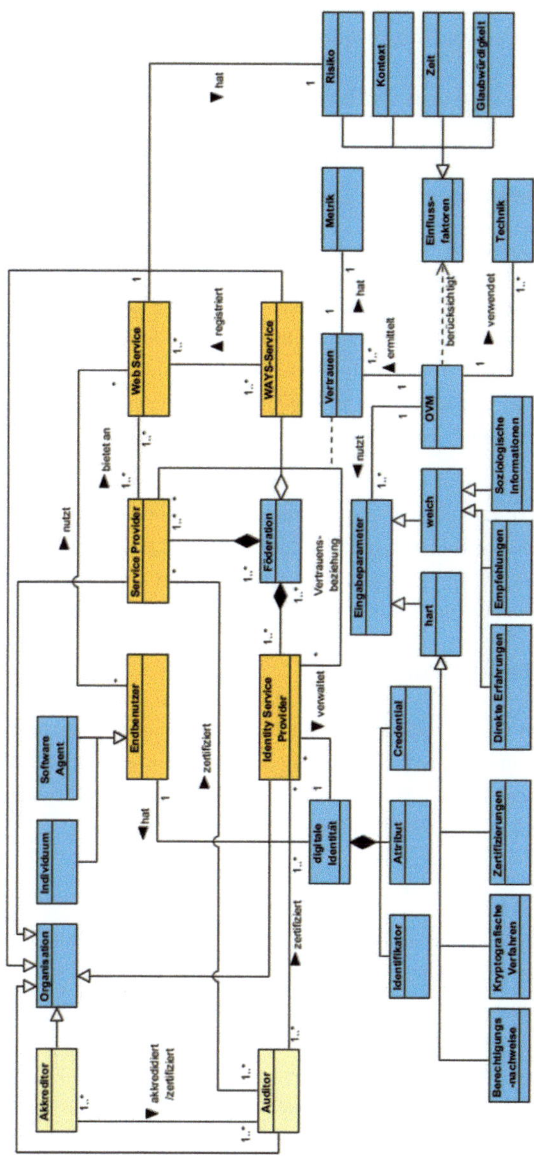

Abbildung 6-1: Klassendiagramm einer Föderation

Dabei erhebt diese Grafik keinen Anspruch auf Vollständigkeit. Je nach Betrachtungswinkel können einzelne Klassen weggelassen oder weitere Klassen ergänzt werden. Für den weiteren Verlauf der Arbeit wird damit eine veranschaulichte Darstellung der wesentlichen Elemente der Thematik Vertrauen für Identitätsföderationen geboten.

6.2 Klassifizierung von Online-Vertrauensmodellen

Bestehende Modelle zum Vertrauensmanagement verwenden unterschiedliche Informationsquellen und Eingabeparameter zur Etablierung von Vertrauen.

OVMs können grundsätzlich in 2 Typen klassifiziert werden (vgl. Abbildung 6-2):

- **Identitätsvertrauen**: Bei diesem Typus wird geprüft, ob eine bestimmte digitale Identität einer Entität, der behaupteten digitalen Identität entspricht. Dazu werden die sogenannten harten Eingabeparameter verwendet.
- **Verhaltensvertrauen**: Diese Variante leitet anhand der weichen Eingabeparameter, das zukünftige Verhalten einer Entität ab.

Beide Ansätze zielen darauf ab, Vertrauen zwischen potentiellen Transaktionspartnern in verteilten und dezentral ausgerichteten Systemen zu etablieren. Jedoch liegen den Verfahren unterschiedliche Annahmen zugrunde. Identitätsvertrauen wurde ursprünglich für strukturierte organisatorische Umgebungen entwickelt, während Modelle des Verhaltensvertrauens ihren Ursprung im Kontext unstrukturierter User Communities haben.

6.2.1 Identitätsvertrauen

Identitätsvertrauen basiert auf den sogenannten harten Eingabeparametern und folgt entweder einem credential-basierten oder einem prozess-basierten Ansatz. Während bei ersterem Vertrauen in der Regel auf bestimmten Berechtigungsnachweisen beruht, werden bei letzterem die zugrunde liegenden IdM-Prozesse als Basis verwendet.

Credential-basiert

Credential-basierte Ansätze wurden ursprünglich zur Zugriffskontrolle in offenen und verteilten service-orientierten Architekturen entwickelt (z.B. [BFL96, BS00, LM03, GNO+04]). Dabei wird eine Vertrauensbeziehung zu einer unbekannten Partei durch den Austausch einer bestimmten Anzahl an Berechtigungsnachweisen und der Durchsetzung der Zugriffskontrolle, basierend auf den jeweiligen Zugriffsrichtlinien etabliert. Zur Prüfung der Vertrauenswürdigkeit von Berechtigungsnachweisen an sich, wird in der Regel auf Zertifizierungsstellen (vgl. Abschnitt 6.1.1) zurückgegriffen. In der Literatur werden diese Art von OVM auch *policy-based* bzw. *certificate-based* bezeichnet (z.B. [ST04, AG07]).

Der Vertrauensaufbau bei credential-basierten Ansätzen erfolgt in der Regel einseitig, d.h. Vertrauen wird nur vom Serviceanbieter zum IdP erstellt.

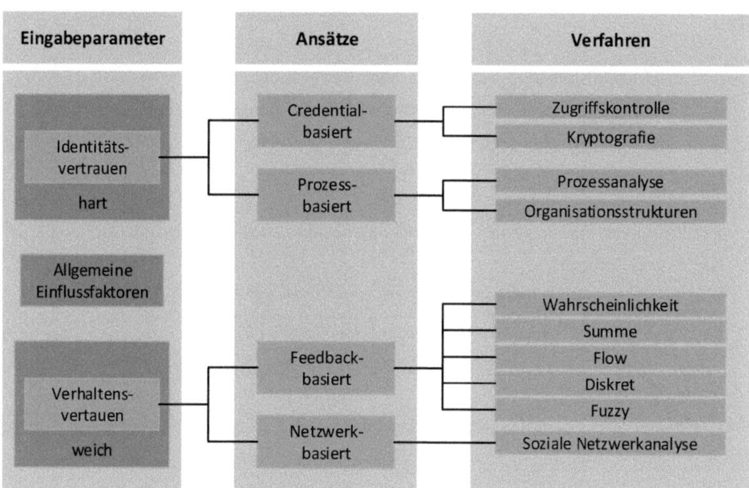

Abbildung 6-2: Klassifizierung von Online-Vertrauensmodellen

Eine Vertrauensbeziehung von IdSP zum Serviceanbieter wird implizit vorausgesetzt. Entscheidungen bezüglich Serviceanfragen und damit Vertrauensaufbau sind binär. Entitäten sind also vertrauenswürdig oder nicht vertrauenswürdig. Dabei orientieren sich die Modelle an Attributen wie beispielsweise dem Alter oder einer Adresse, welche durch entsprechende Autoritäten zertifiziert sein können [BDOS05]. Hauptsächliches Einsatzgebiet sind strukturierte Bereiche mit hohen Sicherheitsanforderungen. Modelle dieser Art sind insbesondere geeignet, um dem genannten *Bootstrapping-Problem* zu begegnen und dadurch eine Vertrauensbeziehung zu initialisieren.

Prozess-basiert

Eine zusätzliche Variante von Identitätsvertrauen sind prozess-basierte Ansätze. In der Regel akkreditierte, unabhängige Institutionen sind mit der Überprüfung von Organisationsstrukturen, sprich Aufbau- und Ablauforganisation nach definierten Kriterien betraut. Zielsetzung ist dabei in der Regel eine Zertifizierung mit einem bestimmten Gütesiegel bzw. Qualitätsstufe. Im Kontext von Identitätsföderationen kommt dabei insbesondere den IdM-Prozessen eine zentrale Funktion zu. Die in Abschnitt 5.4.3 angesprochenen *Identity Assurance Frameworks* geben gewöhnlich Evaluationskriterien für die einzelnen IdM-Prozesse vor. Anhand des Erfüllungsgrads der einzelnen Kriterien wird den auditierten Organisationen ein spezifischer Identity Assurance Level zugeordnet. Gegenseitig unbekannten Föderationsteilnehmern wird dadurch der Aufbau von Vertrauensbeziehungen und damit die domänen- bzw. organisationsübergreifende Nutzung von Identitätsinformationen ermöglicht.

Defizite

Vertrauensbeziehungen werden somit eher mit den zugehörigen Zertifizierungsstellen eingegangen, als mit den eigentlichen Teilnehmern. Unabhängig davon liefert Identitätsvertrauen verlässliche Informationsquellen für die Vertrauensbildung. Jedoch ist diese Kategorie andererseits auch mit einigen Defiziten verbunden:

- Beschränktes Einsatzgebiet – Identitätsvertrauen ist größtenteils auf strukturierte Netzwerke limitiert.
- Vertrauensbeziehungen werden letztendlich mit den Autoritäten geschlossen, welche die Berechtigungsnachweise ausgestellt haben [RK05].
- Vertrauensbezogene Entscheidungen können nur binär (Ja oder Nein) getroffen werden [BDOS05].
- Digitale Zertifikate wie X.509 oder PGP eignen sich nicht für offene Systeme [RHJ04].
- Etablierte Vertrauensbeziehungen sind statisch ausgelegt, was eine Veränderung in Folge von bestimmten Ereignissen bzw. Merkmalen ausschließt [GS00].
- Eine generell-anerkannte vertrauenswürdige Instanz existiert nicht [YS02].
- Identitätsvertrauen kann keine Aussagen über das Verhalten einer Entität treffen [YS02].
- Vertrauensbeziehungen sind in der Regel einseitig vom Service Provider zum Identity Provider ausgelegt. Mechanismen zum umgekehrten Vertrauensaufbau werden nicht unterstützt.

6.2.2 Verhaltensvertrauen

Die existierenden Defizite von Identitätsvertrauen, führten zur Entwicklung von Ansätzen des Verhaltensvertrauens. Diese implementieren die sogenannten weichen Eingabeparameter. Verhaltensvertrauen zielt insbesondere auf die Auflösung bzw. Reduktion von herrschender Informationsasymmetrie zwischen Föderationsteilnehmern ab. In diesem Zusammenhang sind insbesondere zwei Problemstellungen von Bedeutung: *Adverse Selection* und *Moral Hazard*. Ersteres bezieht sich auf den Zeitraum vor der eigentlichen Interaktion mit einem Föderationsteilnehmer. Gegeben seien beispielsweise Dienstleistungen mit ungleicher Qualität, die jedoch lediglich dem jeweiligen Anbieter bekannt ist, nicht aber dem Nachfrager. Aus Sicht des Nachfragers ist kein Unterschied erkennbar. Da die Dienstleistungen mit schlechterer Qualität günstiger angeboten werden, entscheidet sich der Nachfrager für diese. Auf Dauer führt dies dazu, dass Anbieter von guter Qualität vom Markt verdrängt werden[60]. *Moral Hazard* hingegen betrifft insbesondere das Zeitfenster nach einer Transaktion. Ein Teilnehmer würde auf einer Auktionsplattform ein Produkt erwerben und dazu in

[60] Bereits im Jahr 1970 veröffentlichte John Akerlof seinen Artikel "The Market for 'Lemons': Quality Uncertainty and the Market Mechanism" [Ake70] zu Märkten mit asymmetrischen Informationen, der sich auch auf die angeführte Problemstellung übertragen lässt.

Vorleistung gehen, d.h. eine Zahlung vorab leisten. Nachdem der Verkäufer die Zahlung erhalten hat, könnte dieser zum Betrug verleitet werden und ein Produkt geringer Qualität als angekündigt bereitstellen [Del05].

Für beide Problemstellungen kann die bestehende Informationssymmetrie mittels Verhaltensvertrauen reduziert werden. Ansätze dieser Kategorie werden insbesondere zur Vertrauensbildung zwischen unbekannten Teilnehmern sowie in unstrukturierten Netzwerken eingesetzt. Dazu existieren einerseits feedback-basierte und andererseits netzwerk-basierte Ansätze.

Feedback-basiert

Im Rahmen von feedback-basierten Ansätzen wird Vertrauen aus Bewertungen vergangener Transaktionen abgeleitet. Dieses kann entweder auf direkten Erfahrungen oder auf Empfehlungen von Dritten basieren. Erstere sind in der Regel weniger zahlreich vorhanden als letztere, weswegen zahlreiche existierende OVMs indirekte Erfahrungen als vertrauensbildende Maßnahme berücksichtigen. Voraussetzung bei dieser Art von Ansätzen ist eine Phase am Ende einer Transaktion, worin einerseits Bewertungen abgegeben und diese andererseits innerhalb des jeweiligen Netzwerks bzw. der Föderation verteilt werden können. Grundlegende Voraussetzung für die Anwendung von feedback-basierten Ansätzen sind bereits vorhandene Bewertungen. Gerade neue Teilnehmer müssen sich erst entsprechende Bewertungen erwerben und können erst nach einem gewissen Zeitraum davon profitieren (= *Bootstrapping-Problem*). Dazu werden in der Literatur verschiedene Lösungsvorschläge diskutiert. Beispielsweise kann neuen Entitäten zum einen grundsätzlich optimistisch begegnet werden, was bedeutet, dass diese als vertrauenswürdig eingestuft werden. Zum anderen kann auch eine pessimistische Variante verfolgt werden, was generell zu Misstrauen führt (z.B. ([RK05, MIB10]).

Netzwerk-basiert

Im Wesentlichen sind die sogenannten netzwerk-basierten OVM, eine Verfeinerung des feedback-basierten Ansatzes. Dabei werden auch die sozialen Beziehungen der Teilnehmer für die Vertrauensbildung oder auch Informationen aus einer Gruppierung (Community) berücksichtigt. Beispielsweise können auch die Beziehungen zwischen Communities daraufhin untersucht werden, welche Reputation eine Gruppe B innerhalb der Gruppe A hat, wenn der zu evaluierende Teilnehmer B zugeordnet wird und der evaluierende Teilnehmer Mitglied in A ist. Auch die jeweiligen Rollen, welche die Teilnehmer innehaben, können im Rahmen der Vertrauensbildung herangezogen werden.

Defizite

Trotz der angeführten Vorteile gegenüber Identitätsvertrauen, sind auch die Ansätze des Verhaltensvertrauens mit einer Reihe von Defiziten behaftet:

- Verhaltensvertrauen benötigt für eine effiziente Funktionsweise eine große Nutzerbasis [Mui02].
- Neue Communities haben zu Beginn häufig Initialisierungsprobleme (z.B. ([Mui02], [RK05]).
- Bewertungen sind teilweise schwierig zu interpretieren, da häufig nicht nachvollziehbar ist, was der initiale Wert war oder wie leicht/schwer es ist, einen bestimmten Wert zu erreichen [RK05]. Auch stehen meistens keine messbaren und transparenten Kriterien hinter den Bewertungen.
- Ebenso führen unterschiedliche und insbesondere intransparente Berechnungsmodelle zu Interpretationsschwierigkeiten.
- Die Nachweisbarkeit von einzelnen Transaktionen ist ohne zusätzliche Maßnahmen nicht möglich [LV07].
- Verhaltensvertrauen ist anfällig für Manipulation, insbesondere wenn keine ausreichende Robustheitsanalyse des OVM durchgeführt wird.
- Ab einem gewissen Niveau ist das Vertrauen in einer Community gesättigt, d.h. negative Bewertungen finden keine entsprechende Beachtung mehr [LV07].

6.3 Vergleich

Aus diesen Defiziten lässt sich ableiten, dass die ausschließliche Nutzung einer Klasse zur Vertrauensbildung nicht ausreichend ist, was auch in anderen Arbeiten erkannt wurde ([BDOS05, LV07, AG10]). Jedoch liegt diesen Erkenntnissen bisher noch kein systematischer Vergleich auf Basis eines fundierten Kriterienkatalogs zugrunde. Des Weiteren wurde im Kontext von Identitätsföderationen noch kein effizienter Vorschlag zur komplementären Nutzung von Identitäts- und Verhaltensvertrauen erarbeitet, obgleich eine Kombination als zielführend angesehen wird.

Daher werden im Folgenden die zentralen Ansätze in Verbindung mit existierenden Techniken und Verfahren der Vertrauensbildung anhand einzelner Veröffentlichungen analysiert. Ein wissenschaftlich fundierter Vergleich erfordert die Definition und Verwendung eines sorgfältig ausgewählten Kriterienkatalogs. Die einzelnen Evaluationskriterien wurden im Zuge der Literaturanalyse (vgl. Abschnitt 5.5.2), praktischen Erfahrungen mit OVM wie ebay und Amazon sowie aus den oben identifizierten Schwächen abgeleitet. Jedoch ist nicht auszuschließen, dass aufgrund neuer Erkenntnisse zukünftig weitere Kriterien in den Katalog aufgenommen werden müssen.

Letztendlich konnten drei Kategorien von Evaluationskriterien identifiziert werden:

- **Föderationsspezifische Evaluationskriterien**

  Unter föderationsspezifische Evaluationskriterien fallen die funktionalen Ansprüche an dynamische Föderationen, die in erster Linie durch den Lebenszyklus von OVM (vgl. Abschnitt 5.5.1) definiert werden.

- **Sicherheitsspezifische Evaluationskriterien**

  Sicherheitsspezifische Evaluationskriterien beschäftigen sich mit der Robustheit von OVM. In diesem Zusammenhang werden mögliche Angriffsszenarien als Kriterien gewählt. Robustheit wird als ein entscheidendes Qualitätsmerkmal von OVMs angesehen [Jos12b].

- **Anwendungsspezifische Evaluationskriterien**

  Mit Hilfe anwendungsspezifischer Evaluationskriterien werden grundlegende Ansprüche an dynamische Föderationen definiert.

6.3.1 Föderationsspezifische Evaluationskriterien

Föderationsspezifische Evaluationskriterien umfassen die funktionalen Anforderungen an dynamische Identitätsföderationen. Entsprechend der in Abschnitt 5.5.1 gewonnenen Erkenntnisse werden im Folgenden Rahmenbedingungen für dynamische Föderationen definiert. Zudem tragen unterschiedliche Maßnahmen und allgemeine Einflussfaktoren zu einer bilateralen Vertrauensbildung bei.

Rahmenbedingungen von Identitätsföderationen

Neben der eigentlichen Vertrauensbildung sind unterschiedliche Aspekte von Identitätsföderationen zu berücksichtigen. Zu Beginn einer Föderation sind verschiedene grundlegende Parameter festzulegen. So muss beispielsweise die Anbindung des lokalen *Identity Repositories* an eine Föderationssoftware erfolgen und Prozesse müssen entsprechend konfiguriert werden, um externe Dienstleistungen einbinden zu können (**Konfiguration**). Des Weiteren ist es für Service Provider erforderlich eine **Risikobewertung** der anzubietenden Web Services durchzuführen. Nachdem eine Vertrauensbeziehung erfolgreich initiiert wurde, ist die eigentliche **Transaktion** zu überwachen und darauf zu achten, inwiefern sich die beteiligten Parteien erwartungsgemäß verhalten und dadurch gegebenenfalls Anpassungen (positiv oder negativ) der Vertrauensbeziehung notwendig werden [AH00]. Des Weiteren sind Anreize für regelkonformes Verhalten und qualitativ hochwertige Dienstleistungen zu schaffen. Dies kann mittels eines Bewertungsalgorithmus im Rahmen der **Nachbereitung** erfolgen.

Vertrauensbildung

Um die Vertrauensgenese in Identitätsföderationen möglichst dynamisch zu gestalten, ist die Berücksichtigung **unterschiedlicher vertrauensbildender Maßnahmen** erforderlich. Einerseits sind dazu Mechanismen des Identitätsvertrauens und andererseits des Verhaltensvertrauens notwendig, die je nach Bedarf eingesetzt bzw. angefordert werden. Zusätzlich ist auf **allgemeine Einflussfaktoren**, wie Kontext, Zeit, Risikolevel der jeweiligen Transaktion oder auch der Glaubwürdigkeit der einzelnen vertrauensbildenden Maßnahmen zu achten. Vertrauen ist grundsätzlich durch Asymmetrie charakterisiert, d.h. eine Partei vertraut der anderen, aber nicht umgekehrt, was insbesondere der sogenannten Informationsasymmetrie geschuldet ist [Rie09]. Dabei haben beispielweise Serviceanbieter mehr Informationen über die Qualität einer angebotenen Dienstleistung als deren Nutzer. Gerade der Aufbau von **bidirektionalen Vertrauensbeziehungen** ist als wesentlicher Bestandteil eines OVM zu interpretieren. Des Weiteren sind an Identitätsföderationen neben IdP und SP noch weitere Entitäten beteiligt, zu denen ebenfalls Vertrauensbeziehungen zu etablieren und pflegen sind. Daher ist eine **ganzheitliche Betrachtung von Vertrauensbeziehungen** erforderlich.

6.3.2 Sicherheitsspezifische Evaluationskriterien

Die Robustheit von OVMs ist ein relativ junges Forschungsfeld innerhalb der Online-Vertrauensforschung und wird erst seit wenigen Jahren ernsthaft diskutiert [JG09]. Im Allgemeinen wird Robustheit definiert als:

> *Die Fähigkeit eines Softwareprodukts, fehlerhaftes Verhalten seiner Umwelt (...) zu erkennen (...) und in einer definierten Weise zu behandeln, so dass keine unvorhersehbaren Programmreaktionen entstehen* [SSLS13].

Im Kontext von Online-Vertrauen beschreibt die Robustheit, wie sich ein OVM einerseits gegenüber beabsichtigen Angriffen verhält, aber auch andererseits korrekte Ergebnisse und Bewertungen vor dem Hintergrund wechselnder Umstände sowie unzufriedener Teilnehmer. Je mehr Arten von Attacken es mit Schutzmechanismen verhindern kann, desto robuster ist das System an sich.

In der Regel soll mit einer Attacke auf ein OVM ein Profit für den Angreifer entstehen. Zielsetzung einer Manipulation der eigenen Reputation kann beispielsweise sein, von potentiellen Kunden als vertrauenswürdig eingestuft zu werden, um Produkte bzw. Dienstleistungen zu kaufen oder verkaufen. Dafür werden auch professionelle Agenturen beauftragt, welche sich um den „guten Ruf" von Online-Shops kümmern [Kuh13]. Auf der anderen Seite werden Bewertungen von konkurrierenden Marktteilnehmern gezielt negativ beeinflusst [ST11].

Aus diesen Gründen wird versucht anhand der verfügbaren Literatur sowie etwaiger Prototypen bzw. Webseiten eine Robustheitsanalyse der in Abschnitt 5.5.3 (inkl. des IAF von Kantara) eingeführten OVM durchzuführen. Dies macht eine Auswahl von Angriffsszenarien erforderlich, welche als Evaluationskriterien dienen. Für diese Arbeit konnten im Rahmen der Analyse einschlägiger Literatur (z.B [PR08, JG09, Jos12b]) sowie einer umfangreichen praktischen Evaluation wesentliche Angriffe auf OVMs identifiziert werden (vgl. Tabelle 6-2).

Angriff	Beschreibung
Ballot-Stuffing	Anhäufen von positiven Bewertungen mit Hilfe verschiedener Teilnehmer, ohne dass eine Transaktion stattgefunden hat. Umgekehrter Effekt kann durch die Abgabe negativer Bewertungen erzielt werden.
Proliferation	Ein Produkt oder eine Dienstleistung wird mittels verschiedener digitaler Identitäten auf der gleichen Plattform angeboten, wodurch sich seine Verkaufschancen erhöhen.
Sybil-Attack	Ein Angreifer kann in einer Community mehrfach in Form von unterschiedlichen digitalen Identitäten auftreten.
Unfair Ratings	Positive (=Self-Promoting) oder negative (Bad-Mouthing bzw. Slandering) Bewertungen, die den eigenen Reputationswert oder den eines anderes Teilnehmers negativ oder positiv verändern, in der Regel jedoch nicht die wahre Einschätzung des Teilnehmers widerspiegeln.
Value-Imbalance	Der Wert einer Transaktion wird nicht berücksichtigt. Dadurch ist es möglich durch viele geringwertige Transaktionen eine gute Reputation aufzubauen und diese bei höherwertigen Transaktionen auszunutzen.
Whitewashing	Sammelt ein Teilnehmer über einen bestimmten Zeitraum viele schlechte Bewertungen, wird dieser als nicht vertrauenswürdig eingestuft. Wenn der Teilnehmer die Community verlässt und mit einer neuen Identität zurückkehrt, wird dies als Whitewashing bzw. Re-entry bezeichnet.

Tabelle 6-2: Angriffsstrategien auf OVMs

Für die beschriebenen Angriffsmöglichkeiten wird in der Literatur auch eine Reihe von Gegenmaßnahmen diskutiert (z.B. [GM09, HZNR09, Jos12b]. Dazu findet sich in Tabelle 6-3 eine Auflistung relevanter Verfahren.

Als problematisch wird dabei eingestuft, dass Gegenmaßnahmen nur isoliert auf einen speziellen Angriff bezogen betrachtet werden, wodurch einerseits die Verhinderung eines Angriffs, andererseits die Möglichkeit neuer Angriffsmöglichkeiten eröffnet werden kann [PR08]. Unabhängig davon werden in Tabelle 6-4 Gegenmaßnahmen den jeweiligen Angriffsstrategien zugeordnet und somit die Grundlage für die Evaluation von bestehenden OVM geschaffen.

Generell gilt für OVMs, wie auch für die Sicherheit von Informationssystemen im Allgemeinen: Je mehr Sicherheitsmechanismen, desto höher ist der Aufwand für einen Angriff, wobei an dieser Stelle der bekannte Trade-Off zwischen IT-Sicherheit und Flexibilität bzw. Benutzbarkeit zu beachten ist.

Gegenmaßnahme	Beschreibung
Hidden Evaluation	Bewertungen werden „verdeckt", also ohne Kenntnisnahme des jeweiligen Transaktionspartner abgegeben und erst nach einer bestimmten Zeitspanne freigeschaltet.
Identity Verification	Die Teilnahme an einer Föderation setzt eine eindeutige Identifizierung aller Entitäten, beispielsweise mit Hilfe amtlicher Dokumente voraus.
Opinion Discounting	Bei dieser Gegenmaßnahme werden Ausreißer (Meinung ungleich der durchschnittlichen Bewertung) des gesamten Meinungsbildes zu einer bestimmten Transaktion oder einem Teilnehmer ignoriert.
Registration Fee	Die Registrierung als Teilnehmer an einer Föderation ist meiner Registrierungsgebühr verbunden.
Transaction Fee	Die Abwicklung von Transaktionen erfordert die Entrichtung einer Gebühr.
Transaction-specific Opinion	Bewertungen können nur im Zusammenhang mit einer ausgeführten Transaktion abgegeben werden. Die Umsetzung erfordert eine (zentrale) Überwachungsinstanz.
Weighted Transaction Influence	Dabei werden Transaktionen mit einer Gewichtung versehen. Je höher das Gewicht einer Transaktion, desto einflussreicher ist die entsprechende Bewertung.

Tabelle 6-3: Gegenmaßnahmen zu Angriffsstrategien auf OVM

Gegenmaßnahmen	Ballot-Stuffing	Proliferation	Sybil-Attack	Unfair Ratings	Value-Imbalance	Whitewashing
Hidden Evaluation				✓		
Identity Verification		✓	✓			✓
Opinion Discounting				✓		
Registration Fee		✓	✓			✓
Transaction Fee	✓					
Transaction-specific Opinion	✓			✓		
Weighted Transaction Influence				✓	✓	

Tabelle 6-4: Zusammenhang Angriffsstrategien - Gegenmaßnahmen

6.3.3 Anwendungsspezifische Evaluationskriterien

Anwendungsspezifische Evaluationskriterien beschäftigen sich mit grundlegenden Ansprüchen an dynamische Föderationen.

Datenschutz

Nach Abschluss von Transaktionen können in der Regel Bewertungen abgegeben werden. Diese können als Grundlage für die Selektion von Partnern in zukünftigen Transaktionen fungieren. Untersuchungen von ebay haben gezeigt, dass häufig nicht die wahre Meinung in einer Bewertung aus Angst vor Vergeltung ausgedrückt wird [SSS13]. Dabei wurde auch festgestellt, dass im Falle einer negativen Bewertung durch den Käufer, in einem Drittel der analysierten Fälle, der Verkäufer ebenso negativ geurteilt hat. Dieses Beispiel zeigt, welche Bedeutung einer datenschutzfreundlichen Speicherung, Verteilung und Verwendung von solchen Bewertungen zukommt.

Modularisierung

Durch Modularisierung von Softwaresystemen werden einzelne Aufgabenbereiche eingegrenzt und mittels einzelner (unabhängiger) Module bearbeitet. In einem größeren Softwaresystem können Module auch funktionale Gebiete umfassen [ten10]. Ein modularer Aufbau gewährleistet somit ein anpassbares, erweiterbares und flexibles Gesamtsystem. Dadurch kann einerseits neuen Erkenntnissen Rechnung getragen und die Akzeptanz der Anwender gesteigert werden.

Interoperabilität

Identitätsföderationen umfassen verschiedene Entitäten, wie Service Provider, Identity Provider oder zentrale Instanzen wie beispielsweise einen Verzeichnisdienst. Eine flexible Einbindung von neuen Mitgliedern erfordert die Verwendung einschlägiger Standard-Protokolle, um einen entsprechenden Nachrichtenaustausch gewährleisten zu können. Im Laufe der bisherigen Arbeit, haben sich dabei SAML zur Übertragung von Nachrichten und XACML zur Definition von Zugriffskontrollrichtlinien als de-facto Standards im Kontext von Identitätsföderationen herauskristallisiert.

6.3.4 Resultate des Vergleichs

Nachdem die einzelnen Evaluationskriterien eingeführt und erläutert wurden, werden im Folgenden, die in Abschnitt 5.5.3 vorgestellten OVM gegen diesen Kriterienkatalog evaluiert. Dabei werden diverse Schwächen aufgezeigt und die bereits skizzierten Defizite im vorherigen Abschnitt nochmals bestätigt. Letztendlich wird mit Hilfe dieser Evaluation ein eigener Entwurf fundiert begründet. Der durchgeführte Vergleich wird in Tabelle 6-5 zusammengefasst und mit Hilfe eines sogenannten Tortendiagramms veranschaulicht.

Dabei werden einerseits Ansätze des Identitätsvertrauens, aber auch andererseits des Verhaltensvertrauens mit ihren einzelnen Techniken evaluiert. Zum Teil wurden dazu nicht nur einzelne Veröffentlichungen als Grundlage verwendet, sondern auch zusammenhängende

Publikationsreihen der gleichen Autorengruppe analysiert. Jedoch ist an dieser Stelle anzumerken, dass einige Autoren lediglich spezielle Aspekte ihrer OVM beleuchten. Des Weiteren werden auch zwei Vertreter kommerzieller OVMs anhand verfügbarer Daten sowie deren Webportalen untersucht.

Grundsätzlich zeigt sich anhand dieser Evaluation, dass die aufgelisteten OVMs die Evaluationskriterien des Katalogs zu einem Großteil nicht erfüllen können.

○: keine
◔: minimal
◑: teilweise
◕: intensiv
●: voll
⊗: nicht zutreffend

			Föderation								Sicherheit						Anwendung		
	Technik	**Forschergruppe/Publikation**	Konfiguration	Risikobewertung	Transaktion	Nachbereitung	verschiedene VMs	allgemeine Einflussfaktoren	bidrektionale Vertrauensbeziehung	ganzheitliche Betrachtung von VBs	Ballot Stuffing	Proliferation	Sybil-Attack	Unfair Ratings	Value-Imbalance	Whitewashing	Datenschutz	Modularsierung	Interoperabiltität
Identitätsvertrauen	Kryptographie	[XKER10]	○	○	○	⊗	◔	◔	◔	○	⊗	●	●	⊗	⊗	●	◔	◔	◑
		[HJK08]	◑	○	○	⊗	◔	◔	○	○	⊗	●	●	⊗	⊗	●	◔	◔	◕
	Zugriffskontrollverfahren	[BFIK99, BFL96, BFRS97, BFS98]	◑	○	○	⊗	◔	○	○	○	⊗	●	●	⊗	⊗	●	◔	◔	◔
		[Bla99, BFK99, BIK03]	◑	○	○	⊗	◔	○	○	○	⊗	●	●	⊗	⊗	●	○	◑	◔
		[BSB07]	◔	○	○	⊗	◔	○	○	○	⊗			⊗	⊗		◔	◔	◔
	Prozessanalyse / Organisationsstrukturen	[Kan10]	◔	◕	◔	◔	◑	◔	○	○	⊗	●	●	⊗	●	●	○	◔	◔
Verhaltensvertrauen	Wahrscheinlichkeit	[Tea05, TPJL06]	○	○	○	○	◑	◑	○	○	◑	◔	◔	◔	◔	◔	◔	◔	◔
	Summe	[BR07, BD08, Bou09]	○	◔	◔	◑	◑	◑	◔	○	◑			◑	◔		○	◔	◔
		[Ari11, AAM+12, SAA+12, AAGM13]	◕	●	◑	◔	◑	◑	○	○	◔	◕	◕	◔	◔	◕	◕	◔	◔
	Flow	[KSGM03]	◔	◔	◔	◕	◔	◔	○	○	◕	◕	◔	◔		◑	◔	○	◔
	Diskret	[AH00]	○	○	○	◔	◑	◔	○	○				○	○		○	○	○
	Fuzzy	[GGM10]	○	○	○	◕	◑	◔	◔	◔	◕			◕	◑		◕	◔	◔
	Fuzzy / Soziale Netzwerkanalyse	[SS01, SS02, Sab04]	○	○	○	◕	◕	◑	○	○	◑			◔	◔		◕	◔	◔
	Soziale Netzwerkanalyse	[HJS04, HJS06, HJS06]	○	○	○	◑	◕	◕	○	○	◔			○	◔		◑	◑	◔
Kommerzielle OVM		[eba13]	⊗	○	○	●	◑	◕	○	○	◔	◑	◔	◔	◕	◔	◔	○	◑
		[ama13]	⊗	○	○	●	◑	◑	○	○	◔	◑	◑	◑	⊗	◑	◔	○	◑

Tabelle 6-5: Vergleich existierender OVM

Föderationsspezifische Defizite

Die Analyse von föderationsspezifischen Kriterien offenbart große Defizite in den analysierten Modellen. Insbesondere zeigt sich, dass einige wesentliche Aspekte im Grunde keine Rolle spielen. Beispielhaft kann an dieser Stelle die Überwachung einer Transaktion an sich genannt werden. Ebenso ist einerseits deutlich zu erkennen, dass grundsätzlich nur unidirektionale Vertrauensbeziehungen abgebildet werden, und andererseits nur die Relation von SP zu IdSP betrachtet wird. Die Beziehungen zu und mit weiteren Entitäten im Kontext von Föderationen finden keine Berücksichtigung. Die Konfiguration von OVM wird ebenso unzureichend bedacht, wie die Risikobewertung einzelner Transaktionen bzw. Ressourcen, welche im Kontext von Föderationen angeboten werden. Grundsätzlich ist jedoch bei den meisten OVM festzustellen, dass sowohl verschiedene vertrauensbildende Maßnahmen als auch allgemeine Einflussfaktoren in die Vertrauensbildung einbezogen werden.

Sicherheitsspezifische Defizite

Eine Evaluation der sicherheitsspezifischen Kriterien konnte nur zum Teil auf die ausgewählten OVM angewendet werden, da für eine derartige Analyse noch umfangreichere Informationen zu den einzelnen Modellen bzw. praktische Umsetzungen dieser erforderlich gewesen wären. Derartige Angaben sind jedoch auch nach der umfangreichen Recherche im Rahmen dieser Arbeit teilweise nicht zu identifizieren. Trotzdem spielen sicherheitsspezifische Aspekte im Zusammenhang mit OVM eine entscheidende Rolle und können somit nicht unberücksichtigt gelassen werden. Daher wurden soweit aus den Veröffentlichungen und den verfügbaren Prototypen bzw. Portalen (bei kommerziellen OVM) entsprechende Analysen möglich waren, auch diese Kriterien untersucht. Soweit keine Informationen verfügbar waren, wurden die entsprechenden Felder in Tabelle 6-5 nicht befüllt. Ebenfalls muss die Zielsetzung der Modelle berücksichtigt werden, wodurch deutlich wird, dass einzelne Kriterien nicht zutreffend sind. Beispielsweise können bei OVM die keine Bewertungen erlauben, keine Angriffe dahingehend erfolgen, was auch mit dem entsprechenden Symbol (⊗) gekennzeichnet wird.

Im Zuge der Auswertung wurden gerade die OVM der Klasse des Identitätsvertrauens hinsichtlich den Angriffen *Proliferation*, *Sybil-Attack* und *Whitewashing* als robust eingestuft, da in den einzelnen Modellen eine verlässliche Registrierung der Teilnehmer zugrunde gelegt wird. Hingegen sind die weiteren OVMs in Bezug auf diese Attacken gefährdet. Auch die untersuchten kommerziellen OVM bieten an dieser Stelle keinen ausreichenden Schutz. Insbesondere anfällig sind die analysierten Modelle gegen *Value-Imbalance* Attacken. Letztendlich wird auch in dieser Kategorie des Vergleichs von OVM deutlich, dass unverkennbare Defizite existieren.

Anwendungsspezifische Defizite

Die Evaluation von anwendungsspezifischen Kriterien offenbart ein ähnliches Bild, wie in den vorherigen Abschnitten. Datenschutz der Bewertungen der einzelnen Teilnehmer bzw. der Teilnehmer generell spielt lediglich in einzelnen OVM eine Rolle. Wie bereits erwähnt, haben verschiedene Untersuchungen der Auktionsplattform ebay ergeben, dass Teilnehmer aus Angst vor Vergeltung eine positive Bewertung abgeben, obwohl diese nicht die wahren Tatsachen widerspiegelt. Modularisierung sowie Interoperabilität werden ebenfalls nur in unzureichendem Maße berücksichtigt, wodurch schließlich wiederum eine Reihe von Defiziten bestehender Modelle aufgezeigt wird.

6.3.5 Zusammenfassung

Im Zuge dieser Analyse ist deutlich geworden, dass Identitätsvertrauen und Verhaltensvertrauen nicht als alternativ, sondern als komplementär anzusehen sind. Während der Fokus von Identitätsvertrauen auf der eindeutigen Identifizierung von Teilnehmern einer Föderation liegt, zielen Modelle des Verhaltensvertrauens eher auf die Archivierung von Bewertungen und einer entsprechenden Ableitung von zukünftigem Verhalten ab. Ebenso ist an dieser Stelle anzumerken, dass existierende OVM offensichtlich nur einen relativ beschränkten Bereich der Rahmenbedingungen und der Vertrauensbildung an sich betrachten. Dies zeigt sich insbesondere an der Reduzierung von untersuchten Vertrauensbeziehungen auf die Relation von Service Provider zu Identity Provider. Letztendlich stellt sich heraus, dass die Potentiale der Vertrauensbildung bisher nicht ausgeschöpft werden und eine komplementäre Entwicklung somit eindeutig begründet wird.

Kapitel 7

7 Ein Referenzmodell für dynamische Identitätsföderationen

Die Notwendigkeit von Vertrauen im Rahmen von Föderationen wurde im bisherigen Verlauf der Arbeit belegt. Existierende Ansätze für dynamische Föderationen zeigen deutliche Schwächen auf und können die einhergehenden Erwartungen nicht erfüllen. Offensichtlich fehlt ein Ansatz, welcher die Technologien des föderierten Identitätsmanagements und des Vertrauensmanagements in hinreichender Weise integriert. Daher wird in diesem Kapitel ein Referenzmodell für dynamische Föderationen, namens *Dynamisches Föderationsmodell* (DFM), basierend auf den bisherigen Erkenntnissen dieser Arbeit entwickelt. Dabei wird einerseits ein ganzheitlicher Ansatz hinsichtlich der zu betrachtenden Vertrauensbeziehungen verfolgt und andererseits werden die Verfahren des Identitäts- und Verhaltensvertrauens integrativ berücksichtigt. In diesem Zusammenhang werden zuerst die Charakteristika des Referenzmodells präsentiert. Während anschließend die einzelnen Modellelemente eingeführt werden, beschäftigt sich dieses Kapitel zum Ende mit dem Vertrauensmodell des DFM. Unter Berücksichtigung der Forschungsmethodik dieser Arbeit repräsentiert dieser Abschnitt die *Development* Phase.

7.1 Charakteristika

Als zentrales Charakteristikum eines Referenzmodells gilt seine beabsichtigte bzw. faktische Wiederverwendung. Damit ist ein Referenzmodell ein Modell, das zur Wiederverwendung empfohlen oder tatsächlich zur Konstruktion weiterer Modelle wiederverwendet wird [Tho06, FB13]. Etwas breiter definieren Matthew et al. ein Referenzmodell als ein abstraktes Rahmenwerk zum Verständnis der wesentlichen Beziehungen zwischen den Entitäten sowie zur Entwicklung von Standards und Spezifikationen in einer bestimmten Umgebung [MLM+06]. Ein Referenzmodell kann somit als geeignete Grundlage für die Umsetzung der Ziele dieser Arbeit interpretiert werden. Dabei ist grundsätzlich eine Charakterisierung von Referenzmodellen anhand verschiedener Merkmale möglich (z.B. [vBr03, FL04, Tho06, FB13]), welche auch auf das im Folgenden zu entwickelnde Modell angewendet werden:

- Abstraktionsgrad
- Allgemeingültigkeit
- Empfehlungscharakter
- Wiederverwendung
- Anpassbarkeit

Abstraktionsgrad

Abstraktheit ermöglicht die Anwendung von Referenzmodellen auf eine Vielzahl von unterschiedlichen Umgebungen [WE97]. Ein geeigneter Abstraktionsgrad ist daher entscheidend für die Verwendung des Modells [Sch98].

Aus Sicht von Föderationsbetreibern und –teilnehmern ist zum einen ein abstrakteres Modell wünschenswert, um ein möglichst breites Anwendungsfeld abdecken zu können. Dabei müssen Abläufe, Algorithmen und Richtlinien in verständlicher Form dargelegt werden, um eine zielkonforme Nutzung gewährleisten zu können. Zum anderen ermöglichen ein geringerer Abstraktionsgrad und damit ein spezifischeres Referenzmodell, die Verwendung des Modells, ohne umfangreiche Anpassungen an die jeweiligen Gegebenheiten durchführen zu müssen. Das DFM muss somit diesen Zielkonflikt durch entsprechende Maßnahmen auflösen. Dabei wird im Rahmen des DFM-Prozessmodells (vgl. Kapitel 8), welches sich in abstrakte Phasen gliedert, ein grobgranulares, aber trotzdem nachvollziehbares Vorgehen für dynamische Föderationen definiert. Zusätzlich wird durch die Festlegung von Aktivitäten mit zugehörigen, größtenteils auf Standards basierenden Techniken in den einzelnen Phasen, eine spezifische Variante der Umsetzung von Identitätsföderationen bereitgestellt, wodurch der erforderliche Anpassungsaufwand deutlich reduziert wird.

Allgemeingültigkeit

Das Merkmal der Allgemeingültigkeit wird in vielen Arbeiten als grundlegendes Element von Referenzmodellen gefordert (z.B. [Sch98, Wol01, Tho06]) und sogar als Voraussetzung zur Entwicklung von spezifischen Modellen interpretiert [Har94]. Es definiert in welchem Rahmen ein Referenzmodell für eine Klasse von unternehmensspezifischen Modellen zum Einsatz kommen kann [vBr03]. Jedoch wird die Tragweite dieses Charakteristikums in jüngeren Arbeiten reduziert. Demnach ist ein Referenzmodell lediglich für bestimmte Anwendungsfälle als valide Grundlage anwendbar [Tho06, Her12].

Grundsätzlich verfolgt das DFM die Forderung nach Allgemeingültigkeit, jedoch ist dies gegebenenfalls nur eingeschränkt möglich. Das DFM erlaubt die organisationsübergreifende, dynamische Nutzung von Dienstleistungen, die auch von bisher unbekannten Teilnehmern angeboten werden. Voraussetzung zur Verwendung des DFM ist der Betrieb eines Identitätsmanagementsystems. Für Unternehmen, welche kein eigenes IdMS betreiben, bietet das DFM ebenfalls eine alternative Nutzungsvariante. Jedoch ist dahingehend auf eine zentrale Lösung eines IdMS beim Föderationsbetreiber oder einem Dritten in einer Föderation zurückzugreifen, welche mit dem DFM gekoppelt wird.

Empfehlungscharakter

Mit diesem Merkmal wird gefordert, dass Referenzmodelle gegenüber spezifischen Modellen vorbildliche Darstellungen und die Rolle von Soll-Modellen einnehmen sollen [Sch98]. Jedoch betont von Brocke, dass der Empfehlungscharakter eines Modells limitiert wird, indem der Gehalt einer Empfehlung nur begrenzt messbar ist [vBr03].

Im DFM wird der Empfehlungscharakter insbesondere durch die aus wissenschaftlich-theoretischer und aus praktischer Perspektive abgeleiteten Evaluationskriterien in Abschnitt 6.3 betont, welche somit als Ausgangssituation für die Entwicklung des Referenzmodells verwendet werden. Dabei werden auch für Unternehmen entscheidende anwendungsspezifische Kriterien berücksichtigt.

Wiederverwendung

Wie bereits oben angedeutet, ist die Wiederverwendbarkeit von Modellen in unterschiedlichen Kontexten, ein wesentliches Merkmal von Referenzmodellen [FB13]. Referenzmodelle gelten als Ausgangspunkt für unternehmensspezifische Modelle [FL02].

Das DFM wird mit der Absicht entwickelt, im Rahmen der Konstruktion von spezifischen Föderationsmodellen als Grundlage verwendet zu werden. Dabei wird das im Folgenden zu entwickelnde Modell so konstruiert, dass es im einfachsten Fall eins zu eins übernommen und auf Föderationen angewendet werden kann. Jedoch müssen alternativ auch abweichende Anforderungen von Unternehmen entsprechend Berücksichtigung finden und durch geeignete Maßnahmen abgedeckt werden können.

Anpassbarkeit

Die Möglichkeit zur Adaptierung an spezifische Anforderungen spielt für den erfolgreichen Einsatz von Referenzmodellen eine zentrale Rolle. Bevor ein Modell im Rahmen einer unternehmensspezifischen Modellierung wiederverwendet werden kann, sind in der Regel Anpassungen erforderlich [Har94, FL02].

Grundsätzlich kann das DFM an die unterschiedlichen Gegebenheiten von Föderationsbetreibern und -teilnehmern angepasst werden, jedoch ist es außerhalb des Rahmens dieser Arbeit, verschiedene Konfigurationen zur Verfügung zu stellen. Das DFM bietet aber an diversen Stellen die Möglichkeit der Adaptierung. So können einzelne Module beispielsweise das zur Berechnung von direkten Erfahrungen und Empfehlungen angepasst bzw. komplett getauscht oder auch entfernt werden. In diesem Zusammenhang verfolgt das DFM einen modularen Aufbau.

7.2 Modellelemente

Basierend auf den Grundsätzen der Referenzmodellierung und unter Berücksichtigung der im vorherigen Abschnitt erläuterten Charakteristika werden im Folgenden die wesentlichen Elemente des DFM eingeführt. Die Resultate aus Abschnitt 6.3 zeigen, dass Vertrauensbeziehungen in Identitätsföderationen in existierenden OVM nicht ganzheitlich betrachtet werden und einzelne Bestandteile gänzlich ausgeblendet werden. Das DFM verbessert diesen Zustand durch die Entwicklung eines Referenzmodells mit folgenden Bestandteilen:

- Rollenmodell
- Datenmodell
- Prozessmodell
- Vertrauensmodell

Rollen-, Daten- und Vertrauensmodell werden als Grundlage für die Umsetzung des Prozessmodells verwendet. Letzteres wird an dieser Stelle lediglich aufgeführt, eine detaillierte Betrachtung dieses Modells erfolgt in Kapitel 8.

7.2.1 Rollenmodell

Das Rollenmodell der vorliegenden Arbeit befasst sich mit den beteiligten Rollen sowie den dabei existierenden Beziehungen und basiert auf den Komponenten und Beziehungen statischer Identitätsföderationen sowie auf den grundlegenden Konzepten von Web Services [Fin09]. Bisherige Ansätze reduzieren Identitätsföderationen hinsichtlich des Vertrauens auf eine unidirektionale Relation von Service Provider zu Identity Provider. Eine ganzheitliche Betrachtung der vorhandenen Vertrauensbeziehungen im Rahmen eines Modells, wie im DFM umgesetzt, repräsentiert eine deutliche Verbesserung gegenüber dem aktuellen Status von OVM.

7.2.1.1 Rollen

Das DFM berücksichtigt eine Reihe von verschiedenen Rollen, welche für die Umsetzung von dynamischen Föderationen erforderlich sind. Jedoch sind die betrachteten Rollen nicht als erschöpfend anzusehen, da durchaus weitere Komponenten vorstellbar sind. Im Rahmen dieser Arbeit werden folgende Rollen berücksichtigt:

Identity Service Provider (IdSP)

Im Gegensatz zur statischen Variante des FIdM agiert im DFM ein IdP aus der Perspektive des Endbenutzers als SP. Zugleich übernimmt diese Komponente auch die Verwaltung der Identitätsdaten, wodurch eine Doppelfunktionalität umgesetzt wird. Deshalb wird diese Komponente im DFM als *Identity-Service Provider* (IdSP) bezeichnet. Der IdSP ist aus der

Sicht des Endbenutzers der Anbieter der eigentlichen Dienstleistung. Durch die technischen Möglichkeiten einer dynamischen Föderation soll verhindert werden, dass Endbenutzer mit zusätzlichen administrativen Aufgaben hinsichtlich der Nutzung von Web Services externer Prozesspartner belastet werden. Konkret ist damit gemeint, dass ein Benutzer bei den extern eingebundenen Partnern keine neue Identität benötigt und stattdessen mit seiner digitalen Identität beim IdSP den externen Web Service des SP nutzen kann. Die Verwaltung der Identitätsdaten verbleibt daher weiter beim IdSP, wohingegen der SP in der Föderation eine bestimmte Dienstleistung erbringt, z.B. in Form von webbasierten Services.

Endbenutzer (EB)

Ein Endbenutzer im DFM kann einerseits ein Individuum sein, welches bei einem IdSP eine digitale Identität vorhält. Andererseits können auch Software-Agenten als Endbenutzer auftreten und in Geschäftsprozessen einzelne Aktivitäten automatisiert veranlassen und steuern. Ein Agent ist ein Computersystem, welches sich in einer bestimmten Umgebung befindet und fähig ist, eigenständige Aktionen in dieser Umgebung durchzuführen, um seine (vordefinierten) Ziele zu erreichen [Woo02]. Auch Agenten sind innerhalb ihrer Domänen mit digitalen Identitäten ausgestattet.

Entscheidend ist dabei, dass die existierenden Identitäten auch in anderen Domänen und Organisationen im Rahmen einer DFM-Föderation verwendet werden können und keine erneute Benutzerregistrierung erforderlich ist. Damit soll auch der bestehende bzw. erworbene Status übergreifend verwendet werden können, was durch den Einsatz von standardisierten Attributen realisiert werden kann.

What-are-you-Sharing-Service (WAYS-Service)

Des Weiteren zielt das DFM auf eine möglichst dezentrale Ausrichtung und Umsetzung der jeweiligen Föderationen ab. Grundsätzlich wäre in diesem Zusammenhang also ein reines Peer-to-Peer Netz wünschenswert, in dem alle Teilnehmer gleichberechtigt sind [Mah07] und keine Abhängigkeiten zu zentralen bzw. privilegierten Instanzen bestehen. Jedoch ist eine solche Variante teilweise nicht praktikabel, was im Folgenden erläutert wird.

Zum einen verzichtet das DFM auf einen zentralen *IdP Discovery Service*, da die Initiierung von Serviceaufrufen ausschließlich direkt über IdSP erfolgt. Eine Auswahl des entsprechenden IdSP seitens des Endbenutzers oder eines Softwareagenten in Folge eines Serviceaufrufs, wie dies beispielsweise im Rahmen von Shibboleth (vgl. Abschnitt 4.2.3.2) realisiert wird, ist somit nicht notwendig. Zum anderen stellt jedoch das Auffinden geeigneter und insbesondere vertrauenswürdiger Web Services in offenen Systemen eine große Herausforderung dar. Deshalb wird im DFM ein zentraler Verzeichnisdienst eingeführt, der dem IdSP darüber Auskunft geben kann, welche SP an einer Föderation teilnehmen und welche

Web Services dadurch angeboten werden. Mittels dieser zusätzlichen Komponente wird es IdSP ermöglicht, Serviceanfragen bei bisher unbekannten SP zu tätigen. Im DFM wird dieser Verzeichnisdienst als „*What-are-you-sharing*"-Service (WAYS) betitelt.

Der WAYS-Service ist der zentrale Vermittlungsdienst einer Föderation und wird von dessen Verwalter administriert. Der Föderationsverwalter ist für den sicheren Betrieb des WAYS-Service verantwortlich, so dass jederzeit dynamische Suchanfragen von IdSP beantwortet werden und SP ihre Web Services registrieren können. Zudem übernimmt der Föderationsverwalter das Marketing, um interessierte SP für die von ihm verwaltete Föderation zu gewinnen. Darüber hinaus bietet er das DFM (als Software-Komponente) zum Download an, damit IdSP und SP in der Lage sind, an der Föderation teilzunehmen. Innerhalb einer Identitätsföderation existiert genau ein WAYS-Service.

Service Provider (SP)

Das Aufgabengebiet von Service Provider im DFM ist grundsätzlich vergleichbar mit SP in statischen Föderationen. Dabei sind SP für die Bereitstellung von Web Services verantwortlich. Aufgrund einer eigenen Einschätzung im Rahmen einer Risikoanalyse werden erforderliche vertrauensbildende Maßnahmen abgeleitet, um auch Zugriff in einem domänen- bzw. organisationsübergreifenden Kontext zu ermöglichen. Web Services können entweder direkt oder über den WAYS-Service angeboten werden, wobei für letzteren eine maschinell verwertbare Beschreibung des Web Service anhand von vordefinierten Attributen notwendig ist.

Web Service (WS)

Mit einem Web Service wird die eigentliche Dienstleistung bzw. Ressource repräsentiert, die im Rahmen einer Föderation von einem SP angeboten wird. Web Services werden vom SP bei einem WAYS-Service registriert. Jeder Web Service ist mit individuellen vertrauensbildenden Maßnahmen versehen, die erforderlich sind, um diesen zu verwenden.

Zeugen

Im Rahmen der Vertrauensbildung kommt der Rolle des Zeugen (=Witness) eine wichtige Funktion zu. Zeugen können von anderen Föderationsteilnehmern hinsichtlich ihrer direkten bzw. indirekten Erfahrungen mit bestimmten anderen Teilnehmern befragt werden. Diese Auskünfte können als vertrauensbildende Maßnahme gegenüber potentiellen Transaktionspartnern Verwendung finden. Dabei können IdSP, SP, Endbenutzer und auch der WAYS-Service in dieser Rolle auftreten.

Abbildung 7-1 skizziert die im Rahmen einer DFM-Föderation auftretenden Rollen, dargestellt als Knoten und beispielhafte Beziehungen abgebildet als Kanten. Ein WAYS-Service tritt als Betreiber der Föderation auf und ist daher im Zentrum der Föderation verankert.

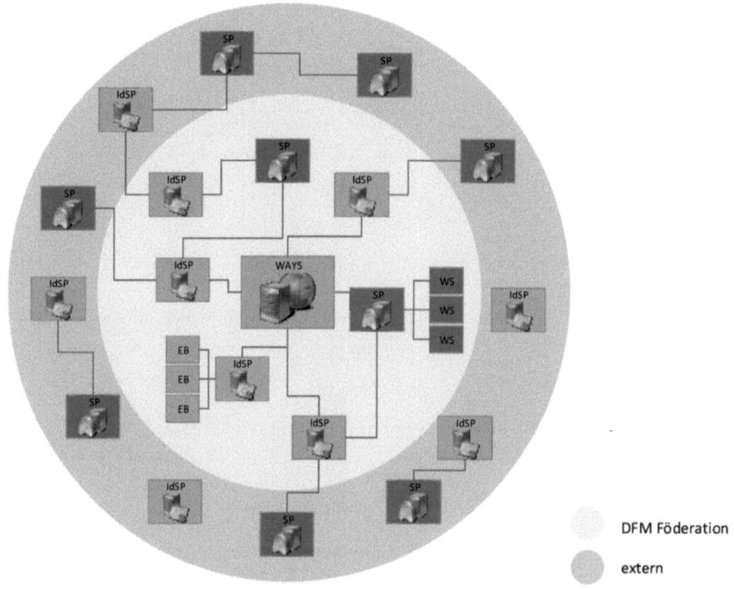

Abbildung 7-1: Rollen in einer DFM-Föderation

Der innere Kreis visualisiert eine Föderation und seine Teilnehmer. Dabei sind beispielhaft je ein IdSP mit Endbenutzern und ein SP mit Web Services dargestellt, jedoch haben auch die weiteren abgebildeten IdSP und SP entsprechende Komponenten. Der äußere Ring skizziert weitere IdSP und SP, die potentielle Kandidaten für eine Teilnahme an einer Föderation sind. Die abgebildeten Kanten zeigen Beziehungen zwischen den einzelnen Teilnehmern auf. Im Rahmen dieser Arbeit werden explizit nur Relationen innerhalb einer Föderation betrachtet, welcher sich aber grundsätzlich jede beliebige Entität anschließen kann. Beziehungen von einer DFM-Föderation nach extern bzw. generell zwischen externen Entitäten werden jedoch implizit berücksichtigt, da die Eintrittsbarriere prinzipiell sehr gering ist. Die einzelnen Schritte zur Teilnahme an einer DFM-Föderation werden in Kapitel 8 aufgezeigt.

Wie im vorherigen Abschnitt angedeutet, sind außerdem noch weitere Entitäten wie beispielsweise Zertifizierungsinstanzen oder andere vertrauenswürdige Dritte vorstellbar, die jedoch in dieser Arbeit aus Gründen der Übersichtlichkeit nicht berücksichtigt werden.

7.2.1.2 Vertrauensbeziehungen

Existierende Vertrauensmodelle betrachten in der Regel lediglich eine unidirektionale Vertrauensbeziehung von SP zu IdSP. Im vorherigen Abschnitt wurden die an einer DFM-Föderation beteiligten Entitäten erläutert, jedoch wurde noch nicht näher auf die Relationen untereinander eingegangen. Abbildung 7-2 skizziert, die an einer DFM-Föderation beteiligten Entitäten sowie die entsprechenden Vertrauensbeziehungen.

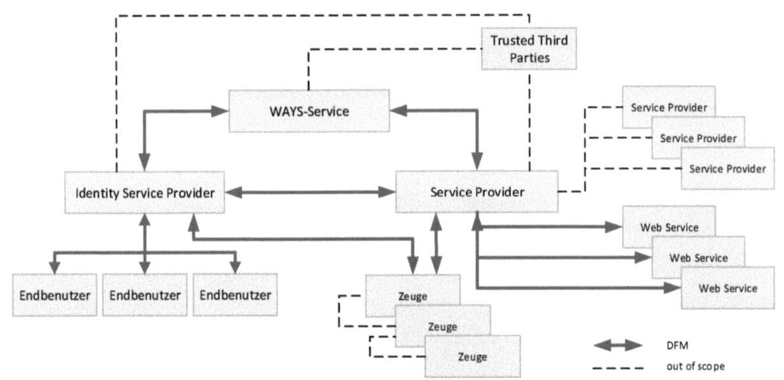

Abbildung 7-2: Vertrauensbeziehungen im DFM

Dabei werden mit den grauen Pfeilen Vertrauensbeziehungen visualisiert, die im Rahmen der Arbeit betrachtet werden. Generell ist davon auszugehen, dass die im Fokus stehenden Relationen grundsätzlich bidirektional ausgelegt sind, was bedeutet, dass von beiden Seiten ein gewisser Grad an Vertrauen zur Ausführung von Transaktionen vorhanden sein muss. Außerdem werden in Abbildung 7-2 Kanten zu einer Entität *Trusted Third Parties* abgebildet, was beispielsweise ein externer Auditor oder eine *Certificate Authority* sein kann. Diese Beziehungen sind mit gestrichelten Linien dargestellt und werden in dieser Arbeit nicht weiter analysiert. Ebenso werden keine Vertrauensbeziehungen zwischen verschiedenen Zeugen und unterschiedlichen Service Provider untersucht. Letztendlich wird deutlich, dass sich diese Arbeit nicht auf eine spezifische Vertrauensbeziehung beschränkt, sondern einen ganzheitlichen Ansatz verfolgt, was zu einer deutlichen Verbesserung des Status Quos existierender Ansätze für Identitätsföderationen führt.

In Abschnitt 6.1 wurden unterschiedliche Maßnahmen zur Vertrauensbildung aufgezeigt. Abhängig von individuellen Parametern können die einzelnen Entitäten festlegen, welche vertrauensbildenden Maßnahmen für die jeweilige Kante notwendig sind, um ein entsprechendes Vertrauensverhältnis zu schließen. Aus Abbildung 7-2 lässt sich ersehen, dass im DFM zahlreiche Beziehungen berücksichtigt werden. Um eine eindeutige Abgrenzung der einzelnen Relationen zu gewährleisten, ist die Einführung einer Systematik erforderlich. In

Tabelle 7-1 werden die für das DFM relevanten Vertrauensbeziehungen systematisch aufgelistet und anhand einer Kennung voneinander abgegrenzt.

Quell-Entität	Ziel-Entität	Kennung
Endbenutzer	Identity Service Provider	VB.01_EB.1_IdSP
Endbenutzer	Service Provider	VB.02_EB.2_SP
Endbenutzer	Web Service	VB.03_EB.3_WS
Identity Service Provider	Endbenutzer	VB.04_IdSP.1_EB
Identity Service Provider	Service Provider	VB.05_IdSP.2_SP
Identity Service Provider	WAYS-Service	VB.06_IdSP.3_WAYS
Identity Service Provider	Zeuge	VB.07_IdSP.4_Z
Service Provider	Endbenutzer	VB.08_SP.1_EB
Service Provider	Identity Service Provider	VB.09_SP.2_IdSP
Service Provider	WAYS-Service	VB.10_SP.3_WAYS
Service Provider	Zeuge	VB.11_SP.4_Z
WAYS-Service	Identity Service Provider	VB.12_WAYS.1_IdSP
WAYS-Service	Service Provider	VB.13_WAYS.2_SP
Zeuge	Identity Service Provider	VB.14_Z.1_IdSP
Zeuge	Service Provider	VB.15_Z.2_SP

Tabelle 7-1: Betrachtete Vertrauensbeziehungen

Dabei wird in der ersten Spalte die Entität gelistet, welche eine Vertrauensbeziehung zu einer Ziel-Entität in der zweiten Spalte aufbauen will. Für jede identifizierte Relation wurde eine Kennung nach folgendem Schema vergeben, wobei VB der Abkürzung für Vertrauensbeziehung entspricht: *VB.<Zähler>_<Quell-Entität>.<Zähler>_<Ziel-Entität>*

Insgesamt konnten somit 15 Vertrauensbeziehungen identifiziert werden, die im Rahmen des DFM berücksichtigt werden. Beziehungen von Web Services zu einzelnen Entitäten werden explizit nicht abgebildet, da diese Teil der IT-Infrastruktur von SP sind, wodurch Vertrauensbeziehungen implizit abgebildet werden.

Die Relationen sind in Tabelle 7-1 nach der ersten Spalte alphabetisch sortiert. Eine Wertigkeit bzw. Reihenfolge im DFM kommt damit nicht zum Ausdruck.

7.2.2 Datenmodell

Ein Datenmodell ist eine formale Beschreibung des zu modellierenden Ausschnitts der Realität. Dabei werden beispielsweise Beziehungen innerhalb der Daten und den jeweiligen Klassen betrachtet [PU03]. Das Datenmodell des DFM umfasst die Entitäten WAYS-Service, Identity Service Provider, Endbenutzer, Service Provider und Web Service (vgl. Abschnitt 7.2.1.1) sowie die Datenbanktabellen, welche für das DFM und die Etablierung und Pflege von Vertrauensbeziehungen erforderlich sind. Spezifisch zur Abbildung von Vertrauensbeziehungen sind folgende Datenbanktabellen:

Role-Protection-Map (RPM)

Eine RPM dient der Verwaltung der angebotenen Web Services eines SP innerhalb einer Föderation. Dabei werden in dieser Datenbanktabelle die Abhängigkeiten hinsichtlich der erforderlichen Berechtigungen der einzelnen Web Services definiert. Zum einen werden darin Rollen, zugehörige Gruppen sowie Berechtigungen in Form von XACML-Richtlinien festgelegt. Zum anderen werden darin die notwendigen vertrauensbildenden Maßnahmen für die Abwicklung von dynamischen Serviceanfragen hinterlegt. Durch die Verknüpfung von vertrauensbildenden Maßnahmen und Rollen kann eine Zuordnung von notwendigen Zugriffsberechtigungen zu einer bestimmten digitalen Identität dynamisch zur Laufzeit erfolgen. Die *Role-Protection-Map* wird insbesondere von SP benötigt, aber auch von IdSP genutzt, da auch diese Entität als Service Provider auftreten kann.

Trust-Transaction-Protocol (TTP)

In der Tabelle TTP werden bestimmte Angaben zu erfolgreich initiierten Serviceaufrufen hinterlegt. Dazu erfasst das DFM den jeweiligen Transaktionspartner, die vertrauensbildenden Maßnahmen, den Transaktionszeitpunkt sowie weitere Informationen. Die zusammengetragenen Daten können wiederum selbst als vertrauensbildende Maßnahme für zukünftige Serviceanfragen verwendet werden (vgl. Abschnitt 7.3.2). Neben der Archivierung von Transaktionen, dient das *Trust-Transaction-Protocol* zum einen der Erfassung erfolgreich nachgewiesener vertrauensbildender Maßnahmen und zum anderen können damit auch Behauptungen von potentiellen Transaktionspartnern im Rahmen der Vertrauensetablierung überprüft werden. Da es sich in der TTP um datenschutzkritische Informationen handelt, dürfen diese Datenbanktabellen lediglich dezentral verwaltet werden. Daher wird das TTP ausschließlich bei IdSP und SP hinterlegt.

Session-Transaction-Protocol (STP)

Zusätzliche transaktionsrelevante Informationen können im *Session-Transaction-Protocol* erfasst werden, welches insbesondere von SPs eingesetzt werden kann. SPs verwenden diese Tabelle bei jeder Transaktionsanfrage eines IdSP. Dabei wird überprüft, ob aktuell eine gültige Session des anfragenden Nutzers vorliegt, für welche die erforderlichen vertrauensbildenden Maßnahmen bereits nachgewiesen wurden. Damit entfällt ein erneuter Nachweis und die entsprechende Rolle kann zugewiesen werden.

Rating-Transaction-Protocol (RTP)

Das *Rating-Transaction-Protocol* erlaubt die Bewertung einzelner Transaktionen anhand vordefinierter Kriterien. Die Tabelle kann von jedem Teilnehmer einer Föderation verwendet werden, um direkte Erfahrungen zu hinterlegen. Das RTP ist mit dem TTP über die Rating-ID verknüpft und ermöglicht somit eine Zuordnung einer bestimmten Transaktion und der jeweiligen Bewertung. Des Weiteren kann das RTP auch zur Überprüfung von behaupteten Bewertungen verwendet werden. Ebenso ist mit dem RTP auch die Erhebung von Meinungen von Dritten (=Empfehlungen) über einen bestimmten Teilnehmer möglich.

Web Service Register (WSR)

Das *Web Service Register* fungiert als zentrales Verzeichnis von Web Services und wird vom WAYS-Service betrieben. SPs können darin Web Services registrieren, die im Rahmen einer Föderation angeboten werden sollen. Dabei stehen vordefinierte Attribute zur Beschreibung der Dienstleistungen zur Verfügung. Mit dem WSR wird eine standardisierte Tabelle zur Verfügung gestellt, die von IdSP zur strukturellen und maschinellen Suche von geeigneten Web Services genutzt werden kann. Zusätzlich können WSR analog auch lokal bei IdSP betrieben werden, in welchen die beschreibenden Attribute von bereits genutzten Web Services hinterlegt werden, um eine lokale Suche nach Web Services zu ermöglichen.

7.2.3 Prozessmodell

Das Prozessmodell repräsentiert das zentrale Element im DFM, welches jedoch eng mit den weiteren Modellelementen verknüpft ist. Um die unter Abschnitt 7.1 geforderte Abstraktheit zu gewährleisten, wird das Prozessmodell in einzelne Phasen gegliedert. Diese lassen sich wiederum in Aktivitäten und Subaktivitäten unterteilen.

Das DFM-Prozessmodell wird in Kapitel 8 im Detail vorgestellt. Dabei werden die einzelnen Aktivitäten und Subaktivitäten anhand des Schemas P*i*A*j*-*k*(v,o) nummeriert. Während *i* die jeweilige Phase beziffert, wird mit *j* die entsprechende Aktivität ausgedrückt und *k* spezifiziert die einzelnen Subaktivitäten. Mit dem Zusatz *v* wird eine verpflichtende Subaktivität beschrieben, während diejenige mit einem *o*, als optional interpretiert werden kann. Am Ende jeder Phase erfolgt eine Zusammenfassung der wesentlichen Aspekte anhand des Schemas in Tabelle 7-2.

Phase	Phasenname
Zielsetzung	
Rollen	
Subaktivitäten	
Vertrauensbeziehungen	

Tabelle 7-2: Schema zur Zusammenfassung einer Phase

Dabei werden die Zielsetzung der jeweiligen Phase, beteiligte Rollen, involvierte Subaktivitäten sowie die behandelten Vertrauensbeziehungen zusammengefasst.

7.3 Vertrauensmodell

Das Vertrauensmodell repräsentiert ein weiteres Modellelement des DFM, wird jedoch aufgrund seiner zentralen Bedeutung für diese Arbeit auf einer höheren Gliederungsebene eingeordnet. Im Rahmen dieses Abschnitts werden die im DFM verwendeten vertrauensbildenden Maßnahmen hergeleitet sowie eine Wertigkeit eingeführt. Außerdem werden unterschiedliche Typen von Richtlinien definiert, um ein standardisiertes Vorgehen im DFM-Prozessmodell zu ermöglichen.

7.3.1 Vertrauensbildende Maßnahmen

Wie bereits in der bisherigen Arbeit, jedoch insbesondere in Kapitel 6 gezeigt, kann Vertrauen aus unterschiedlichen Quellen abgeleitet werden. Gerade in offenen Netzen, denen auch dynamische Föderationen zuzuordnen sind, ist der Informationsstand über einzelne Teilnehmer häufig unzureichend, um Entscheidungen hinsichtlich möglicher Kooperationen treffen zu können. Somit besteht die Möglichkeit, dass einzelne vertrauensbildende Maßnahmen (VM) in bestimmten Situationen nicht verfügbar bzw. anwendbar sind, was beispielsweise auf folgende Gründe zurückzuführen sein kann [HJS06a]:

- Ein neuer Teilnehmer ist einer Föderation beigetreten und hat dadurch noch keinerlei Erfahrung mit anderen Teilnehmern sammeln können.
- Es können keine Akteure gefunden werden, die mit einem potentiellen Transaktionspartner bereits im Vorfeld interagiert haben, wodurch keine Empfehlungen bzw. indirekte Erfahrungen verwendet werden können.
- Eine geforderte Zertifizierung eines Teilnehmers für eine bestimmte Transaktion ist nicht vorhanden.

In diesen Szenarien wären Vertrauensmodelle, die sich nur auf eine bestimmte vertrauensbildende Maßnahme verlassen, weitestgehend nutzlos. Daher integriert das DFM eine Reihe von vertrauensbildenden Maßnahmen, die für den erfolgreichen Betrieb von dynamischen Identitätsföderationen erforderlich sind. Die notwendigen Maßnahmen können in Abhängigkeit der teilnehmenden Entitäten einer Föderation variieren.

Grundsätzlich kommen im DFM Technologien der Klassen Identitäts- und Verhaltensvertrauen zum Einsatz. Im Folgenden werden daher die vertrauensbildenden Maßnahmen des DFM beschrieben.

Vertrauen aus Berechtigungsnachweisen

Wie bereits in Abschnitt 6.1.1.1 erläutert, existieren papier-basierte und digitale Berechtigungsnachweise. Dynamische Föderationen setzen grundsätzlich möglichst automatisierte Abläufe voraus. Dies kann jedoch nur gewährleistet werden, wenn maschinenlesbare und standardisierte Credentials Verwendung finden. Dadurch könnte per se nur die digitale Variante berücksichtigt werden. Die im Rahmen dieser Arbeit betrachteten Vertrauensbeziehungen erfordern aber möglicherweise gerade im Zuge von Registrierungsprozessen auch die Vorlage von papier-basierten Berechtigungsnachweisen. Aus diesen Gründen, setzt das DFM sowohl auf papier-basierte als auch auf digitale Credentials.

Der Nachweis von bestimmten papier-basierten Berechtigungsnachweisen ist in der Regel als Vorstufe zur Teilnahme an dynamischen Föderationen erforderlich. In spezifischen Szenarien ist jedoch auch denkbar, dass der Vertrauensaufbau zwischen einzelnen Föderationsteilnehmern (SP bzw. IdSP) durch papier-basierte Nachweise zu erfolgen hat. Eine prototypische Implementierung dieses Aspekts findet im Rahmen dieser Arbeit keine Berücksichtigung, obgleich diese Art der Vertrauensbildung im Referenzmodell für dynamische Föderationen beachtet wird.

Im Gegensatz dazu dienen für gewöhnlich digitale Berechtigungsnachweise als Grundlage zur Vertrauensbildung, wobei dies in verschiedenen Ausprägungen erfolgen kann. Typische Beispiele sind kontextspezifische Attribute oder bestimmte Zertifizierungen, die in digitaler Form vorliegen. Des Weiteren können digitale Credentials mit Authentifizierungsverfahren kombiniert werden. Jedoch sind Authentifizierungsmechanismen klassische Maßnahmen zum Aufbau von Vertrauen in geschlossenen Systemen (vgl. Abschnitt 3.3.1.1), die sich in der Regel auf eine bestimmte Domäne beschränken. Dabei zeigt sich bereits die Inkompatibilität mit dynamischen Identitätsföderationen, welche durch offene Systeme charakterisiert werden und domänenübergreifend agieren. Daher wurde diese Art von Eingabeparametern in bisherigen Ansätzen zur Flexibilisierung von Föderationen nicht berücksichtigt (vgl. Abschnitt 5.5.3 und [BH08]), was aber dazu führen kann, dass gerade Web Services, die hohes Vertrauen erfordern, nicht in diesem Kontext genutzt werden können. Es ist schwer vorstellbar, dass sich SPs beispielsweise für Serviceanfragen von unbekannten Föderationsteilnehmern im Gesundheitssektor bezüglich Patientendaten lediglich auf Empfehlungen von Dritten zum Vertrauensaufbau verlassen.

Deshalb unterstützt das DFM grundsätzlich die Ableitung von Vertrauen aus Berechtigungsnachweisen im Zuge von Authentifizierungsverfahren. Jedoch kann dies aufgrund der soeben geschilderten Rahmenbedingungen von dynamischen Identitätsföderationen nur in Kombination mit weiteren vertrauensbildenden Maßnahmen erfolgen. Hierfür eignen sich Zertifizierungen der IdM-Prozesse, wie im kommenden Absatz skizziert wird.

Vertrauen aus Zertifizierungen

Neben der Alternative zur Bildung von Vertrauen aus Credentials wird im Folgenden eine weitere Variante vorgestellt. Wie bereits erläutert, können Zertifizierungen zur Etablierung von Vertrauensbeziehungen herangezogen werden. Im Kontext von Identitätsföderationen haben sich dazu, wie in Abschnitt 5.4.3 gezeigt, eine Reihe von *Identity Assurance Frameworks* entwickelt. Ein systematischer Vergleich anhand eines Kriterienkatalogs hat gezeigt (vgl. Abschnitt 5.4.3), dass das IAF von Kantara nach derzeitigem Stand am vielversprechendsten ist, weshalb auch das DFM dieses Framework integriert.

Grundsätzlich sind dabei zwei wesentliche Rollen zu berücksichtigen. Zum einen können Zertifizierungen nur von Kantara-akkreditierten Gutachtern ausgegeben werden. Diese Gutachter müssen sich gegen einen vordefinierten Kriterienkatalog evaluieren lassen [Kan10c, Kan12a], um selbst als Auditoren für Kantara auftreten zu können. Im Rahmen einer DFM-Föderation wird die Annahme getroffen, dass der WAYS-Service als Föderationsbetreiber und zentraler Verzeichnisdienst die Rolle eines Kantara-akkreditierten Gutachters innehat. Für Föderationsteilnehmer besteht somit die Möglichkeit, sich für derartige Zertifizierungen beim WAYS-Service zu bewerben. Jedoch ist es für Teilnehmer andererseits auch möglich, Zertifizierungen bei entsprechenden Gutachtern außerhalb der Föderation zu beantragen.

Dem WAYS-Service kommt damit eine zusätzliche Funktion zu, die jedoch die Erfüllung hoher Standards der Kantara Initiative erfordert. Diese sind nach erfolgter Akkreditierung, in einer jährlich stattfindenden Prüfung auch weiterhin nachzuweisen [Kan12a]. Dadurch wird dem WAYS-Service selbst ein hoher Grad an Vertrauenswürdigkeit verliehen, der aber nicht quantitativ erfasst werden kann. Jedoch lässt sich mit diesem Gütesiegel ein Beitrag zur Vertrauenswürdigkeit des WAYS-Service bilden.

Als zweite wesentliche Rolle in diesem Kontext sind die Föderationsteilnehmer anzuführen, welche nach dem Kantara Identity Assurance Framework zertifiziert werden können, wodurch ein bestimmtes Assurance Level erworben werden kann. Das jeweilige Assurance Level entspricht dem Grad an Vertrauen, der einer bestimmten Behauptung entgegengebracht werden kann. In Kombination mit klassischen Authentifizierungsverfahren wird dadurch im DFM eine effiziente vertrauensbildende Maßnahme zur Verfügung gestellt. Im DFM wird dabei einerseits auf das Schema von Kantara aus Tabelle 5-2 zurückgegriffen, worin bestimmte Authentifizierungsklassen den einzelnen IALs zugeordnet werden. Andererseits wird im DFM eine strukturierte Variante zur Definition sowie organisationsübergreifenden Anforderung und Übermittlung von entsprechenden Authentifizierungsverfahren benötigt. Sogenannte Authentifizierungskontextklassen von SAML [KCM⁺05] erscheinen zur Abbildung dieser Aufgabe geeignet.

Dadurch wird eine domänenübergreifende Verwendung von existierenden Authentifizierungsinfrastrukturen ermöglicht. Um eine automatisierte und vertrauenswürdige Verwendung dieser Maßnahme im DFM zu ermöglichen, müssen folgende Bedingungen erfüllt sein:

- Der IdSP hat sich im Rahmen eines Zertifizierungsprozesses nach Kantara unterzogen und wurde mit einem bestimmten Assurance Level zertifiziert.

- Der SP hat im Rahmen der Risikobewertung (vgl. Abschnitt 8.3.2) seinen angebotenen Web Services die erforderlichen vertrauensbildenden Maßnahmen zugeordnet.
- Der WAYS-Service fungiert als Kantara-akkreditierter Gutachter und kann Zertifizierungen durchführen. Des Weiteren kann der WAYS-Service erteilte Zertifizierungen bzw. Assurance Level prüfen und bestätigen.

Dabei bedarf der letzte Aspekt einer weiteren Erläuterung. Die Nachprüfung bzw. die Bestätigung von Zertifizierungen muss automatisiert erfolgen können. Zudem muss das DFM als offenes System auf einer standardisierten Nachrichtenübertragung basieren. Deshalb verwendet das DFM den SAML Standard zur Übertragung von Nachrichten und definiert einen Standard-Web Service für SPs zur Prüfung von Assurance Level beim WAYS-Service. Dieser Web Service implementiert ein Request-Response-Protokoll in XML, welches zur Abfrage von behaupteten IALs verwendet werden kann (vgl. Abschnitt 8.5.2).

Durch die Kombination von Authentifizierungsmaßnahmen und Assurance Level wird eine effiziente Variante der Vertrauensbildung im DFM bereitgestellt. Grundsätzlich können auf eine Domäne limitierte Authentifizierungen domänenübergreifend verwendet werden und sind durch den beim WAYS-Service angesiedelten Web Service nachprüfbar. Assurance Level von Teilnehmern des DFM können einerseits durch den WAYS-Service erteilt werden, andererseits auch durch entsprechend akkreditierte Gutachter außerhalb einer DFM-Föderation. Aufgrund der Standardisierung des Kantara Zertifizierungsprozesses und der damit verbundenen Assurance Level können auch letztere im Rahmen des DFM verwendet werden.

Neben Kantara-Zertifizierungen können die Entitäten einer Föderation noch weitere Gütesiegel aufweisen bzw. erwerben. Jedoch ist aufgrund der Vielzahl an existierenden Gütesiegeln und der teils intransparenten Richtlinien eine objektive Beurteilung hinsichtlich des Beitrags zur Vertrauensbildung in Identitätsföderationen nur in sehr begrenztem Maße möglich. Außerdem ist in diesen Zusammenhang zu beachten, dass im Rahmen der empirischen Studie (vgl. Abschnitt 2.3) deutlich wurde, dass Zertifizierungen generell als – teilweise wegen nicht einsehbarer Kriterien – wenig aussagekräftig eingestuft werden und daher gegebenenfalls auch den gegenteiligen Effekt zu Vertrauen bewirken können. Daher werden keine weiteren Zertifizierungen im Rahmen dieser Arbeit berücksichtigt.

Vertrauen aus direkten Erfahrungen und Empfehlungen

Die bisher angeführten vertrauensbildenden Maßnahmen dienen in erster Linie der Nachprüfung der Identität sowie der damit einhergehenden Attribute. Jedoch erlauben diese keinerlei Rückschlüsse auf das Verhalten der einzelnen Entitäten. Das DFM verfolgt aber eine hybride Ausrichtung und integriert neben den Varianten zur Etablierung von Vertrauen in die jeweilige Identität, auch vertrauensbildende Maßnahmen aus der Klasse des Verhaltensvertrauens. Dadurch werden insbesondere Kooperationen mit vorher unbekannten Teilnehmern begünstigt sowie auch generell das Verhalten von Föderationsteilnehmern bestimmbar.

Wie bereits in Abschnitt 6.1.2 erläutert, sind direkte Erfahrungen die entscheidende und einflussreichste Maßnahme aus der Klasse Verhaltensvertrauen. Dabei werden für den Vertrauensaufbau mit potentiellen Transaktionspartnern, Bewertungen aus vergangenen Transaktionen mit jenen verwendet. Eine Verwendung dieser Maßnahme im DFM, erfordert jedoch die Definition eines einheitlichen Schemas, welches als Grundlage für die Bewertungsabgabe, Wiederverwendung zur Vertrauensbildung und zur Prüfung von behaupteten Bewertungen fungiert.

Daher müssen geeignete Indikatoren definiert werden, die zur Unterstützung einer objektiven Vertrauensbildung beitragen können. In diesem Zusammenhang werden sogenannte Key Performance Indicators (KPI) eingesetzt. *Key Performance Indicators* (KPI) (dt. Leistungskennzahlen) sind Kennzahlen mittels derer Fortschritt, Performanz oder Erfüllungsgrad hinsichtlich von Zielsetzungen oder kritischen Erfolgsfaktoren von Organisationen gemessen werden können (z.B. [WKL08, Par10]). Im Zusammenhang mit Web Services finden KPIs in Form von Quality of Service (QoS) (z.B. Ausführungszeit, Kosten, Verfügbarkeit, etc.) Verwendung. QoS spiegeln Qualitätsaspekte von Web Services wider [LJL+03], können somit als Metadaten eines Web Service interpretiert werden und werden häufig im Rahmen von Service Level Agreements definiert. QoS können in objektiv und subjektiv unterteilt werden [APC11]. Erstere können quantifiziert werden, wobei dies bei letzteren nicht möglich ist, sondern ein qualitativer Ansatz verfolgt wird (siehe Abbildung 7-3).

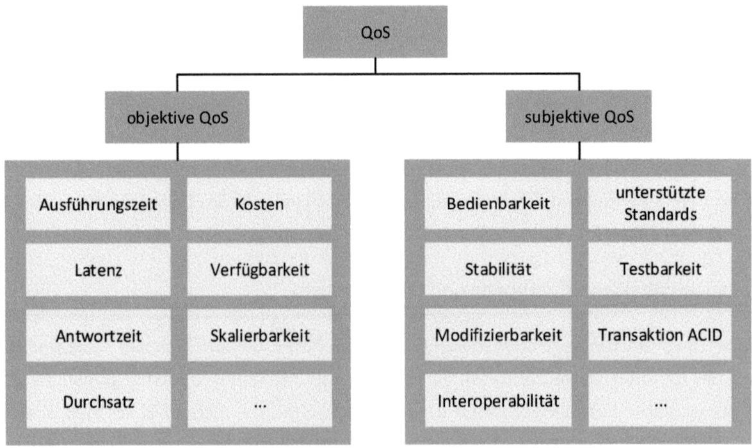

Abbildung 7-3: Klassifizierung von QoS (in Anlehnung an [APC11])

Für das DFM müssen geeignete QoS-Kriterien identifiziert und definiert werden. Bei ebay können beispielsweise die Kommunikation oder die Versandzeit bewertet werden (vgl. Abbildung 5-12). Im DFM ist dafür der WAYS-Service verantwortlich, der QoS-Kriterien föderationsweit als Standard festlegt und im Rahmen der Tabelle *Rating-Transaction-Protocol* an die Föderationsteilnehmer ausgibt. Dadurch wird gewährleistet, dass alle DFM-Teilnehmer das gleiche Schema verwenden und dieses in die (automatisierte) Vertrauensbildung einfließen kann. Tabelle 7-3 zeigt den Aufbau einer RTP beispielhaft auf. Neben einer fortlaufenden ID, werden verschiedene QoS-Kriterien hinterlegt und mit Bewertungen versehen.

Rating-ID	QoS #1	QoS #2	...	QoS #n
1	0.7	0.5	...	0.3
2	0.4	0.1	...	0.9
3	0.8	0	...	1
...	...	...	...	...
m	0.6	0.9	...	0.8

Tabelle 7-3: Beispielhafte Struktur eines RTP im DFM

Mit Hilfe dieser Tabelle können somit direkte Erfahrungen aus Transaktionen strukturiert abgespeichert und zur Ableitung von Vertrauen verwendet werden. Daneben kann das Rating-Transaction-Protocol aber auch zur Vertrauensbildung mit Hilfe von Empfehlungen eingesetzt werden. Aufgrund des standardisierten Aufbaus der einzelnen Bewertungen können diese bei anderen Föderationsteilnehmern angefordert und mit Hilfe eines individuellen bzw. eines Standard-Algorithmus im DFM ausgewertet werden. Dabei ist unter anderem festzulegen, wie diese Bewertungen gefunden werden können und wie deren Glaubwürdigkeit festgestellt werden kann. Weitere Details sowie das zugehörige Request-Response-Protokoll werden im nächsten Kapitel in den einzelnen Phasen bzw. Aktivitäten erläutert. Tabelle 7-4 fasst die im DFM verwendeten vertrauensbildenden Maßnahmen zusammen.

Kontextbasierte Attribute
Physische Berechtigungsnachweise (Primär, Sekundär, Tertiär)
Identity Assurance Level mit zugehörigen Authentifizierungsmaßnahmen (1-4)
Direkte Erfahrungen
Empfehlungen

Tabelle 7-4: Katalog an vertrauensbildenden Maßnahmen im DFM

Dabei werden einerseits Maßnahmen aus der Klasse des Identitätsvertrauens wie kontextbasierte Attribute, physische Berechtigungsnachweise und Identity Assurance Level mit zugehörigen Authentifizierungsverfahren verwendet. Andererseits kommen direkte Erfahrungen und Empfehlungen aus der Kategorie des Verhaltensvertrauens zum Einsatz.

7.3.2 Wertigkeit vertrauensbildender Maßnahmen

Die automatisierte Bestimmung der Vertrauenswürdigkeit einer Organisation erfordert, dass vertrauensbildende Maßnahmen formal in einer Abhängigkeit darstellbar sind. Dadurch kann Vertrauen für einen bestimmten Kontext bewertet werden, was beispielsweise als Grundlage für Zugriffskontrollentscheidungen im Rahmen einer Serviceanfrage für einen Web Service verwendet werden kann.

Die im vorherigen Abschnitt erläuterten vertrauensbildenden Maßnahmen haben hinsichtlich ihrer Wirkung auf die Vertrauensbildung im DFM unterschiedliche Wertigkeiten. Oberflächlich betrachtet, ist die Bewertung eines unbekannten Dritten bezüglich eines potentiellen Transaktionspartners möglicherweise weniger wert als eine eigene Einschätzung anhand von vordefinierten Kriterien. Eine objektive Beurteilung erfordert jedoch eine entsprechend fundierte Grundlage. Zur Bestimmung der Wertigkeit von vertrauensbildenden Maßnahmen existieren verschiedene Arbeiten (z.B. [OGo03, SS05, Kan10a, NIST11]). Diese beschränken sich aber entweder auf die Klasse des Identitäts- oder des Verhaltensvertrauens.

Eine Publikation, die Maßnahmen beider Bereiche integriert betrachtet und ein Modell zur Beurteilung der Wertigkeit von vertrauensbildenden Maßnahmen ableitet, ist – nach bestem Wissen des Autors – nicht bekannt. Es ist jedoch nicht Zielsetzung dieser Arbeit ein derartiges Modell zu entwickeln, sondern lediglich die bestehenden Erkenntnisse der genannten Publikationen anzuwenden und gegebenenfalls durch ein Gedankenexperiment zu erweitern. Das Vertrauensmodell des DFM kann dadurch wie folgt profitieren:

- **Gewichtungsfaktor:** Die Vertrauensbeziehungen (Kanten) zwischen den einzelnen Entitäten (Knoten) einer Föderation sind mit bestimmten vertrauensbildenden Maßnahmen versehen. Durch die Einführung einer Wertigkeit der VM wird gleichzeitig eine Gewichtung der Kanten ermöglicht. Zusätzlich können bereits erbrachte vertrauensbildende Maßnahmen, die mit einer spezifischen Wertigkeit versehen sind, zur Gewichtung von anderen VMs, z.B. Empfehlungen von unbekannten Dritten, verwendet werden.
- **Substitution:** Einzelne VMs können durch andere ersetzt werden. Beispielsweise kann eine bereits nachgewiesene und noch gültige höherwertige VM in einem bestimmten Kontext, eine weitere angeforderte, jedoch gleich- bzw. niederwertige VM im Rahmen einer anderen Serviceanfrage substituieren.
- **Vergleichbarkeit:** Prinzipiell wird für jede betrachtete Relation im DFM in Abhängigkeit der jeweiligen Anforderungen der einzelnen Beteiligten individuell definiert, welche VMs für eine Vertrauensbeziehung erforderlich sind. Ein Modell zur Beurteilung der Wertigkeit erlaubt eine weitgehend objektive Vergleichbarkeit von vertrauensbildenden Maßnahmen, die im Rahmen der Festlegung von VMs Verwendung finden kann.

- **Wiederverwendung:** Auch nach Ablauf von Sessions können durch ein derartiges Modell bereits nachgewiesene VMs wiederverwendet werden. Durch eine entsprechende Dokumentierung, die auch eine möglichst objektive Nachprüfung erlaubt, können solche Maßnahmen erneut zur Vertrauensbildung eingesetzt werden.

Aufgrund der genannten Gründe wird ersichtlich, dass die Einführung einer Wertigkeit für vertrauensbildende Maßnahmen mit signifikantem Nutzen für das DFM verbunden ist. Im Folgenden wird daher auf Basis der oben genannten Arbeiten ein Vorschlag zur Bewertung von VMs abgeleitet.

Grundsätzlich ist jedoch in diesem Zusammenhang anzuführen, dass diese Ordnung nur als eine mögliche Ausprägung zu interpretieren ist. Neue Erkenntnisse bzw. abweichende Anforderungen lassen Anpassungen dieses Vorschlags offen. Im DFM obliegt es ohnehin dem Betreiber einer Föderation, die Wertigkeit von vertrauensbildenden Maßnahmen zu definieren und entsprechend an die Teilnehmer zu kommunizieren.

Formalisierung

Um eine maschinelle Interpretation der Wertigkeit von vertrauensbildenden Maßnahmen im DFM zu ermöglichen, ist es zusätzlich erforderlich, einen zugehörigen Formalismus bereitzustellen.

Die oben angedeutete Substitutionseigenschaft des DFM erlaubt, vertrauensbildende Maßnahmen gegeneinander auszutauschen, solange diese als mindestens gleichwertig eingestuft werden. Dies spielt insofern eine zentrale Rolle, als angenommen werden kann, dass nicht jede VM von allen teilnehmenden Entitäten im DFM unterstützt wird. Gerade neue Teilnehmer einer Föderation können nicht bzw. nur in unzureichendem Maße auf direkte Erfahrungen oder Empfehlungen von Dritten zurückgreifen, da noch nicht ausreichend Transaktionen durchführt wurden. Das DFM stellt damit einen entsprechenden Mechanismus zur Bewältigung des Bootstrapping-Problems bereit.

Ebenso werden durch die Einführung einer Wertigkeit die verwendeten vertrauensbildenden Maßnahmen gegeneinander vergleichbar. Dies spielt im Rahmen der Definition von erforderlichen VMs für die einzelnen Kanten einer DFM-Föderation eine entscheidende Rolle. Insbesondere für SPs, die im Kontext der Risikoanalyse notwendige VMs für die Erteilung von notwendigen Zugriffsberechtigungen auf ihre angebotenen Web Services festlegen, ist dies von Vorteil. Sicherheitskritischere Web Services können mit höherwertigen VMs belegt werden, während den unkritischeren Anwendungen die eher niederwertigen Maßnahmen zugeordnet werden. Den Föderationsteilnehmern wird mit der Einführung einer Wertigkeit durch den WAYS-Service somit ein Werkzeug zur Definition von erforderlichen vertrauensbildenden Maßnahmen bereitgestellt.

Allgemein betrachtet wird durch diesen Mechanismus einerseits dem Aspekt der Sicherheit Rechnung getragen, andererseits wird auch die notwendige Flexibilität als ein zentrales Charakteristikum von dynamischen Föderationen gewährleistet. Eine Formalisierung der Wertigkeit von vertrauensbildenden Maßnahmen kann mittels einer Kodierung durch Zahlen erfolgen. In diesem Zusammenhang wird im DFM das sogenannte Dualsystem (auch Binärsystem genannt) [RP06] als Grundlage verwendet. Im Dualsystem werden Zahlen durch Verwendung der Ziffern *1* und *0* dargestellt.

Abbildung 7-4 visualisiert den eingesetzten Formalismus zur Beschreibung der Wertigkeit von vertrauensbildenden Maßnahmen im DFM.

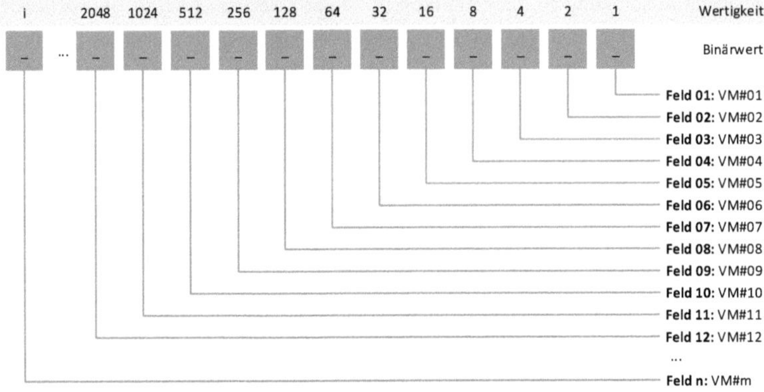

Abbildung 7-4: Formalismus für vertrauensbildende Maßnahmen

Während *Feld 01* die vertrauensbildende Maßnahme mit der geringsten Wertigkeit zugeordnet ist, wird mit *Feld 12* die hochwertigste Variante in diesem Schema repräsentiert, wobei eine gegebenenfalls notwendige Erweiterung des Schemas mit *Feld n* skizziert wird. Den einzelnen Feldern können die Binärwerte *1* bzw. *0* zugewiesen werden, wobei die Ziffer *1* mit einer Aktivierung des jeweiligen Feldes einhergeht und dadurch der entsprechend darüber angeordneten Wertigkeit zugeordnet wird.

Die Verwendung von Binärwerten gewährleistet eine einheitliche und insbesondere eine maschinelle Interpretation der kodierten vertrauensbildenden Maßnahmen in dynamischen Föderationen. Nachfolgend wird beispielhaft die Bedeutung von verschiedenen Binärwerten in Tabelle 7-5 erläutert.

Aktivierte VMs werden mit dem Binärwert 1 dargestellt, wobei die Summe der aktivierten Bits die jeweilige Wertigkeit ergibt. Durch Aktivierung mehrerer VMs lassen sich einzelne Maßnahmen kombinieren. Wie aus Tabelle 7-5 ersichtlich, ergibt beispielsweise der Binärwert 0000 0001 0100 die Wertigkeit von 20 (16 + 4).

Binärwert	Wertigkeit	Vertrauensbildende Maßnahme(n)
0000 0000 0010	2	VM#02
0000 0001 0100	20	VM#03 + VM#05
0000 0010 0010	34	VM#02 + VM#06
0000 1001 0001	145	VM#01 + VM#05 + VM#08
0010 0101 0000	592	VM#05 + VM#07 + VM#10

Tabelle 7-5: Beispielhafte Binärwerte

Die Zuordnung der Wertigkeit zu vertrauensbildenden Maßnahmen, ermöglicht es Teilnehmern, die VM#03 und VM#05 nicht nachweisen können, trotzdem die jeweilige Vertrauensbeziehung aufzubauen. Dies kann beispielsweise durch den Beleg einer höherwertigen Maßnahme durch Kombination von VM#02 und VM#06 erfolgen, da beide zusammen eine Wertigkeit von 34 (32 + 2) ergeben.

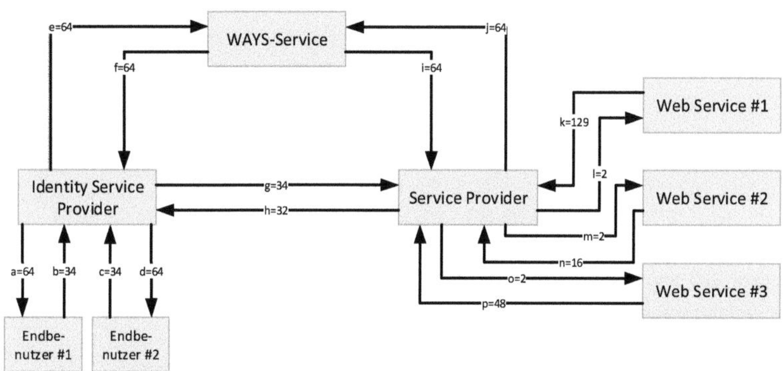

Abbildung 7-5: Wertigkeit der Vertrauensbeziehungen

In Abbildung 7-5 werden Vertrauensbeziehungen - dargestellt als Pfeile - mit beispielhaften Wertigkeiten belegt, welche sich aus den jeweils erforderlichen vertrauensbildenden Maßnahmen ergeben. Zusätzlich sind die Kanten zur besseren Verständlichkeit mit den Buchstaben von a bis p gekennzeichnet. Der Aufbau einer Vertrauensbeziehung von der Entität *Identity Service Provider* zu *Service Provider* ist mit 34 (g) festgelegt, was einem Binärwert von 0000 010 0010 entspricht und somit den Nachweisen von VM#02 und VM#06 oder eines höherwertigen Mechanismus notwendig macht. In der Abbildung zeigt sich ebenso, dass die Kanten zwischen zwei Entitäten je nach Vertrauensrichtung auch unterschiedliche Ausprägungen aufweisen können. Letztendlich werden mit den Wertigkeiten der Kanten, Gewichtungen von Vertrauensbeziehungen ausgedrückt. Je höher das Gewicht, desto höherwertiger sind die erforderlichen vertrauensbildenden Maßnahmen. Weiterhin zu berücksichtigen ist die Flussrichtung der Vertrauensbeziehung. Beispielsweise skizziert die Kante h die Wertigkeit zur Vertrauensbildung von Service Provider zu Identity Service Provider. Umgekehrt veranschaulicht Kante g eine Beziehung von IdSP zu SP.

Bitweise Operatoren

Vertrauensbeziehungen über mehrere Entitäten hinweg können ebenfalls mittels dieses Schemas abgebildet werden. Dabei kommen sogenannte Bit-Operationen zum Einsatz. Angenommen *Endbenutzer #2* möchte *Web Service #1* nutzen. Dazu müssen die Gewichtungen der einzelnen Kanten miteinander verknüpft werden, was im DFM durch ein bitweises ODER umgesetzt wird. Durch die Verwendung der Operation *bitweises ODER* werden alle mit den jeweils tangierten Vertrauensbeziehungen verbundenen vertrauensbildenden Maßnahmen berücksichtigt, was beispielsweise im Falle einer XOR Verknüpfung nicht der Fall wäre, da sich dabei zwei gleichwertige VM gegenseitig aufheben würden. Im genannten Beispiel wird angenommen, dass sich Endbenutzer #2 bereits für die Nutzung von Web Service #1 entschieden hat und somit die Kanten c, g und l mit deren vertrauensbildenden Maßnahmen bereits befriedigt wurden. Somit muss eine Operation auf die Kanten *d, h* und *k* durchgeführt werden.

$$\begin{aligned} d &= 64 &= 0000\,0100\,0000 \\ h &= 32 &= 0000\,0010\,0000 \\ k &= 129 &= 0000\,1000\,0001 \\ \\ & \ 225 &= 0000\,1110\,0001 \end{aligned}$$

Die Operation bitweises ODER angewendet auf die Kanten d, h und k, ergibt insgesamt die Wertigkeit 225 und damit verbunden VM#01, VM#06, VM#07 und VM#08, die zum Aufbau dieser Vertrauensbeziehungen nachgewiesen werden müssen.

	IdSP	WAYS	SP	EB#1	EB#2	WS#1	WS#2	WS#3
IdSP	X	64	34	64	64	36	36	36
WAYS	64	X	64	128	128	66	66	66
SP	32	64	X	96	96	2	2	2
EB#1	34	98	68	X	X	70	70	70
EB#2	34	98	68	X	X	70	70	70
WS#1	161	193	129	225	225	X	X	X
WS#2	48	80	16	112	112	X	X	X
WS#3	80	112	48	144	144	X	X	X

Tabelle 7-6: Verknüpfte Wertigkeiten der Vertrauensbeziehungen

In Tabelle 7-6 werden die beispielhaften Wertigkeiten aus Abbildung 7-5 zusammengefasst, wobei die Tabelle von links nach rechts zu lesen ist und die Operation *bitweises ODER* auf alle Vertrauensbeziehungen angewendet wurde. Während eine Vertrauensbeziehung des SP zu EB#2 mit einer Wertigkeit von 96 hinterlegt ist, sind für die Nutzung von WS#3 durch EB#1, vertrauensbildende Maßnahme mit einer Wertigkeit von mindestens 144 erforderlich. Vertrauensbeziehungen zwischen einzelnen Endbenutzern sowie Web Services sind im DFM nicht notwendig und werden daher nicht berücksichtigt.

Rahmenbedingungen

Insgesamt können im oben dargestellten Schema mit zwölf Feldern theoretisch bis zu 12^2 mögliche Kombinationen an vertrauensbildenden Maßnahmen abgebildet werden. Dabei sind jedoch einige Rahmenbedingungen zu beachten:

- **Kombinationsausschluss:** Die Kombination von bestimmten Maßnahmen kann als nicht sinnvoll angesehen werden. Als Beispiel ist die Verknüpfung verschiedener Assurance Level im Rahmen der Vertrauensbildung nicht zielführend. Derartige Kombinationen müssen vom WAYS-Service föderationsweit per se ausgeschlossen werden.
- **Pflichtfelder:** Einzelne VMs können nicht durch andere ersetzt werden, d.h. eine Transaktion kann beispielsweise nur in einem bestimmten Zeitfenster ausgeführt werden, was als kontextspezifisches Attribut abgebildet werden kann. Eine solche VM darf nicht durch eine andere substituiert werden, was zumindest zum Teil das Substitutionsprinzip dieses Schemas aufweicht. Diese Option wird durch die Einführung von Zuständen der Binärwerte, mit den möglichen Ausprägungen *0* oder *1* ermöglicht (vgl. Abbildung 7-6). Dabei werden Pflichtfelder durch den Zustand *1* definiert, wobei Felder ohne Zustand beliebig ersetzt werden können.
- **Negation:** Auf der anderen Seite wird ebenfalls berücksichtigt, dass die Schaffung einzelner Vertrauensbeziehungen bestimmte VMs gänzlich ausschließt. In sehr sicherheitskritischen Transaktionen dürfen zum Beispiel keine Empfehlungen von Dritten als Grundlage und damit auch nicht zur Substitution von anderen Maßnahmen verwendet werden. Dies wird durch den Zustand *0* skizziert (vgl. Abbildung 7-6).

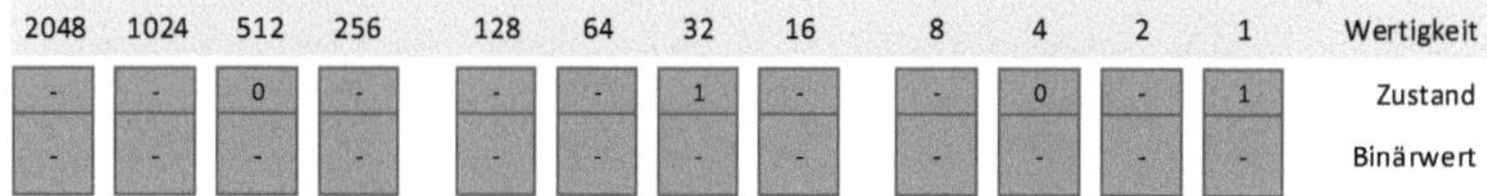

Abbildung 7-6: Zustände von vertrauensbildenden Maßnahmen

Mit einem Binärwert wird generell ein bestimmtes Vertrauensniveau definiert, das mit entsprechenden vertrauensbildenden Maßnahmen verknüpft ist. Eine detaillierte Spezifikation der einzelnen vertrauensbildenden Maßnahmen ist an dieser Stelle nicht erforderlich. Stattdessen wird dies im Rahmen von zugeordneten Richtlinien festgelegt, die mittels XACML umgesetzt werden (vgl. Abschnitt 4.2.2.2). Anhand dieses Schemas zeigt sich, dass vertrauensbildende Maßnahmen durch die Zuordnung eines Binärwertes und der damit einhergehenden Wertigkeit, quantifiziert werden können. Letztendlich ist mit dieser Systematik die Grundlage geschaffen, verschiedene Maßnahmen flexibel in einer dynamischen Föderation zu verwenden, um das jeweils erforderliche Vertrauen sicherstellen.

Aktualisierung VM-Katalog

Des Weiteren ergibt sich durch Einführung dieses Schemas eine zusätzliche vertrauensbildende Maßnahme. Jede Transaktion im DFM ist mit einer bestimmten Wertigkeit verknüpft, die entweder exakt durch die angeforderten VMs oder durch gleich- bzw. höherwertige nachgewiesen werden muss (=Substitution). Das DFM ist so konzeptioniert, dass bereits erbrachte Nachweise der jeweils notwendigen Wertigkeit, dezentral bei den Teilnehmern dokumentiert und für zukünftige Transaktionen wiederverwendet werden können. Die Dokumentation erfolgt in nachprüfbarer Form, wodurch bereits einmal nachgewiesene VMs für zukünftige Vertrauensbildungen verwendet werden können. Eine detaillierte Erläuterung zum Ablauf dieser Maßnahme wird im folgenden Kapitel in Abschnitt 8.5.2.1 bereitgestellt. Aufgrund dessen erfolgt an dieser Stelle eine Aktualisierung des Katalogs mit der vertrauensbildenden Maßnahme *Witness Trust* im DFM (Tabelle 7-7).

Kontextbasierte Attribute
Physische Berechtigungsnachweise (Primär, Sekundär, Tertiär)
Identity Assurance Level mit zugehörigen Authentifizierungsmaßnahmen (1-4)
Direkte Erfahrungen
Empfehlungen
Witness Trust

Tabelle 7-7: Aktualisierter VM-Katalog im DFM

Dabei kann *Witness Trust* als hybride Maßnahme aus der Klasse Identitäts- und Verhaltensvertrauen interpretiert werden, da Mechanismen aus beiden Kategorien enthalten sein können.

7.3.3 Richtlinien

Das DFM fokussiert einen dynamischen Aufbau von Vertrauensbeziehungen, was unter anderem maschinenlesbare Angaben erforderlich macht. Daher kommen im DFM sogenannte Richtlinien (engl. Policies) zum Einsatz, in denen die einzelnen Entitäten festlegen, welche vertrauensbildenden Maßnahmen zum Aufbau der jeweiligen Vertrauensbeziehung notwendig sind. Um Maschinenlesbarkeit zu gewährleisten, müssen diese Richtlinien einem standardisierten Format folgen. In Abschnitt 4.2.2.2 wurden bereits Standards für föderiertes Identitätsmanagement aufgezeigt. Dabei hat sich gezeigt, dass gerade XACML ein weitverbreiteter Standard ist. Daher wird im DFM zur Formulierung von Richtlinien auf die XML-Sprache XACML zurückgegriffen.

In Tabelle 7-8 werden die Vertrauensbeziehungen aus Abbildung 7-5 wieder aufgegriffen und wiederum ist die Tabelle von links nach rechts zu interpretieren. Dabei wird deutlich für welche Relationen die Verwendung von Richtlinien im DFM zweckmäßig ist.

	IdSP	WAYS	SP	EB#1	EB#2	WS#1	WS#2	WS#3
IdSP	X	M	SA, AF	M	M	SA	SA	SA
WAYS	M	X	M	X	X	X	X	X
SP	SZ	M	X	SZ	SZ	X	X	X
EB#1	X	X	SA, AF	X	X	SA	SA	SA
EB#2	X	X	SA, AF	X	X	SA	SA	SA
WS#1	SZ	X	X	SZ	SZ	X	X	X
WS#2	SZ	X	X	SZ	SZ	X	X	X
WS#3	SZ	X	X	SZ	SZ	X	X	X

M = Mitgliedschaft SA = Serviceauswahl AF = Attributfreigabe SZ = Servicezugriff

Tabelle 7-8: Richtlinien im DFM

Dazu wird zwischen vier Kategorien von Richtlinien unterschieden, namentlich **Mitgliedschaft**, **Serviceauswahl**, **Attributfreigabe** und **Servicezugriff**. Mit diesen Richtlinien können die erforderlichen vertrauensbildenden Maßnahmen zum Aufbau der jeweiligen Vertrauensbeziehung maschinenlesbar dokumentiert und zur automatisierten Abwicklung verwendet werden. Ein WAYS legt beispielsweise eine Richtlinie für die Mitgliedschaft von IdSP und SP in einer DFM-Föderation fest, worin z.B. definiert wird, dass nur Teilnehmer mit gültigem Eintrag im Handelsregister aufgenommen werden. IdSP und auch deren Endbenutzer bestimmen, nach welchen Kriterien Service Provider bzw. Web Services zum Erbringen spezifischer Dienstleistungen ausgewählt werden (Richtlinie *Serviceauswahl*). Hierbei können exemplarisch die direkten Erfahrungen zu SP bzw. Web Services herangezogen werden. Des Weiteren legen IdSP bzw. EB anhand sogenannter Attributfreigabe-Richtlinien fest, welche Attribute eines Individuums oder eines Software-Agenten an externe Entitäten übermittelt werden. Service Provider regeln mit Hilfe von Zugriffsrichtlinien (Richtlinie *Servicezugriff*), welche vertrauensbildenden Maßnahmen erforderlich sind, um auf die einzelnen Web Services zugreifen zu können.

Eine maschinenlesbare Abwicklung macht an dieser Stelle eine Standardisierung der vertrauensbildenden Maßnahmen erforderlich. Das DFM stellt dafür eine Zuordnung der einzelnen Felder aus dem Wertigkeitsschema dieses Vertrauensmodels (vgl. Abbildung 7-4) und dem Katalog an vertrauensbildenden Maßnahmen (vgl. Tabelle 7-7) zur Verfügung.

Die Definition welchem Feld welche Maßnahme zugeordnet wird, obliegt jedoch dem Betreiber der Föderation (WAYS-Service). Tabelle 7-9 zeigt das beispielhafte Format eines Mappings, welches an die Teilnehmer einer Föderation kommuniziert werden muss.

Nicht eingegangen wird an dieser Stelle auf weitere Vertrauensbeziehungen, wie z.B. auf die Einbindung von weiteren SPs, von denen bereits an einer DFM-Föderation teilnehmende SP, Web Services einkaufen und diese innerhalb der Föderation anbieten. Jedoch könnte diese Art von Beziehung ebenfalls mit den bestehenden Typen an Richtlinien abgebildet werden.

Feld	VM #*	Maßnahme aus VM-Katalog
1	VM #1	...
2	VM #2	...
3	VM #3	...
...	...	...
i	VM #i	...

Tabelle 7-9: Beispielhafte Zuordnung von Wertigkeitsfeldern zu VMs

Integration von Core RBAC

Des Weiteren ist ein Schema zur Umsetzung der eingeführten Richtlinien im DFM erforderlich. Zur Vermeidung von Nachteilen, die mit klassischen Zugriffskontrolllisten (vgl. MAC, DAC in Abschnitt 3.3.1.2) verbunden sind, wird das Core RBAC-Modell (vgl. Abschnitt 3.3.1.2.4) in das DFM integriert. RBAC gewährleistet eine strukturierte und übersichtliche Verwaltung von Rollen und zugehörigen Berechtigungen. Zudem wird sichergestellt, dass eine Identität nur die Zugriffsrechte erhält, die für die Ausführung einer Transaktion in einem Web Service tatsächlich benötigt werden. Diese Angaben beziehen sich bisher in erster Linie auf *Servicezugriffs-Richtlinien*. Zusätzlich können auch die Richtlinientypen Mitgliedschaft, Serviceauswahl sowie Attribut-Freigabe mittels RBAC abgebildet werden. Für die Umsetzung sei dazu einstweilen auf Kapitel 8 verwiesen.

Durch die Implementierung von RBAC reduziert sich bei den Teilnehmern der Administrations- und Wartungsaufwand, da bei Änderungen nur die Rollen hinsichtlich der zugeordneten Berechtigungen angepasst werden müssen. Abbildung 7-7 veranschaulicht die Integration von Core RBAC in das DFM.

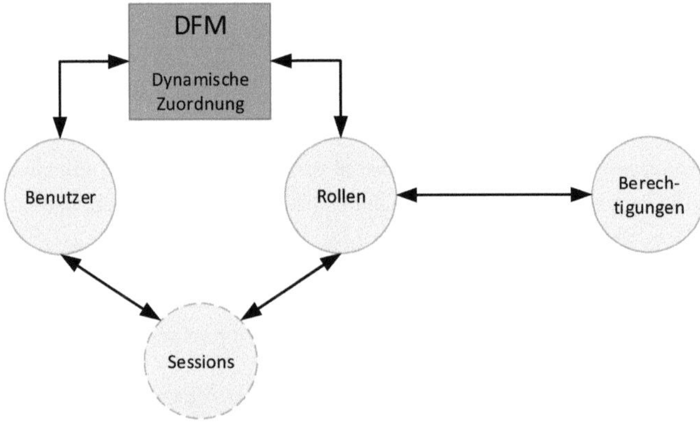

Abbildung 7-7: Integration von Core RBAC in das DFM

Im Zuge der Integration von Core RBAC wird die bislang statische Zuordnung von Benutzern (vgl. Abbildung 3-1) durch das *Dynamische Föderationsmodell, DFM* ersetzt. Damit wird sichergestellt, dass ein Benutzer nur dann die benötigte Rolle dynamisch erhält, wenn die mit der Rolle verbundenen und erforderlichen vertrauensbildenden Maßnahmen erfolgreich beim SP nachgewiesen wurden (Dynamische Zuordnung).

Um Core RBAC zusammen mit dem DFM zu verwenden, müssen im Vorfeld Berechtigungen innerhalb eines Web Services definiert werden. Eine Berechtigung besteht aus dem Objekt, welches berechtigt werden soll und der damit entsprechend verbundenen Operation. In Tabelle 7-10 ist die Definition von Berechtigungen beispielhaft für einen Onlineshop abgebildet. In der Tabelle sind die einzelnen Berechtigungen für den Web Service zu sehen. In Spalte 2 sind die verschiedenen Funktionen bzw. Transaktionen abgebildet, Spalte 3 speichert die dazugehörige Operation. Zusammen ergeben die beiden Spalten einzelne Berechtigungen, die für die Steuerung des Web Service *WS1* nötig sind. Für eine bessere Strukturierung werden die einzelnen Berechtigungen zu einer Gruppe von Berechtigungen zusammengefasst.

Gruppenberechtigung	**Berechtigung**	
	Funktion (Objekt)	**Recht (Operation)**
WS1-Permission-Public	Get_ProductOverview()	READ
	Get_ProductDetails()	READ
	Insert_ShoppingChart()	WRITE
	...	...
WS1-Permission-Member	Send_ProductRating()	WRITE
	Buy_Products()	EXECUTE
	...	...
WS1-Permission-Member-Adult	BuyProducts_Age18()	EXECUTE
WS1-Permission-Administrator	Manage_Products()	READ, MODIFY, DELETE
	Manage_Advertisements()	READ, MODIFY, DELETE
...	...	...

Tabelle 7-10: Definition von Berechtigungen für Web Service WS1

In der ersten Spalte ist die Bezeichnung der Gruppenberechtigung hinterlegt. Des Weiteren zeigt die Tabelle exemplarisch vier verschiedene Gruppenberechtigungen. Eine ausführliche Beschreibung zur Rollendefinition ist nicht Teil dieser Arbeit, daher sei an dieser Stelle auf entsprechende Literatur (z.B. [Fuc10]) verwiesen.

Kapitel 8

8 DFM-Prozessmodell

Das im vorherigen Abschnitt eingeführte Referenzmodell mit seinen Charakteristika und einzelnen Elementen, fungiert als Grundlage für das DFM-Prozessmodell, welches den Kern dieser Arbeit repräsentiert. Das Modell gliedert sich in sechs Phasen, welche wieder in verschiedene Aktivitäten und Subaktivitäten unterteilt werden. Dabei werden unterschiedliche Entitäten eingebunden. Am Ende jeder Phase wird eine Zusammenfassung der wesentlichen Elemente in strukturierter Form durch die Beschreibung der Zielsetzung, den beteiligten Rollen, der involvierten Subaktivitäten und der betroffenen Vertrauensbeziehungen bereitgestellt.

8.1 Präliminarien

Der Betrieb flexibler und dynamischer Föderationen ist mit einigen wenigen Randbedingungen verbunden. Bevor die einzelnen Phasen des DFM-Prozessmodells im nächsten Abschnitt im Detail entwickelt werden, befasst sich dieser Teil der Arbeit mit einer grobgranularen Übersicht des Prozessmodells sowie formalen Grundlagen und Voraussetzungen des DFM.

8.1.1 Prozessübersicht

Wie bereits angedeutet, setzt sich das DFM im Wesentlichen aus sechs Phasen zusammen (vgl. Abbildung 8-1). Dabei ist zu beachten, dass aus Gründen der besseren Lesbarkeit lediglich ein sequentieller Ablauf skizziert wird. Eventuelle Rücksprünge oder Schleifen werden nicht berücksichtigt. Im Folgenden werden die Inhalte der einzelnen Phasen kurz erläutert.

Phase 1 – Föderationsbasis: In der ersten Phase des DFM werden grundlegende Vertrauensbeziehungen als Voraussetzung für eine DFM-Föderation etabliert. Dazu ist es erforderlich, dass Endbenutzer einen Identity Service Provider auswählen sowie eine entsprechende Überprüfung des EB durch den IdSP erfolgt. Ebenfalls beschäftigt sich diese Phase mit dem Beitritt von IdSP und SP zu Föderationen. Dazu sind bilaterale Vertrauensrelationen zwischen WAYS-Service und IdSP bzw. SP notwendig.

Phase 2 – Konfiguration: Im Zuge dieser Phase sind einige vorbereitende Maßnahmen zu ergreifen, um an dynamischen Föderationen teilnehmen zu können. Dabei muss unter anderem die DFM-Software bei IdSP und SP implementiert, IdMS müssen integriert und entsprechende Richtlinien müssen definiert werden. Des Weiteren ist es erforderlich, Ressourcen und Dienstleistungen, die im Kontext von DFM-Föderationen angeboten werden sollen, beim

WAYS-Service zu registrieren. Dazu sind einerseits eine Risikobewertung und andererseits die Definition von Servicezugriffsrichtlinien notwendig.

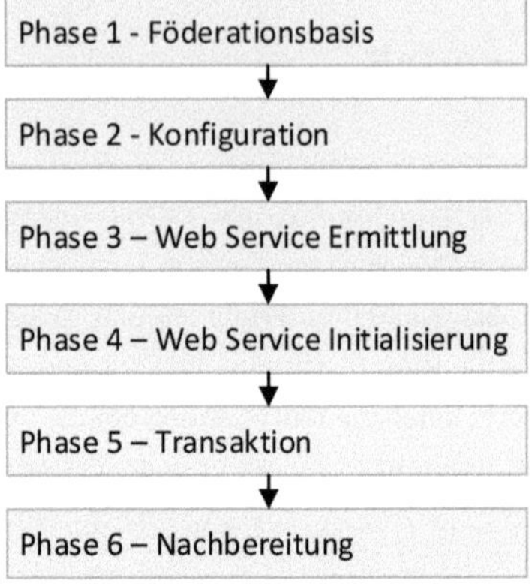

Abbildung 8-1: Phasenmodell im DFM

Phase 3 – Web Service Ermittlung: In dieser Phase steht das Auffinden geeigneter Web Services aus Sicht des IdSP im Vordergrund. Dabei spielt der WAYS in seiner Aufgabe als zentraler Verzeichnisdienst und somit als Vermittler, eine entscheidende Rolle. Web Services werden beim WAYS mittels standardisierter Attribute beschrieben, was IdSP eine strukturierte Abfragemöglichkeit liefert. Zusätzlich können IdSP auch eine lokale Datenbank zur Ermittlung von Web Services führen.

Phase 4 – Web Service Initialisierung: Diese Phase beschäftigt sich von der Selektion eines bestimmten Web Service bis hin zur Provisionierung mit einem sehr breiten Spektrum und repräsentiert den wesentlichen Teil des Prozessmodells. Dazu wird unter anderem die Verwendung verschiedener vertrauensbildender Maßnahmen und deren jeweilige Evaluierung erläutert.

Phase 5 – Transaktion: Nachdem in den vorherigen Phasen die erforderlichen Vertrauensbeziehungen erfolgreich umgesetzt wurden, erfolgt in dieser Phase die Transaktion an sich. Dabei wird die Transaktion überwacht, um bestimmte Ereignisse zu behandeln. Beispielsweise können Endbenutzer Funktionalitäten eines Web Service anfordern, für welche die erteilten Berechtigungen nicht ausreichen. Des Weiteren werden im Rahmen dieser Phase negative Erfahrungen bereits während einer Transaktion erfasst, was eine Aktualisierung der Vertrauensbeziehung bedingt.

Phase 6 – Nachbereitung: In der letzten Phase des DFM-Prozessmodells erfolgt die Nachbereitung von ausgeführten Transaktionen. Dazu können die beteiligten Entitäten eine Bewertung abgeben und diese als Grundlage für zukünftige Interaktionen archivieren. Außerdem beschäftigt sich diese Phase mit der De-Provisionierung der einzelnen Teilnehmer.

8.1.2 Voraussetzungen

Für den Betrieb einer DFM-Föderation ist es erforderlich einige wenige Voraussetzungen sowie Annahmen zu treffen. Wesentlicher Aspekt ist dabei die Bereitstellung einer grundlegenden Infrastruktur für dynamische Föderationen. Der Betreiber muss also die Rahmenbedingungen schaffen, um eine Teilnahme von IdSP und SP am DFM zu ermöglichen.

Initialisierung des WAYS-Service

Dazu ist einmalig zu Beginn ein WAYS-Service zu initialisieren, welchem in erster Linie zwei Aufgaben obliegen. Zum einen fällt mit dem WAYS-Service in der Regel auch die Rolle des Betreibers einer Föderation zusammen. Somit ist dieser für die Aufrechterhaltung des Föderationsbetriebs, insbesondere aus technischer Sicht verantwortlich, was zu folgendem Verantwortungsbereich führt:

- **DFM-Software:** Zur Teilnahme an einer DFM-Föderation müssen die Teilnehmer eine vom WAYS-Service bereitgestellte Software installieren. Darin enthalten sind die im Datenmodell beschriebenen Tabellen (vgl. Abschnitt 7.2.2) sowie die erforderlichen Protokolle zum Austausch von Nachrichten, Konfigurationsdaten oder Vorgaben für Transformationen.
- **Verzeichnisdienst:** Der WAYS-Service fungiert als zentrale Registrierungsstelle für im Rahmen von DFM-Föderationen angebotene Web Services. Föderationsteilnehmer können dadurch mittels standardisierter Anfragen nach bestimmten Web Services suchen.
- **Zertifizierungsdienst:** Des Weiteren agiert der WAYS-Service als akkreditierter Auditor für Kantara Zertifizierungen und ist damit legitimiert, Föderationsteilnehmer mit bestimmten Assurance Level zu zertifizieren. Außerdem wird ein Web Service zur maschinellen Überprüfung von behaupteten IAL bereitgestellt.
- **Speicherung und Bereitstellung von Bewertungen:** Optional besteht die Möglichkeit, dass Bewertungen von einzelnen Transaktionen zentral beim WAYS-Service hinterlegt werden. Standardmäßig wird diese Funktionalität jedoch nicht im DFM umgesetzt.

Abgesehen davon sind noch Maßnahmen im Bereich des Marketing bzw. Kommunikation im Verantwortungsbereich des Betreibers einer Föderation und somit in der Regel des WAYS-Service. Dieser ist also für die Definition eines Geschäftsmodells verantwortlich und muss dafür sorgen, dass die DFM-Föderation ausreichend bekannt ist und entsprechend von Teilnehmern genutzt wird.

8.1.3 Formale Grundlagen

Neben den im vorherigen Abschnitt skizzierten Voraussetzungen, sind für die weiteren Ausführungen einige formale Grundlagen zu definieren.

Zuordnung Wertigkeitsfelder zu vertrauensbildenden Maßnahmen

Dabei wird zum einen eine beispielhafte Zuordnung von vertrauensbildenden Maßnahmen und Wertigkeiten bereitgestellt. Das im Referenzmodell eingeführte Vertrauensmodell definiert verschiedene VMs und zusätzlich ein Wertigkeitsschema. Tabelle 8-1 veranschaulicht auf Basis des im vorherigen Kapitel in Abbildung 7-4 eingeführten Formalismus eine mögliche Zuordnung, die aufgrund praktischer Erfahrungen und einschlägiger Fachliteratur erstellt wurde.

Feld	ID	VM-Katalog
01	VM#01	Kontextbasierte Attribute
02	VM#02	Empfehlungen
03	VM#03	Identity Assurance Level 1
04	VM#04	Tertiäre Berechtigungsnachweise
05	VM#05	Direkte Erfahrungen
06	VM#06	Witness Trust
07	VM#07	Identity Assurance Level 2
08	VM#08	Sekundäre Berechtigungsnachweise
09	VM#09	Identity Assurance Level 3
10	VM#10	Primäre Berechtigungsnachweise
11	VM#11	Identity Assurance Level 4

Tabelle 8-1: Beispielhafte Zuordnung von Wertigkeitsfeldern zu VMs

Jedoch ist diese Auflistung lediglich als exemplarisch anzusehen und kann aufgrund weiterer Erkenntnisse auch anders ausgestaltet werden. Die Zuordnung dient an dieser Stelle insbesondere dazu, das DFM-Prozessmodell nachvollziehbarer zu gestalten. Daher fungiert Tabelle 8-1 als Grundlage für die weiteren Ausführungen in diesem Kapitel.

XML-Listings

Das Prozessmodell integriert zur Beschreibung der einzelnen Nachrichten, die zwischen den Entitäten ausgetauscht werden, verschiedene XML-Codebeispiele. Zur Verbesserung der Lesbarkeit, werden diese Codeausschnitte auf die wesentlichen Fakten reduziert. Beispielsweise werden einleitende Tags, Namensräume oder Versionsangaben nicht in die Codeangaben eingebunden. Grundsätzlich werden diese immer gemäß dem Schema in Listing 8-1 dargestellt.

```
...
<xml type="***">
   <!--INHALTE--!>
   ...
</xml>
...
```

Listing 8-1: Schema für XML-Codebeispiele

Dabei wird einleitend der Typus des jeweiligen XML-Codes festgelegt und Inhalte werden innerhalb dieser XML-Tags angegeben. Weitere Angaben können vor und nach diesen Tags erfolgen, welche aber für das DFM-Prozessmodell keine Rolle spielen.

8.2 Phase 1 – Föderationsbasis

Nachdem die Infrastruktur für eine DFM-Föderation durch einen WAYS-Service bereitgestellt wurde, sind in Phase 1 grundlegende Vertrauensbeziehungen von Endbenutzern, IdSP bzw. SP und dem jeweiligen WAYS-Service einer Identitätsföderation zu etablieren. Dabei umfasst diese Phase folgende Aktivitäten:

- Initialisierung von Endbenutzern
- Föderationsbeitritt

8.2.1 Initialisierung von Endbenutzern (P1A1)

Im Rahmen dieser Aktivität wird eine bidirektionale Vertrauensbeziehung zwischen IdSP und Endbenutzer aufgebaut. Dafür werden zwei Subaktivitäten benötigt:

- Endbenutzer identifiziert IdSP
- IdSP validiert Endbenutzer

Endbenutzer identifiziert IdSP (P1A1-1v)

Die Nutzung von Dienstleistungen im Rahmen von DFM-Föderationen durch Endbenutzer erfolgt über einen IdSP. Daher ist eine Vertrauensbeziehung von Endbenutzern zu IdSP notwendige Voraussetzung. Oben wurde bereits angeführt, dass ein Endbenutzer entweder als Individuum oder Software-Agent auftreten kann. Des Weiteren wird an dieser Stelle noch einmal darauf hingewiesen, dass diese Dissertationsarbeit auf das unternehmerische Umfeld fokussiert. Unternehmen treten dabei als Arbeitgeber von Individuen und als Betreiber von Software-Agenten auf.

Für letztere wird eine implizite Vertrauensbeziehung zum IdSP als Teil der IT-Infrastruktur in einem Unternehmen vorausgesetzt. Hierfür sind somit keine vertrauensbildenden Maßnahmen erforderlich. Ebenso ist keine Adaption der Vertrauensbeziehung in Folge bestimmter Ereignisse vorgesehen. Der Fall von Individuen kann – zumindest zum Teil – als ähnlich gelagert eingestuft werden, da Unternehmen als dessen Arbeitgeber auftreten. In der Literatur existiert in diesem Zusammenhang eine Reihe von Arbeiten, die sich damit beschäftigen, nach welchen Kriterien ein Arbeitgeber durch einen Arbeitnehmer ausgewählt wird (z.B. [SW13]). Diese Art der Vertrauensbildung wird jedoch im Rahmen dieser Arbeit nicht berücksichtigt. Die Vertrauensbeziehung als solches, wird aber trotzdem im DFM abgebildet. Jedoch wird in diesem Zusammenhang keine Richtlinie definiert, welche maschinenlesbar ist und wodurch ein automatisierter Vertrauensaufbau für diese Subaktivität möglich wäre.

Des Weiteren ist eine Variante denkbar, in der ein externer IdSP von einem Individuum eines Unternehmens genutzt wird, was als *IdSP as a Service* (IdSPaaS) interpretiert werden kann. Ein solcher IdSP könnte als unternehmerisch-, öffentlich- und privat-agierende Individuen mit digitalen Identitäten versorgen. Versign[61] ist beispielsweise ein Anbieter einer derartigen Dienstleistung. Die Entscheidungsfindung bei welchem Anbieter ein Individuum dabei eine Identität anlegt, kann von verschiedenen Faktoren abhängen. Jedoch wird diese Alternative im DFM nicht berücksichtigt.

IdSP validiert Endbenutzer (P1A1-2v)

Nachdem sich ein Endbenutzer für einen bestimmten IdSP entschieden hat, muss der IdSP diesen validieren, um eine entsprechende Vertrauensbeziehung aufzubauen. Grundsätzlich ist in diesem Zusammenhang aber festzulegen, welche Strategie ein IdSP hinsichtlich der Aufnahme von Endbenutzern verfolgt. Dabei existieren im Wesentlichen zwei Ansätze, optimistisch oder pessimistisch, wobei auch Mischvarianten vorstellbar sind [OAKS04]. Für ersteren Fall werden generell alle Endbenutzer aufgenommen, Vertrauen vom IdSP in den Endbenutzer wird also als gegeben angenommen. Für die zweite Variante gilt, dass nur solchen Entitäten vertraut wird, die bestimmte Nachweise erbringen, wodurch ein pauschales Vertrauensverhältnis ausgeschlossen wird. Im DFM wird grundsätzlich die zweite Variante umgesetzt, wobei die Nachweise in Form von vertrauensbildenden Maßnahmen erbracht werden, die ein IdSP individuell festlegen kann.

Listing 8-2 zeigt beispielhaft eine Richtlinie vom Typ Mitgliedschaft (engl. Membership), welche für den genannten IdSP den Nachweis einer vertrauensbildenden Maßnahme der Variante VM#02 definiert. Um diese Richtlinie interpretieren zu können ist eine Mapping-Tabelle von einzelnen vertrauensbildenden Maßnahmen und den Wertigkeitsfeldern erforderlich (vgl. Tabelle 8-1). Diese Subaktivität spiegelt typischerweise einen Registrierungsvorgang eines Individuums bei einem IdSP wider.

[61] https://pip.verisignlabs.com/

```
...
<xml type="MembershipPolicy">
  <rule>
    <target>
      <IdSP-URL>https://idsp.sv-rgb.de</IdSP-URL>
    </target>
    <mechanisms>
      <mechanism id="1">
        <mechanism>VM#02</mechanism>
      </mechanism>
    </mechanisms>
  </rule>
</xml>
...
```

Listing 8-2: Membership Policy

Diese Art von vertrauensbildenden Maßnahmen ist normalerweise spätestens bei Arbeitsantritt vorzulegen, wodurch eine Identifizierung des Arbeitnehmers erfolgt. Der Aufbau dieser Vertrauensbeziehung erfolgt zwar nicht automatisiert, ist aber trotzdem Bestandteil des DFM und wird daher auch berücksichtigt.

Im Zusammenhang mit der Registrierung neuer Teilnehmer beim IdSP müssen wenigstens zwei Angriffsvarianten (*Sybil-Attacke* und *Whitewashing*), die in Abschnitt 6.3.2 skizziert wurden, beachtet werden. Wie bereits erwähnt, zielt diese Arbeit auf das unternehmerische Umfeld ab, wo in der Regel davon auszugehen ist, dass sich ein Arbeitnehmer bei seinem Arbeitgeber durch einen sekundären Berechtigungsnachweis legitimiert hat. Da somit eine eindeutige Identifizierung gewährleistet wird, ist das Potential beider Angriffe als eher gering einzustufen. Trotzdem sind auch Szenarien denkbar, in denen IdSP beispielsweise bei Anwendung einer optimistischen Strategie für weitere Endbenutzer geöffnet werden. Dabei kann die Einführung einer Registrierungsgebühr als probate Gegenmaßnahme fungieren, da neue Identitäten mit Kosten verbunden sind (z.B. [GM09, Pet10]). Dadurch kann die Eintrittsbarriere erhöht und die Gefahr der genannten Angriffe reduziert werden.

8.2.2 Föderationsbeitritt (P1A2)

Unter Abschnitt 8.1.2 wurde bereits erläutert, dass eine DFM-Föderation von einem WAYS-Service betrieben wird, welcher grundlegende Dienstleistungen zur Verfügung stellt. Diese Aktivität widmet sich den Vertrauensbeziehungen zwischen IdSP bzw. SP und dem WAYS-Service einer Föderation. Unter dieser Aktivität können insgesamt drei Subaktivitäten subsummiert werden:

- Föderationsteilnahme anfragen
- WAYS-Service validiert Anfrage
- Zertifizierung

Föderationsteilnahme anfragen (P1A2-1v)

Die Teilnahme an einer Identitätsföderation, setzt auch Vertrauen von IdSP bzw. SP in einen WAYS-Service voraus. IdSP und SP müssen somit definieren nach welchen Bedingungen die Teilnahme an einer DFM-Föderation erfolgen kann. Abbilden lässt sich diese Subaktivität mittels einer Richtlinie vom Typ Mitgliedschaft (vgl. Listing 8-2), welche IdSP bzw. SP festlegen müssen. Grundsätzlich ist dabei denkbar, dass potentielle Föderationsteilnehmer nur einen WAYS-Service anfragen, der über eine entsprechende Kantara-Akkreditierung verfügt. Für die Überprüfung einer derartigen Akkreditierung ist jedoch kein Web Service im DFM vorgesehen. Dabei wird davon ausgegangen, dass beispielsweise auf den Webseiten von Kantara[62] der entsprechende WAYS-Service als zertifiziert gelistet wird und dementsprechend von IdSP bzw. SP überprüft werden kann.

WAYS-Service validiert Anfrage (P1A2-2v)

Nachdem der WAYS-Service Anfragen von IdSP bzw. SP erhalten hat, ist auch von dessen Seite gegebenenfalls eine entsprechende Prüfung erforderlich. Diese Subaktivität ist mit einem Registrierungsprozess vergleichbar. Ähnlich dem Vorgehen eines IdSP bei der Aufnahme von neuen Endbenutzern, kann der WAYS-Service grundsätzlich entweder eine optimistische oder pessimistische Strategie verfolgen. Insbesondere hängt diese Entscheidung vom jeweiligen Geschäftsmodell ab. Jedoch muss dabei auch berücksichtigt werden, dass ein zu offener Ansatz, die Möglichkeit von *Proliferation-Attacken* begünstigt (vgl. Abschnitt 6.3.2). Um diese Angriffsoption im DFM weitestgehend zu limitieren, kann im Rahmen des Registrierungsprozesses eine Gebühr zur Teilnahme für IdSP und SP an einer Föderation erhoben werden.

```
...
<xml type="IHK-Request">
   <IdSP>
      <IdSP-URL>https://idsp.sv-rgb.de</IdSP-URL>
   </IdSP>
</xml>
...
```

Listing 8-3: IHK-Anfrage

Mittels dieser Subaktivität wird eine Vertrauensbeziehung von WAYS zu IdSP bzw. SP aufgebaut. Dafür wird eine Richtlinie vom Typ Mitgliedschaft benötigt, analog Listing 8-2. In der Regel kann davon ausgegangen werden, dass IdSP und SP als Unternehmen in ein Handelsregister eingetragen sind und somit implizit einen sekundären Berechtigungsnachweis vorlegen können. Beispielsweise steht es dem Betreiber einer DFM-Föderation offen, den Handelsregistereintrag in Deutschland bei einer Industrie- und Handelskammer (IHK) anzufra-

[62] https://kantarainitiative.org/trust-registry/ktr-status-list/

gen. Dazu ist im DFM standardmäßig ein Web Service bei der IHK vorgesehen, der eine Schnittstelle zur Überprüfung solcher Einträge erlaubt (vgl. Listing 8-3). In diesem Beispiel wird ein IdSP des Unternehmens *SV-RGB* bei der IHK auf seine Gültigkeit hin geprüft. Diese Anfrage kann von der IHK mit wahr (*TRUE*) oder falsch (*FALSE*) beantwortet und an den anfragenden WAYS-Service zurückgesendet werden (vgl. Listing 8-4). Wird diese Abfrage positiv, also *TRUE* beantwortet, wird der anfragende IdSP in die DFM-Föderation aufgenommen und somit eine Vertrauensbeziehung von WAYS-Service zu IdSP aufgebaut.

```
...
<xml type="IHK-Response">
   <IdSP>
      <IdSP-URL>https://idsp.sv-rgb.de</IdSP-URL>
      <result>TRUE</result>
   </IdSP>
</xml>
...
```

Listing 8-4: IHK-Antwort

Ebenfalls vorgesehen ist an dieser Stelle, dass ein WAYS-Service eine sogenannte *Blacklist* betreiben kann. In einer derartigen Liste werden IdSP und SP verwaltet, die aufgrund negativer Erfahrungen nicht mehr an DFM-Föderationen teilnehmen dürfen. Die Umsetzung dieser Variante wird jedoch nicht weiter betrachtet.

Zertifizierung (P1A2-3o)

Mittels dynamischer Föderationen soll dem sogenannten Identitätschaos entgegengewirkt werden. Daher sollen durch föderiertes Identitätsmanagement keine weiteren digitalen Identitäten entstehen und somit weitere Registrierungsprozesse entfallen. Unabhängig davon kann es jedoch erforderlich sein, dass Betreiber von Identitätsföderationen eine Registrierung seiner IdSP (vgl. *P1A2-2v*) und damit einhergehend auch den Durchlauf eines Zertifizierungsprozesses verlangen. Eine Zertifizierung wie beispielsweise nach dem *Kantara Identity Assurance Framework* (vgl. Abschnitt 5.4.3) kann als notwendige Voraussetzung für die Teilnahme an einer Föderation und der Nutzung von angebotenen Dienstleistungen sein. Entscheidend ist in diesem Zusammenhang auch, dass der jeweilige Föderationsbetreiber eine entsprechende Akkreditierung zur Zertifizierung besitzt. Im DFM tritt der WAYS-Service als ein Kantara-akkreditierter Gutachter auf und agiert nach den entsprechenden Richtlinien und Vorschriften (vgl. Abschnitt 5.4.3).

Zusätzlich ist es IdSP auch möglich, bereits im Vorfeld erworbene Zertifizierungen zu verwenden, soweit diese im Rahmen der jeweiligen Föderation als vertrauensbildende Maßnahme akzeptiert werden. Jedoch muss die Gültigkeit der jeweiligen Zertifizierung nachgewiesen werden. Im DFM ist dafür ein Web Service zur Prüfung von bereits bestehenden

Kantara-Zertifizierungen implementiert. In Listing 8-5 wird eine solche Prüfung als XML-Anfrage veranschaulicht.

```
...
<xml type="Kantara-Request">
  <IdSP>
    <IdSP-URL>https://idsp.sv-rgb.de</IdSP-URL>
    <IAL>2</IAL>
  </IdSP>
</xml>
...
```

Listing 8-5: Kantara-Anfrage

Mittels dieser Anfrage kann ein WAYS-Service bei einem anderen akkreditierten Gutachter[63], die Gültigkeit einer bestehenden Kantara-Zertifizierung des IdSP des Unternehmens *SV-RGB* mit einem behaupteten *Assurance Level 2*, prüfen. Der Kantara Gutachter interpretiert die Anfrage und überprüft seine Datenbank nach den angeforderten Angaben.

Dabei wird einerseits kontrolliert, ob ein IdSP einen Zertifizierungsvorgang durchlaufen hat und andererseits, inwiefern dieses Zertifikat (noch) gültig ist. Des Weiteren wird das behauptete Assurance Level geprüft. In Listing 8-6 liegt zwar eine Zertifizierung des angefragten IdSP vor, jedoch nur mit einem niedrigeren Assurance Level, weshalb *FALSE* zurückgegeben wird.

Grundsätzlich kann ein WAYS-Service beispielsweise derartig konfiguriert werden, dass dieser nur Anfragen von IdSP zulässt, die über eine entsprechende Zertifizierung verfügen. Somit kann der Föderationsverwalter sicherstellen, dass nur IdSP an einer Föderation partizipieren, die im Vorfeld entsprechend geprüft wurden. Generell kann diese Subaktivität maßgeblich zum dynamischen Aufbau von Vertrauen und damit einhergehenden Entscheidungen, gerade im Kontext hochkritischer Anwendungen beitragen.

```
...
<xml type="Kantara-Response">
  <IdSP>
    <IdSP-URL>https://idsp.sv-rgb.de</IdSP-URL>
    <certification-result>TRUE</certification-result>
    <IAL-result>FALSE</IAL-result>
  </IdSP>
</xml>
...
```

Listing 8-6: Kantara-Antwort

Tabelle 8-2 fasst die wesentlichen Aspekte von Phase 1 zusammen.

---

63 z.B. Zygma, http://www.zygma.biz

Phase 1	Föderationsbasis
Zielsetzung	Aufbau von grundlegenden Vertrauensbeziehungen zur Teilnahme an einer DFM-Föderation.
Rollen	EB, IdSP, SP, WAYS
Subaktivitäten	P1A1-1v, P1A1-2v, P1A2-1v, P1A2-2v, P1A2-3o
Vertrauensbeziehungen	VB.01_EB.1_IdSP, VB.04_IdSP.1_EB, VB.06_IdSP.3_WAYS, VB.10_SP.3_WAYS, VB.12_WAYS.1_IdSP, VB.13_WAYS.2_SP

Tabelle 8-2: Zusammenfassung Phase 1 - Föderationsbasis

8.3 Phase 2 – Konfiguration

Nachdem in der vorherigen Phase die grundlegenden Vertrauensbeziehungen für die Teilnahme an einer DFM-Föderation etabliert wurden, beschäftigt sich diese Phase mit der Konfiguration der Föderationsteilnehmer. Die Umsetzung erfordert zwei Aktivitäten:

- Konfiguration von Teilnehmern
- Registrierung von Web Services

8.3.1 Konfiguration von Teilnehmern (P2A1)

Im Rahmen dieser Aktivität werden IdSP und SP für die Teilnahme an einer Föderation entsprechend konfiguriert. Dazu sind eine Reihe von Subaktivitäten zu durchlaufen:

- DFM-Software initialisieren
- Identitätsmanagementsystem integrieren
- Identitäten provisionieren
- Geschäftsprozess(e) konfigurieren
- Richtlinie für Serviceauswahl definieren
- Richtlinie für Attributfreigabe definieren

DFM-Software initialisieren (P2A1-1v)

Bevor die entsprechenden Einstellungen konfiguriert werden können, muss eine Softwarelösung, die auf dem DFM-Referenzmodell basiert, bei den teilnehmenden Organisationen, also IdSP und SP installiert werden. Die Software kann vom Föderationsverwalter bezogen werden und wird nach Etablierung der entsprechenden Vertrauensbeziehungen vom WAYS-Service (vgl. P1A2-2v), zum Download bereitgestellt.

Die DFM-Software umfasst grundsätzlich folgende Aspekte:

- Datenbanktabellen
- VM-Katalog und zugeordnete Wertigkeiten
- Standards zur Kommunikation

- Attributformate
- Verbindungsparameter zum WAYS-Service
- Mapping der Risikoklassen auf Bit-Intervalle

Das DFM ermöglicht sowohl die Nutzung von Dienstleistungen, die direkt von einem SP angeboten werden, als auch über einen Intermediär, dessen Rolle der WAYS-Service einnimmt. Der WAYS-Service kann somit als Einstiegspunkt in einer Föderation und als zentrale Komponente zur Vermittlung von Anfragen interpretiert werden. Grundsätzlich sind für den Aufbau einer Verbindung, entsprechende Parameter der beteiligten Komponenten sowie von den bereitgestellten Ressourcen erforderlich. Sobald ein SP eine bestimmte Dienstleistung bei einem WAYS-Service registriert (vgl. Abschnitt 8.3.2), können die entsprechenden Parameter bei diesem angefragt werden.

Identitätsmanagementsystem integrieren (P2A1-2v)

Föderiertes Identitätsmanagement sieht grundsätzlich keine eigene Datenhaltung vor, weshalb eine Anbindung an bestehende lokale Identitätsmanagementsysteme und dessen *Identity Repository* notwendige Voraussetzung für den Betrieb ist. Ein Identity Repository wird durch verschiedene autoritative Quellen, wie beispielsweise einer Personalverwaltungsdatenbank oder einer Kundendatenbank gespeist und repräsentiert in der Regel damit den zentralen Datenbestand einer Organisation, der z.B. über einen Verzeichnisdienst realisiert wird [Hom07].

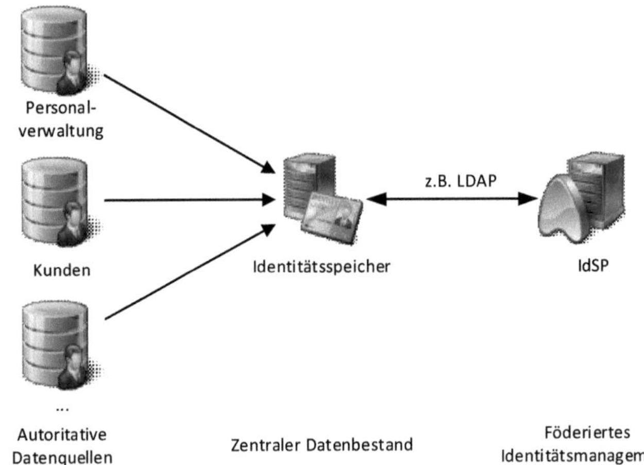

Abbildung 8-2: Integration von Identitätsmanagementsystemen

Im Rahmen der Konfigurationsphase des DFM ist es erforderlich, dass die IdSP-Komponente an das jeweilige Identity Repository angebunden wird. Dadurch wird es ermöglicht, die lokal verfügbaren digitalen Identitäten als Grundlage für die organisationsübergreifende Nutzung von Dienstleistungen zu verwenden. Aus technischer Sicht kann die Anbindung mittels LDAP oder anderer spezifischer Konnektoren erfolgen (vgl. Abbildung 8-2).

Großunternehmen und auch etablierte mittlere Unternehmen verfügen in der Regel über eigene IdMS, jedoch soll das DFM auch von Unternehmen genutzt werden können, die keine eigene IdM-Lösung im Einsatz haben. Häufig können sich gerade kleine und mittlere Unternehmen kein eigenes Identitätsmanagementsystem in der Anschaffung und im Betrieb leisten. Daher bietet das DFM ein integriertes IdMS, welches zur Datenhaltung als Grundlage für Föderationen verwendet werden kann (vgl. Abschnitt 2.2.2).

Identitäten provisionieren (P2A1-3v)

Des Weiteren ist es erforderlich den entsprechenden Endbenutzern, also Individuen und Software-Agenten, die sich an einer DFM-Föderation über den jeweiligen IdSP beteiligen wollen, mit den notwendigen Autorisierungen auszustatten. Dabei wird angenommen, dass IdSP ihre Berechtigungen auf Basis von Attributen verteilen.

ID	Attribut 1	Attribut 2	DFM-Föderation	...	Attribut n
brc12826	x	x	x		
ful34512		x	x		
dim89521		x			
...					

Tabelle 8-3: Lokale IDs föderieren

Anhand von Tabelle 8-3 wird vereinfacht veranschaulicht, dass ein Attribut „DFM-Föderation" existiert, welches innerhalb eines IdSP grundsätzlich dazu autorisiert, an einer DFM-Föderation zu partizipieren. In diesem Beispiel gilt dies für die IDs *brc12826* und *ful34512*. Eine feingranulare Zugriffskontrolle sowie Provisionierung, erfolgt anschließend in Abhängigkeit der jeweiligen XACML-Richtlinie des entsprechenden Web Service bei einem Service Provider, auf welchen ein Endbenutzer zugreifen will.

Geschäftsprozess(e) konfigurieren(P2A1-4v)

Mittels föderiertem Identitätsmanagement werden letztendlich interne personenbezogene Daten dazu verwendet, externe Dienstleistungen zu nutzen, die im eigenen Unternehmen nicht selbst bzw. nicht effizient erbracht werden können. Daher ist es im Vorfeld einer Föderation für IdSP erforderlich, zu definieren welche Teile der eigenen Geschäftsprozesse ausgelagert werden bzw. welche Leistungen von externen Partnern in der Föderation erbracht werden sollen. Diese Aktivität ist insbesondere vom Geschäftsmodell und der vorhandenen Systemlandschaft des jeweiligen IdSP abhängig. Dabei ist festzulegen, welche Daten mit externen Web Services standardisiert auszutauschen sind und welche Rückantworten im Hinblick auf die weitere lokale Datenverarbeitung erwartet werden. Diese Subaktivität ist für einen IdSP nochmals zu durchlaufen, sobald sich seine Anforderungen verändern und damit der Bezug von externen Dienstleistungen angepasst werden muss. Jedoch ist eine detaillierte Betrachtung der Integrationsmöglichkeiten von Web Services in Geschäftsprozesse nicht Teil dieser Dissertationsarbeit. Daher wird an dieser Stelle auf existierende Standards wie z.B. WSDL[64] oder BPEL[65] verwiesen, die sich unter anderem mit der Kommunikation verteilter Web Services beschäftigen.

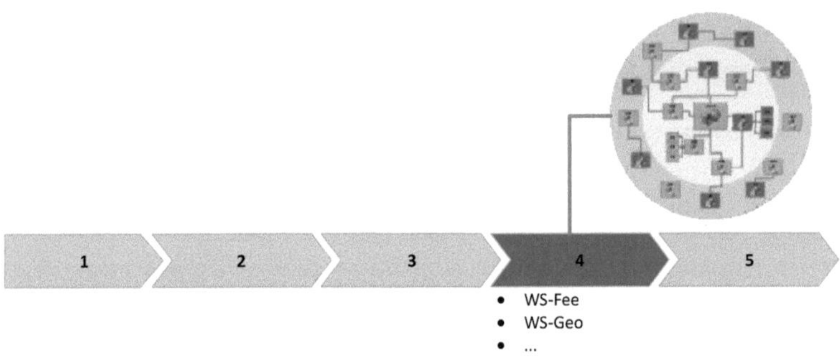

Abbildung 8-3: Konfiguration des/der Geschäftsprozesse(s)

Sobald festgelegt ist, welche Prozessschritte ausgelagert werden, sind im Rahmen dieser Subaktivität die beschreibenden Attribute für den notwendigen Web Service zu definieren. Dazu wird auf die Attributfelder aus der Datenbanktabelle WSR des WAYS-Service zurückgegriffen. In Abbildung 8-3 wird ein vereinfachter Geschäftsprozess bestehend aus fünf Schritten veranschaulicht. Dabei sollen die Aktivitäten in Schritt vier, im Rahmen einer DFM-Föderation von anderen Service Providern akquiriert werden. Dazu ist die Definition der beschreibenden Attribute (z.B. WS-Fee, WS-Geo, ...) erforderlich, um einen automatisierten Ablauf gewährleisten zu können.

Richtlinie für Serviceauswahl festlegen (P2A1-5o)

Nachdem in der vorherigen Subaktivität Attribute zur Abfrage von verfügbaren Web Services definiert wurden, kann an dieser Stelle optional, eine Richtlinie für die Auswahl von Web Services festgelegt werden. Damit kann ein IdSP oder auch ein Endbenutzer spezifizieren, welche vertrauensbildenden Maßnahmen erforderlich sind, damit mit einem SP bzw. einem WS eine Vertrauensbeziehung für eine potentielle Transaktion aufgebaut werden kann.

[64] http://www.w3.org/TR/wsdl20

[65] http://docs.oasis-open.org/wsbpel/2.0/OS/wsbpel-v2.0-OS.html

```
...
<xml type="ServiceSelectionPolicy">
   <rule>
      <target>
         <Any SP />
      </target>
      <mechanisms>
         <mechanism id="1">
            <mechanism id>VM#05<mechanism>
            <constraints>
               <constraint name="rating-threshold" type="double">
                  0.8
               </constraint>
            </constraints>
         </mechanism>
      </mechanisms>
   </rule>
</xml>
...
```

Listing 8-7: Richtlinie zur Serviceauswahl

In Listing 8-7 wird eine beispielhafte Richtlinie vom Typ Serviceauswahl definiert. Darin wird bestimmt, dass die direkten Erfahrungen aus früheren Transaktionen einen vordefinierten Grenzwert (0.8) nicht unterschreiten dürfen. Ansonsten wird keine erneute Transaktion durchgeführt. Diese Art von Richtlinie kann sowohl von IdSP global für alle seine Endbenutzer als auch von einzelnen Individuen definiert werden. Gegebenenfalls müssen bei der Serviceauswahl beide Richtlinien zusammengeführt werden (vgl. Abschnitt 8.5.1). Das Resultat dieser Subaktivität kann als Grundlage für die in Phase 4 vorgesehene Selektion von Web Services fungieren.

Richtlinie für Attributfreigabe definieren (P2A1-6o)

Des Weiteren ist eine Betrachtung aus Datenschutzperspektive im Rahmen der organisationsübergreifenden Übertragung von Attributen erforderlich. IdSP bzw. seine Nutzer können im DFM optional festlegen, welche Attribute zu welchem Zweck einem SP zur Verfügung gestellt werden. Dabei ist es auch entscheidend, dass nicht nur komplette Identitäten bzw. Teilidentitäten übertragen werden, sondern auch Teilmengen definiert werden können. Im föderierten Identitätsmanagement haben sich für diesen Zweck sogenannte *Attribute Release Policies* (ARP) etabliert, welche in der Regel mittels XACML umgesetzt werden [Hom05a]. ARP umfassen eine oder mehrere Regeln (*rule*), welche für ein Tupel von Service Providern und dessen Web Services (*targets*) gelten. Darin enthalten sind die einzelnen Attribute, auf welche die Richtlinie angewendet werden soll.

In Listing 8-8 wird beispielsweise für einen Online-Speicherdienst (https://spA.storag-online.de) festgelegt, dass Email-Adressen grundsätzlich übermittelt werden dürfen. Weitere Attribute können bei Bedarf ebenfalls definiert werden.

```
..
<xml type="AttributeReleasePolicy">
  <rule>
    <target>
      <SP-URL>https://spA.de</SP-URL>
      <SP-WS-URL>https://spA.storage-online.de</SP-WS-URL>
    </target>
    <attribute name="email">
      <AnyValue release="permit" />
    </attribute>
    attribute name="***">
      ...
    </attribute>
  </rule>
</xml>
...
```

Listing 8-8: Richtlinie zur Attributfreigabe

8.3.2 Registrierung von Web Services (P2A2)

Im Rahmen dieser Aktivität werden Ressourcen und Dienstleistungen identifiziert, die als Web Services in einer DFM-Föderation von Service Providern angeboten werden sollen. Dazu sind folgende Subaktivitäten erforderlich:

- Risikobewertung von Ressourcen und Dienstleistungen
- RPM-Datensatz erstellen
- Web Services registrieren

Risikobewertung von Ressourcen und Dienstleistungen (P2A2-1v)

Wie bereits weiter oben diskutiert, sehen sich die beteiligten Parteien von Identitätsföderationen einer Reihe von Risiken ausgesetzt (vgl. Abschnitt 3.1). Daher müssen gerade Service Provider ihre angebotenen Ressourcen und Dienstleistungen entsprechend absichern. Dazu ist es erforderlich die Funktionalitäten bzw. Berechtigungen von Web Services bezüglich deren Risiken zu analysieren und zu bewerten. Ein Zusammenhang zwischen den Konzepten Vertrauen und Risiko wurde bereits in Abschnitt 5.2 erkannt. Je höher das Risiko bzw. je kritischer die Ausführung einer Transaktion ist, desto höher bzw. umfangreicher müssen die damit einhergehenden vertrauensbildenden Maßnahmen sein. Andererseits soll die Integration von Web Services für einen IdSP so flexibel wie möglich sein, wobei die Wechselwirkung von IT-Sicherheit und Benutzerfreundlichkeit berücksichtigt werden muss (vgl. Abschnitt 5.3).

An dieser Stelle wird die Annahme getroffen, dass jede Organisation eine subjektive Risikoeinstellung bzw. –wahrnehmung hat, beispielsweise aufgrund der spezifischen Branche und damit verbundenen Compliance-Anforderungen. Dies bedingt einen möglichst adaptiven Ansatz im DFM. Daher gibt das DFM grundsätzlich keine konkrete Methodik zur Risikobewertung bzw. -quantifizierung vor. In Abschnitt 5.2 wurden jedoch eine Reihe entsprechender Modelle beschrieben, die Service Provider einsetzen können. Allerdings geht das DFM soweit, dass insgesamt vier Risikoklassen, namentlich **niedrig**, **moderat**, **hoch** und **kritisch**, für die zu bewertenden Ressourcen und Dienstleistungen definiert werden. Diesen Risikoklassen werden nicht direkt vertrauensbildende Maßnahmen zugeordnet, sondern Wertigkeitsbereiche in Bit-Intervallen (vgl. Abbildung 8-4).

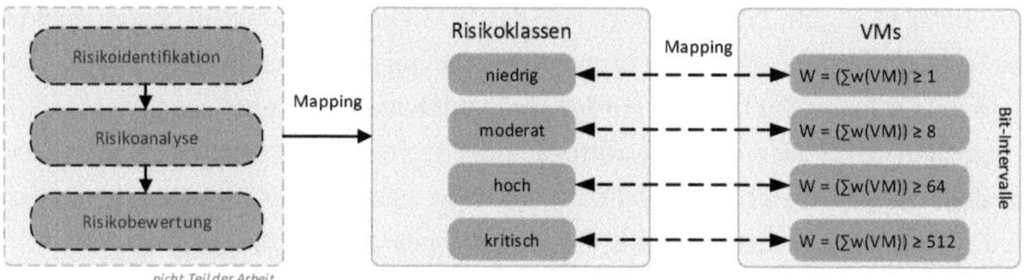

Abbildung 8-4: Mapping in Risikoklassen und Zuordnung von VMs

Ergibt also die Risikobewertung[66] ein hohes Risiko (=Risikoklasse *hoch*), sind vertrauensbildende Maßnahmen mit einer Wertigkeit W von mindestens 64 erforderlich. Dabei ist es unerheblich, ob diese Wertigkeit durch eine Maßnahme oder durch die Summe verschiedener Maßnahmen erreicht wird. Dazu wird folgende Formel zugrunde gelegt:

$$W = \sum w(VM) = w(VM\#01) + w(VM\#02) + \cdots + w(VM\#n)$$

Die Definition der Wertigkeitsbereiche kann vom Betreiber der Föderation auch angepasst werden. Entscheidend ist, dass diese Bereiche föderationsweit kommuniziert werden. Dadurch wird SP eine effiziente und strukturierte Methodik als Unterstützung bei der Auswahl bzw. Zuordnung von geeigneten vertrauensbildenden Maßnahmen zur Verfügung gestellt.

Für einzelne Maßnahmen, wie z.B. Empfehlungen oder Witness Trust, erlaubt das DFM eine feingranulare Festlegung der jeweiligen Parameter. So können exemplarisch der Zeitraum oder die Anzahl vergangener Transaktionen festgelegt werden (vgl. Abschnitt 8.5.2). Sobald die Risikoklasse, geeignete vertrauensbildende Maßnahmen sowie gegebenenfalls bestimmte Bedingungen definiert sind, wird aus diesen Angaben eine Richtlinie vom Typ Servicezugriff auf Basis von XACML formuliert. Für eine beispielhafte Umsetzung dieses Typus, sei an dieser Stelle auf Abschnitt 8.5.2 verwiesen. Derartige Richtlinien sind für alle im Rahmen des DFM angebotenen Web Services und die damit verbundenen Rollen zu definieren. Dabei werden diese Richtlinien in einer eigenen Tabelle beim SP hinterlegt (vgl. Tabelle 8-4).

[66] Die Schritte Risikoidentifikation, Risikoanalyse und Risikobewertung sind nicht Teil dieser Dissertationsarbeit.

RPM-Datensatz erstellen (P2A2-2v)

Nachdem die einzelnen Web Services und ihre Rollen hinsichtlich Ihrer Risiken bewertet und geeignete vertrauensbildende Maßnahmen zugeordnet wurden, ist eine strukturierte und maschinenlesbare Darstellung der Ergebnisse der Subaktivität *P2A2-1v* sowie weiterer Angaben bezüglich der Verwendung von Web Services notwendig.

Wie bereits in Abschnitt 7.3.3 erläutert, legt das DFM ein rollenbasiertes System zugrunde. In Tabelle 7-10 wurden beispielhaft Gruppenberechtigungen für einen Web Service identifiziert und Rollen zugeordnet. Als Grundlage für die Abbildung der Abhängigkeiten von Gruppenberechtigungen, Rollen, Risikobewertung sowie vertrauensbildenden Maßnahmen dient die sogenannte *Role-Protection-Map* (RPM). Die RPM wird in Form einer Tabelle dargestellt und in das DFM integriert. In Tabelle 8-4 ist eine RPM dargestellt, die aus folgenden Attributen besteht:

- **URL:** Eindeutige Adresse des Web Service oder der Entität.
- **Role:** Name der jeweiligen Rolle.
- **Group-Permissions:** Definition der zugeordneten Gruppenberechtigungen zu einer Rolle.
- **Binary-Value**: Binärwert, der für die Verwendung dieser Rolle die notwendigen vertrauensbildenden Maßnahmen definiert, die zur Nutzung mindestens nachgewiesen werden müssen (vgl. Abschnitt 7.3.2).
- **XACML-Policy:** Detaillierte Definition der vertrauensbildenden Maßnahme(n), die in Abhängigkeit des hinterlegten Binärwerts nachgewiesen werden muss bzw. müssen. Des Weiteren können in dieser Richtlinie weitere Bedingungen für den Vertrauensaufbau festgelegt werden.
- **MaxSessionTime:** In diesem Feld wird die maximale Gültigkeitsdauer (Sekunden) einer Session konfiguriert, in der die Rolle genutzt werden kann. Nach Ablauf dieser Zeit ist die Session ungültig. Durch diese Vorkehrung wird die Sicherheit innerhalb der dynamischen Föderation erhöht.

In diese Tabelle werden drei Rollen definiert, namentlich PUBLIC, MEMBER und MEMBER-ADULT. Diese Rollen integrieren unterschiedliche Gruppenberechtigungen, wobei PUBLIC die geringsten und MEMBER-ADULT die weitreichendsten Berechtigungen zugeordnet sind.

Mittels dieser Vorgehensweise wird eine Rolle einer anfragenden Identität erst zugeordnet, wenn der in der RPM spezifizierte Binärwert im Feld *Binary Value* unter Berücksichtigung der jeweiligen XACML-Policy erfolgreich nachgewiesen werden konnte. Damit die Zuordnung einer Rolle zu einer Identität tatsächlich erfolgt, ist eine gleich- oder höherwertigere vertrauensbildende Maßnahme erforderlich. Folglich erhält die anfragende Identität nur die minimal erforderlichen Zugriffsberechtigungen für einen Web Service.

Web Service URL	Web Service-Role	Group-Permissions	Binary-Value	XACML-Policy	MaxSessionTime
https://spA.storage-online.de	PUBLIC	WS1-Permission-Public	000000000000	<URL>	600s
https://spA.storage-online.de	MEMBER	WS1-Permission-Public, WS1-Permission-Member	000000100010	<URL>	600s
https://spA.storage-online.de	MEMBER-ADULT	WS1-Permission-Public,WS1-Permission-Member, WS1-Permission-Member-Adult	000000110010	<URL>	420s
...	...	...	...	...	...

Tabelle 8-4: Role Protection Map (RPM)

In der Gesamtbetrachtung wird durch die Verwendung einer RPM eine dynamische Zuweisung von Rollen zu Identitäten innerhalb einer Föderation möglich. Als Nachweis dienen vordefinierte vertrauensbildende Maßnahmen, die mindestens der geforderten Wertigkeit entsprechen und vom SP akzeptiert werden. Die beschriebene Struktur einer RPM steht im DFM neben SP auch IdSP und WAYS zur Verfügung. Darin werden deren Richtlinien der Kategorien Mitgliedschaft, Serviceauswahl sowie Attributfreigabe hinterlegt. Eine Anpassung der Struktur ist dazu nicht erforderlich, da diese entsprechend generisch gewählt wurde.

Web Services registrieren (P2A2-3v)

Der WAYS-Service fungiert unter anderem als Verzeichnisdienst und als Vermittler von Web Services, die von SP angeboten werden. Um diese Funktionalität zu gewährleisten, ist die Registrierung der entsprechenden Web Services beim WAYS-Service der jeweiligen Föderation durch SP erforderlich. Ein IdSP bzw. seine Endbenutzer können nur solche Web Services finden, die über einen Verzeichnisdienst vermittelt werden.

Im Rahmen der Registrierung ist es für SP erforderlich, verschiedene standardisierte Attribute anzugeben. Entscheidende Parameter sind dabei die Verbindungsdaten, wodurch SP auch mehrere Web Services innerhalb einer Föderation anbieten können. Die weiteren Attribute beschreiben den jeweiligen Web Service und werden serverseitig beim WAYS-Service in einer Datenbanktabelle gespeichert. Tabelle 8-5 zeigt exemplarisch einen Ausschnitt von verfügbaren Dienstleistungen mit seinen beschreibenden Attributen für eine DFM-Föderation. Dabei ist der Name des jeweiligen SP bzw. ein Identifikationsmerkmal wie beispielsweise der Domainname enthalten. Damit IdSP bzw. seine Endbenutzer eine Verbindung mit dem richtigen Webserver des SP aufnehmen können, benötigt er dessen Verbindungsdaten, was durch Angabe einer IP-Adresse und ggf. einer Portnummer des Web Service gewährleistet wird.

SP-Name	WS-URL	WS-Sector	WS-Type	WS-Geo	WS-Fee
google.com	https://.../search.htm	IT	SearchInfo	ALL	0,00 EUR
dhl.de	https://.../ePost.htm	Logistics	ePost	DE	0,40 EUR
kpmg.com	https://.../rating.htm	Auditing	RatingInfo	DE, US	5,00 USD
schufa.de	https://.../rating.htm	Auditing	RatingInfo	DE	15,00 EUR
db.com	https://.../trans.htm	Finance	MoneyTrans	ALL	0,90 USD
ibm.com	https://.../dataAnalysis.htm	Finance	DataAnalysis	ALL	20,00 USD
...	...	...	...	...	...

Tabelle 8-5: Ausschnitt von verfügbaren Web Services

Die Suche nach einem Web Service kann nach unterschiedlichen Parametern erfolgen, die während der Registrierung angelegt wurden. Tabelle 8-5 zeigt beispielhaft beschreibende Attribute auf:

- **SP-Name:** Bezeichnung bzw. Domäne des jeweiligen SP.
- **WS-URL:** eindeutige Adresse des angebotenen Web Service.
- **WS-Sector:** definiert die Branche, zu welcher ein Web Service zugeordnet ist.
- **WS-Type:** beschreibt die Art der Dienstleistung; der Wert *MoneyTrans* gibt beispielsweise an, dass dieser Web Service die Abwicklung von Zahlungsgeschäften ermöglicht.
- **WS-Geo:** bestimmt für welchen geografischen Bereich ein Web Service genutzt werden kann. Sofern ein Web Service seine Dienstleistung weltweit anbietet, trägt er den Attributwert *ALL*.
- **WS-Fee:** hinterlegt die jeweiligen Transaktionskosten in der entsprechenden Währung.

Die angegebene Tabelle erhebt keinen Anspruch auf Vollständigkeit und kann um zusätzliche Attribute erweitert werden. Grundsätzlich erlaubt eine derartige Tabelle im WAYS-Service einem IdSP bzw. seinen Endbenutzern, maschinell und strukturiert nach bestimmten Web Services zu suchen. Voraussetzung dazu ist eine einheitliche Beschreibung der Attributwerte in Bezug auf die registrierten Web Services. Da der WAYS-Service als zentrale Komponente innerhalb einer Föderation verfügbar ist, sind Änderungen hinsichtlich von Attributwerten wie z.B. der Transaktionskosten stets für alle Föderationsteilnehmer aktuell. Bei jeder Suchanfrage erhält der Anfragende daher nicht nur die erforderlichen Verbindungsdaten, sondern auch hilfreiche Metainformationen.

In diesem Zusammenhang muss ebenfalls auf die Angriffsstrategie der *Proliferation* geachtet werden. Dabei müssen seitens des WAYS Maßnahmen ergriffen werden, damit ein SP nicht einen Web Service mehrfach registriert, um einen Vorteil gegenüber Wettbewerbern zu haben. Eine Mehrfachregistrierung könnte in Phase 3 dazu führen, dass konkurrierende Web Services benachteiligt werden. Das Erheben einer Registrierungsgebühr für Web Services wird als probate Gegenmaßnahme an dieser Stelle anerkannt [GM09].

Tabelle 8-6 fasst die wesentlichen Aspekte von Phase 2 zusammen. Dabei ist anzumerken, dass in dieser Phase keine Vertrauensbeziehungen aufgebaut bzw. gepflegt werden.

Phase 2	**Konfiguration**
Zielsetzung	Konfiguration der Föderationsteilnehmer und Registrierung von Web Services
Rollen	IdSP, EB, SP, WS, WAYS
Subaktivitäten	P2A1-1v, P2A1-2v, P2A1-3v, P2A1-4v, P2A1-5o, P2A1-6o, P2A2-1v, P2A2-2v, P2A2-3v
Vertrauensbeziehungen	-

Tabelle 8-6: Zusammenfassung Phase 2 - Konfiguration

8.4 Phase 3 – Web Service Ermittlung

Nachdem die notwendigen Konfigurationen durchgeführt sowie bis dahin erforderliche Vertrauensbeziehungen etabliert wurden, widmet sich die dritte Phase der Ermittlung von geeigneten Web Services. Dabei untergliedert sich diese Phase in zwei Aktivitäten.

- Suchanfrage via WAYS-Service
- Suchanfrage via eigene Datenbank

Zum einen können Suchanfragen über den WAYS-Service gestartet werden und zum anderen können die eigene Datenbank bzw. persönliche Kontakte der Teilnehmer als Grundlage verwendet werden.

8.4.1 Suchanfrage via WAYS-Service (P3A1)

Nachdem die Voraussetzungen für die Teilnahme an einer dynamischen Föderation geschaffen wurden, können IdSP bzw. seine Endbenutzer nach geeigneten Web Services suchen. Dabei kommt dem WAYS-Service eine Schlüsselfunktion zu. Zuvor wurde bereits aufgezeigt, wie registrierte Web Services in einer Datenbanktabelle verwaltet werden. Die so definierten Attributwerte sind standardisiert, was eine Interpretation durch die Föderationsteilnehmer ermöglicht. Dabei umfasst diese Phase folgende Subaktivitäten:

- WAYS-Anfrage
- WSR-Abfrage

- WAYS-Antwort

Abbildung 8-5 veranschaulicht die Kommunikation zwischen Endbenutzer, IdSP und WAYS-Service in einem Datenflussdiagramm.

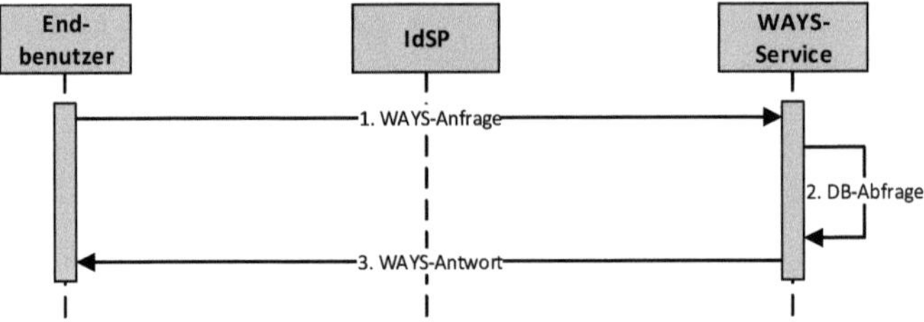

Abbildung 8-5: Datenflussdiagramm WAYS-Suche

Dabei wird eine WAYS-Anfrage von einem Endbenutzer ausgelöst und über den IdSP an den WAYS-Service gesendet, wobei Endbenutzer sowohl Individuen als auch Software-Agenten sein können.

WAYS-Anfrage (P3A1-1v)

In dieser Subaktivität wird eine Anfrage, ein sogenannter WAYS-Request an den WAYS-Service gesendet. Dieser beinhaltet spezifische Anforderungen an einen benötigten Web Service. Eine WAYS-Anfrage kann manuell durch einen Endbenutzer eines IdSP oder aufgrund bestimmter, vordefinierter Parameter im Rahmen eines Geschäftsprozesses automatisiert durch einen Software-Agenten ausgelöst werden.

```
...
<xml type="WAYS-Request">
   <ws-requirements>
      <attribute name="WS-Sector" type="String">Finance</attribute>
      <attribute name="WS-Type" type="String">DataAnalysis</attribute>
      <attribute name="WS-Fees" type="Currency" Currency="EUR">
         <from>10.00</from>
         <to>20.00</to>
      </attribute>
      <attribute name="WS-Fees" type="Currency" Currency="USD">
         <from>14.50</from>
         <to>27.50</to>
      </attribute>
   </ws-requirements>
</xml>
...
```

Listing 8-9: WAYS-Anfrage

Für ersteren Fall kann der Nutzer anhand der entsprechenden Attributfelder der Datenbanktabelle WSR eine Anfrage formulieren. Ansonsten werden dazu, die in Subaktivität P2A1-4v festgelegten standardisierten Attribute verwendet. Die DFM-Software im IdSP formuliert dazu eine maschinenlesbare WAYS-Anfrage (vgl. Listing 8-9). In diesem Beispiel sucht der IdSP einen Web Service aus dem Bereich *Finance*, um Datenanalysen durchführen zu können. Außerdem ist definiert, in welcher Preiskategorie sich die Transaktion bewegen darf. Dabei werden Web Services, die in Euro (10.00 – 20.00) und US-Dollar (14.50 – 27.50) abgerechnet werden, berücksichtigt.

WSR-Abfrage (P3A1-2v)

Die in XML formulierte Suchanfrage wird in dieser Subaktivität durch den WAYS-Service interpretiert. Mittels Datenbankabfrage wird anschließend nach Web Services gesucht, die den Kriterien des IdSP entsprechen (vgl. Listing 8-10).

```
SELECT SP-Name, WS-URL, WS-Geo, WS-Fee
FROM WSR
WHERE
   WS-Sector = "Finance"            AND
   WS-Type = "Data Analysis"        AND
   ( WS-Fees BETWEEN "10.00 EUR" AND "20.00 EUR"     OR
     WS-Fees BETWEEN "14.50 USD" AND "27.50 USD" );
```

Listing 8-10: Datenbankabfrage in WAYS-Tabelle

Die XML-basierte Anfrage wird dazu in eine entsprechende Datenbanksprache transformiert, wobei im DFM dazu die Sprache SQL verwendet wird. Dabei werden die erforderlichen Attributwerte (*SP-Name, WS-URL, WS-Geo* und *WS-Fee*) für den IdSP abgefragt. Aus der Abfrage resultiert eine Ergebnismenge, die keinen, einen oder mehrere potentielle Web Services beinhalten kann.

```
...
<xml type="WAYS-Response">
   <webservices>
      <webservice id="001">
         <sp-name>ibm.de</sp-name>
         <ws-url>
            <webserver-url>https://ibm.com/dataAnlysis.htm</webserver-url>
            <webserver-port>5005</webserver-port>
         </ws-urlY
      </webservice>
      <webservice id="002">
      ...
      </webservice>
   </webservices>
</xml>
...
```

Listing 8-11: WAYS-Antwort

WAYS-Antwort (P3A1-3v)

Das Resultat der Suchanfrage wird vom WAYS-Service anschließend wiederum in eine standardisierte WAYS-Response im XML-Format transformiert und an den IdSP übermittelt (vgl. Listing 8-11). Aus der Ergebnismenge kann der IdSP einen Web Service auswählen, wofür grundsätzlich verschiedene Möglichkeiten zur Verfügung stehen, die im folgenden Abschnitt erläutert werden.

8.4.2 Suchanfrage via eigene Datenbank (P3A2)

Neben der Abfrage von Web Services über den WAYS, besteht für Endbenutzer auch die Möglichkeit auf eine eigene Datenbank zurückzugreifen. Für jede erfolgreich aufgebaute Vertrauensbeziehung bezüglich einer Transaktion mit einem Service Provider, wird im sogenannten Trust-Transaction-Protocol (vgl. Abschnitt 7.2.2) ein Datensatz erzeugt. In diesem Datensatz sind verschiedene Angaben zur Nutzung der einzelnen Web Services enthalten, unter anderem auch die URL des Web Service. Tabelle 8-7 zeigt einen beispielhaften Ausschnitt einer TTP. Detaillierte Informationen zu einer TTP werden in Phase 4 bereitgestellt.

Transaction-ID	WS-URL	...	Transaction-Date	...
2014-00198	https://ibm.com/dataAnalysis.htm	...	2014-05-12	...
2014-00054	https://sap.com/bigData/Analytics.htm	...	2014-01-15	...
2014-00012	https://gnip.com/dataAnalysis.htm	...	2014-01-05	...
	...	...	...	...

Tabelle 8-7: Ausschnitt aus einer TTP

Dabei kann mit Hilfe der TTP bei einem IdSP ein vergleichbarer Vorgang, wie in Aktivität P3A1 beschrieben, abgebildet werden. Jedoch ist dazu eine weitere Tabelle erforderlich, die über die Transaktions-ID verknüpft ist. Diese Tabelle ist strukturell an das Web Service Register des WAYS-Service angelehnt und enthält lediglich ein zusätzliches Feld, in dem die Transaktions-ID hinterlegt wird (vgl. Tabelle 8-8).

WS-URL	SP-Name	...	WS-Fee	Transaction-ID
https://ibm.com/dataAnalysis.htm	ibm.de	...	20,00 USD	2014-00198
https://sap.com/bigData/Analytics.htm	sap.com	...	14,40 EUR	2014-00054
https://gnip.com/dataAnalysis.htm	gnip.com	...	25,00 USD	2014-00012
...	...	...	...	

Tabelle 8-8: lokales Web Service Register eines IdSP

Mit Hilfe dieser Datensätze kann der IdSP eine lokale SQL-Anfrage formulieren und nach geeigneten Web Services suchen.

WS-Anfrage (P3A2-1o)

Zu beachten ist an dieser Stelle jedoch die Aktualität der Angaben. Bei einem WAYS-Service handelt es sich um global verfügbare Daten, die von den jeweiligen SP aktuell gehalten werden, was in einem lokalen Web Service Register nicht der Fall ist. Daher sind beispielsweise die generelle Verfügbarkeit oder auch die Gebühren eines Web Service im Vorfeld einer Transaktion mit dem SP abzuklären, was mittels des folgenden Request-Response-Protokolls gelöst werden kann.

```
...
<xml type="WS-Request">
   <ws-url>ibm.com/dataAnalysis.htm</ws-url>
</xml>
...
```

Listing 8-12: WS-Anfrage

In Listing 8-12 wird eine sogenannte WS-Anfrage von IdSP an den entsprechenden SP gesendet, um die die Verfügbarkeit sowie weitere Angaben zu prüfen bzw. abzufragen.

WS-Antwort (P3A2-2o)

Diese Anfrage wird vom SP interpretiert und daraufhin eine entsprechende Antwort formuliert.

```
...
<xml type="WS-Response">
   <ws-url>ibm.com/dataAnalysis.htm</ws-url>
      <attributes>
         <attribute name="Activity" type="String">TRUE</attribute>
         <attribute name="WS-Fee" type="Currency" Currency="USD">
            21.00
         </attribute>
         <attribute name="…">
            …
         </attribute>
   </attributes>
</xml>
...
```

Listing 8-13: WS-Antwort

Der angefragte Web Service ist weiterhin verfügbar, was durch den Rückgabewert *TRUE* signalisiert wird, jedoch wurde zwischenzeitlich die Gebühr aktualisiert (vgl. Listing 8-13). Außerdem ist es dem SP möglich, gegebenenfalls weitere Attribute zu liefern. Mit Hilfe dieser Abfrage kann ein IdSP die Aktualität eines Web Service prüfen und eine entsprechende Entscheidung treffen.

Tabelle 8-9 fasst die wesentlichen Aspekte dieser Phase zusammen. Vertrauensbeziehungen werden im Rahmen dieser Phase nicht tangiert.

Phase 3	**Web Service Ermittlung**
Zielsetzung	Suche von geeigneten Web Services anhand von standardisierten Attributen
Rollen	EB, IdSP, WAYS
Subaktivitäten	P3A1-1v, P3A1-2v, P3A1-3v, P3A2-1o, P3A2-2o
Vertrauensbeziehungen	-

Tabelle 8-9: Zusammenfassung Phase 3 – Web Service Ermittlung

8.5 Phase 4 – Web Service Initialisierung

Nachdem in der vorherigen Phase anhand bestimmter Kriterien nach geeigneten Web Services im Rahmen der DFM-Föderation gesucht wurde, beschäftigt sich diese Phase mit der Selektion eines Web Service, dem Aufbau der damit verbundenen Vertrauensbeziehungen sowie der Provisionierung des jeweiligen Endbenutzers. Zur Abbildung dieser Aspekte benötigt diese Phase folgende Aktivitäten:

- Web Service Selektion
- Web Service Anfrage evaluieren
- Provisionierung

8.5.1 Web Service Selektion (P4A1)

Grundsätzlich können IdSP benötigte Web Services auf zwei unterschiedliche Wege selektieren. Zum einen kann eine Abfrage beim WAYS-Service der jeweiligen Föderation erfolgen, welche eine bestimmte Ergebnismenge zurückliefert, aus der ein geeigneter WS ausgewählt werden kann (vgl. Aktivität P3A1). Zum anderen können Web Services auch über eine lokale Datenbank abgefragt werden (vgl. Aktivität P3A2). Die Selektion eines Web Services aus der Ergebnismenge involviert folgende Subaktivitäten:

- Web Service selektieren
- Serviceanfrage stellen

Web Service selektieren (P4A1-1v)

Als Eingabewert für diese Subaktivität werden die Ausgabewerte der Aktivitäten P3A1 bzw. P3A2 als Ergebnismenge E verwendet. Grundsätzlich ist dabei folgende Fallunterscheidung zu treffen:

i. E = (Ø) - In diesem Fall liefert die Abfrage eine leere Ergebnismenge zurück. Dies hat zur Konsequenz, dass der IdSP nach Alternativen suchen muss. Zum einen kann ein erneuter WAYS-Request mit angepassten Kriterien (z.B. Erhöhung der Gebühren) ausgeführt werden. Zum anderen kann auch auf andere Föderationen zurückgegriffen werden. Falls der geforderte Web Service Teil eines Geschäftsprozesses beim IdSP wäre, würde damit gegebenenfalls an dieser Stelle ein Abbruch und eine entsprechende Fehlermeldung verbunden sein.

ii. $E = (WS_1)$ - Die Abfrage beim WAYS-Service liefert genau ein Resultat WS_1 von einem SP zurück.

iii. $E = (WS_1, WS_2, ..., WS_n)$ - Auf die Anfrage des IdSP beim WAYS-Service werden mehrere geeignete Web Services von einem oder verschiedenen SP zurückgegeben.

Der erste Fall wird in dieser Arbeit nicht weiter thematisiert. Auf die Alternativen zwei und drei, wird im weiteren Verlauf genauer eingegangen.

ID	SP-Name	WS-URL	WS-Fee
001	AZ Kisis	http://ws.com/kisis/	20.50 USD
002	IM Infosphere	http://im.com/infosphere	18.70 USD
003	MS Streamer	http://ms.com/streamer	24.30 USD
004	OR EventPro	http://or.com/eventpro	19.80 USD
005	SAPPS ESP	http://sapps.com/esp	14.50 EUR

Tabelle 8-10: Ergebnismenge aus WAYS-Response

Die Abfrage aus Aktivität P3A1 bzw. P3A2 liefert beispielhaft die in Tabelle 8-10 visualisierte Ergebnismenge. Dabei stehen also potentiell mehrere Web Services zur Auswahl, welche die Suchkriterien des IdSP erfüllen.

Grundsätzlich ist im DFM ein Algorithmus zur Auswahl von Web Services aus einer Ergebnismenge E definiert, welcher in einem Aktivitätsdiagramm in Abbildung 8-6 skizziert wird. Zu Beginn wird überprüft, ob seitens IdSP oder Endbenutzer Richtlinien zur Serviceauswahl festgelegt wurden. Ist dies der Fall, werden die Policies mit E abgeglichen und Web Services welche die jeweiligen Regeln nicht erfüllen, werden nicht mehr berücksichtigt. Sollten sich einzelne Regeln bzw. die komplette Richtlinie gegenseitig widersprechen, wird diejenige des IdSP höher gewichtet. Des Weiteren können individuell von IdSP bzw. Endbenutzer initiiert, zusätzliche Prüfungen durchgeführt werden.

Zum einen können Endbenutzer die Ergebnismenge mit deren Datenbanktabellen TTP in Verbindung mit RTP abgleichen, in welchen vergangene Transaktionen und deren Bewertungen gespeichert werden. Genauere Ausführungen zu den genannten Tabellen werden im Rahmen der nächsten Aktivität zur Verfügung gestellt. Individuell festgelegte Grenzwerte bezüglich einzelner Evaluationskriterien bzw. der Gesamtbewertung von Transaktionen können als Grundlage verwendet werden. Unterschreitet die Bewertung einer bestimmten Transaktion also einen definierten Grenzwert, wird der entsprechende SP mit der Ergebnismenge abgeglichen und daraus gelöscht. Die Ausgestaltung von Grenzwerten obliegt dabei den jeweiligen Entitäten. Direkte Erfahrungen können somit einen entscheidenden Beitrag bei der Auswahl eines Web Service beitragen.

Daraufhin wird E aktualisiert und je nach Ausgestaltung der Ergebnismenge werden weitere Maßnahmen analog umgesetzt. In dem in Abbildung 8-6 dargestellten Algorithmus sind noch weitere Prüfschritte (vgl. *„prüfe ...“*), wie z.B. die Kontrolle auf bestimmte Zertifizierungen denkbar, um die Ergebnismenge weiter einzuschränken. Jedoch wird an dieser Stelle aus Gründen der Übersichtlichkeit darauf verzichtet, da die Abläufe grundsätzlich identisch sind.

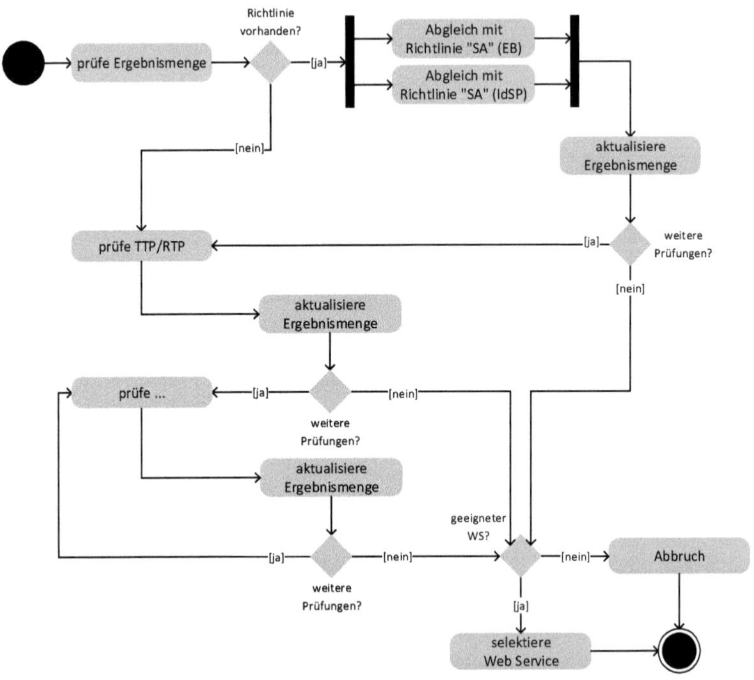

Abbildung 8-6: Aktivitätsdiagramm zur Auswahl eines Web Service

Sind keine Prüfungen mehr erforderlich bzw. verfügbar, wird entweder ein geeigneter Web Service aus der verbleibenden Ergebnismenge selektiert oder die Auswahl wird abgebrochen.

Nachdem ein Web Service ausgewählt wurde, besteht ab diesem Zeitpunkt eine unidirektionale Vertrauensbeziehung von Endbenutzer zu SP bzw. WS. Damit ist die Grundlage geschaffen, dass eine Anfrage an den SP gestellt werden kann, um diesen Web Service verwenden zu können.

Serviceanfrage stellen (P4A1-2v)

Nachdem der Endbenutzer die Entscheidung für einen bestimmten Web Service getroffen hat, muss eine entsprechende Anfrage an den jeweiligen SP gesendet werden. Listing 8-14 zeigt eine beispielhafte Web Service Anfrage.

```
...
<xml type="Web Service Request">
   <IdSP>
      <IdSP-URL>https://idsp.sv-rgb.de</IdSP-URL>
      <Enduser-ID>johndoe@sv-rgb.de</Enduser-ID>
   </IdSP>
   <transaction>
      <WS-URL>https://spA.storage-online.de</WS-URL>
   </transaction>
</xml>
...
```

Listing 8-14: Web Service Anfrage

Dabei stellt ein Endbenutzer (johndoe) des Unternehmens SV RGB eine Anfrage an einen SP zur Nutzung eines Speicherdienstes. Für SP ist in diesem Zusammenhang entscheidend, dass IdSP sowie auch der jeweilige Endbenutzer ihre URL bzw. ID als Grundlage der folgenden Subaktivitäten angeben.

8.5.2 Web Service Anfrage evaluieren (P4A2)

Im Rahmen dieser Aktivität wird die Web Service Anfrage des IdSP interpretiert und entsprechende vertrauensbildende Maßnahmen werden angefordert. Der IdSP sendet die geforderten Maßnahmen, die wiederum seitens des SP ausgewertet werden. Dabei sind für diese Aktivität folgende Subaktivitäten erforderlich:

- Web Service Anfrage auswerten
- VM-Anfrage
- VM-Antwort
- VM-Antwort auswerten

Aufgrund seiner Komplexität wird der Ablauf dieser Aktivität in Abbildung 8-7 in einem Sequenzdiagramm veranschaulicht. Dabei werden die einzelnen Subaktivitäten nochmals in verschiedene Schritte unterteilt sowie diverse Bedingungen (*if/else*) skizziert.

Web Service Anfrage auswerten (P4A2-1v)

Zuerst wird aus der eingehenden Web Service Anfrage seitens des SP die anfragende Instanz überprüft. Dabei werden sowohl der IdSP selbst, als auch die jeweilige Identität des Endbenutzers abgefragt. Letzteres entfällt, wenn es sich um einen Software-Agenten des IdSP handelt.

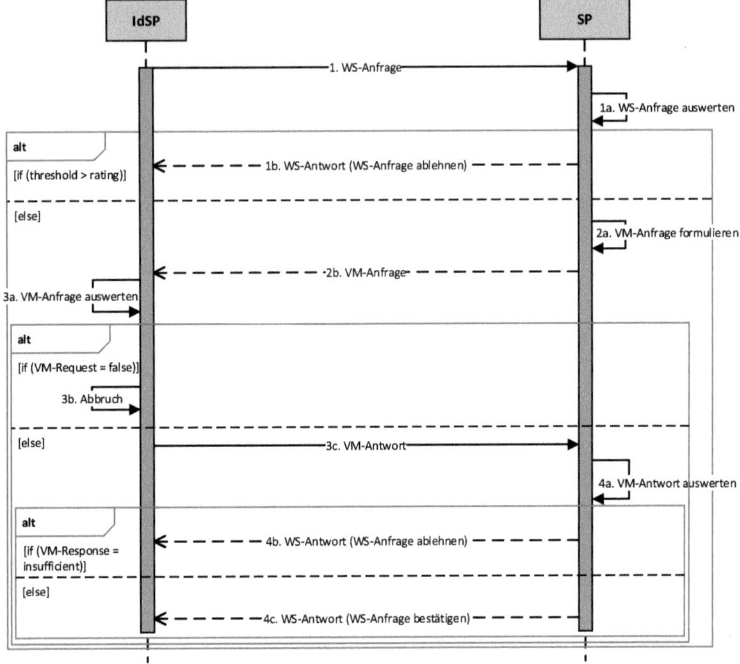

Abbildung 8-7: Web Service Anfrage evaluieren

Ähnlich dem Vorgehen eines IdSP, können SP dabei auf die Datenbanktabellen TTP und RTP zurückgreifen. Weitere Ausführungen zu den Tabellen TTP und RTP finden sich im Folgenden.

```
...
<xml type="Web Service Response">
   <transaction>
      <WS-URL>https://spA.storage-online.de</WS-URL>
      <result>FALSE</result>
   </transaction>
</xml>
...
```

Listing 8-15: Negative Web Service-Antwort

Wie bereits in Abschnitt 7.2.2 erläutert, werden darin erfolgreich etablierte Vertrauensbeziehungen und entsprechende eigene Bewertungen zu vergangenen Transaktionen hinterlegt. Analog zu IdSP, können SP beispielsweise einen Grenzwert der Bewertungen definieren, unterhalb diesem keine weitere Vertrauensbeziehung mit einer bestimmten Entität eingegangen wird. Gesetzt den Fall ein IdSP und/oder ein Endbenutzer unterschreiten einen definierten Grenzwert, wird die jeweilige Anfrage abgelehnt (vgl. Listing 8-15). Dazu wird dem anfragenden IdSP als Antwort der Wert *FALSE* übermittelt.

Des Weiteren ist eine Prüfung der Tabelle STP auf aktive Sessions des Endbenutzers erforderlich. Aktive Sessions sind mit bestimmten Rollen und damit mit spezifischen Berechtigungen verbunden, die in Folge des Nachweises von einer oder mehreren vertrauensbildenden Maßnahmen gegenüber dem SP im Rahmen einer anderen Transaktion gewährt wurden. Dies kann für eine neue Anfrage verwendet werden. Möglicherweise beinhaltet die aktive Session bereits eine oder mehrere Rollen, welche die erforderlichen Berechtigungen für den angefragten Web Service umfassen. Daher erfolgt an dieser Stelle ein Abgleich der aktiven Rollen mit der erforderlichen Rolle und den damit verbundenen Berechtigungen. Reichen diese aus, sind die weiteren Subaktivitäten im Rahmen dieser Aktivität belanglos und es würde direkt mit der Provisionierung (vgl. Aktivität P4A3) fortgefahren. Ist dies nicht der Fall, ist ein Durchlaufen der weiteren Subaktivitäten dieser Aktivität erforderlich.

VM-Anfrage (P4A2-2v)

Wird ein definierter Grenzwert nicht unterschritten, wird die Tabelle RPM konsultiert. Dazu muss die erforderliche Rolle für die angefragte Nutzung des jeweiligen Web Service identifiziert und der damit verbundene Binärwert sowie die zugehörige Servicezugriffsrichtlinie (=XACML-Policy) abgerufen werden. Aus diesen Angaben wird eine Anfrage für den IdSP formuliert. Darin enthalten sind notwendige vertrauensbildende Maßnahmen sowie verknüpfte Bedingungen (vgl. Listing 8-16).

In dieser VM-Anfrage werden die vertrauensbildenden Maßnahmen VM#02, VM#06 und VM#07 angefordert, was einem Binärwert von 0000 0110 0010 und einer Wertigkeit von 98 entspricht. Dabei werden für die einzelnen Maßnahmen verschiedene Nebenbedingungen definiert. Ebenfalls ist zu beachten, dass dieser Anfrage die föderationsweit definierte Zuordnung von Wertigkeitsfeldern zu VM zugrunde liegt (vgl. Tabelle 8-1). Um die Maßnahme *Empfehlungen* (=VM#02) nachweisen zu können, müssen mindestens 20 Datensätze im Zeitraum von 01.01.2014 bis heute, von wenigstens 5 verschiedenen Entitäten mit einer durchschnittlichen Bewertung von 0.85 bereitgestellt werden. Vergleichbar sind die Nebenbedingungen der Maßnahme *Witness Trust* (=VM#06), bei der nur Datensätze als gültig anerkannt werden, denen Transaktionen mit Binärwerten von mindestens 0000 0000 0010 zugrunde liegen.

Im Übrigen wird VM#06 als Pflichtfeld deklariert und kann daher nicht substituiert werden. Mit VM#07 wird eine Authentifizierung mittels Benutzername und Passwort des jeweiligen

Endbenutzers angefordert, welche im Rahmen einer geschützten Session (z.B. SSL oder IP-Sec) erfolgen muss.

```
...
<xml type="VM Request">
   <binaryValue>000001100010</binaryValue>
   <confidence-building-measures>
      <confidence-building-measure id="1">
         <confidence-building-measure id>VM#02<confidence-building-measure>
         <constraints>
            <constraint name="timeframe" type="date">
               <from>2014-01-01</from><to><TODAY /></to>
            </constraint>
            <constraint name="data records">
               <constraint name="amount" type="integer">20</constraint>
               <constraint name="entities" type="integer">5</constraint>
               <constraint name="rating-threshold" type="double">
                  0.85
               </constraint>
            </constraint>
         </constraints>
      </confidence-building-measure id="1">
      <confidence-building-measure id="2">
         <confidence-building-measure id>VM#06<confidence-building-measure>
         <constraints>
            <constraint name="timeframe" type="date">
               <from>2014-01-01</from><to><TODAY /></to>
            </constraint>
            <constraint name="data records">
               <constraint name="amount" type="integer">100</constraint>
               <constraint name="entities" type="integer">10</constraint>
            </constraint>
            <constraint name="binaryValue" type="integer">
               000000000010
            </constraint>
            <constraint name="witness-trust-threshold" type="double">
               0.8
            </constraint>
            <constraint name="state" type="boolean">1</constraint>
         </constraints>
      </confidence-building-measure id="2">
      <confidence-building-measure id="3">
         <confidence-building-measure id>VM#07<confidence-building-measure>
         <constraints>
            <constraint name="AuthenticationContext" type="string">
               PasswordProtectedTransport
            </constraint>
         </constraints>
      </confidence-building-measure id="3">
   </confidence-building-measures>
</xml>
...
```

Listing 8-16: VM-Anfrage

Des Weiteren ist es erforderlich, dass der IdSP des Endbenutzers nach Kantara mit mindestens Level 2 zertifiziert ist. Aufgrund der Verwendung von XML-basierten Sprachen und der föderationsweiten Definition von vertrauensbildenden Maßnahmen, kann diese Nachricht organisationsübergreifend an eine anfragende Entität gesendet und von dieser interpretiert werden.

VM-Antwort (P4A2-3v)

Die Anfrage zu den erforderlichen vertrauensbildenden Maßnahmen wird seitens des IdSP interpretiert. Dabei können grundsätzlich zwei Fälle auftreten:

```
...
<xml type="VM Response">
   <confidence-building-measures>
      <confidence-building-measure id="2">
         <ttp-item id="1">
            <transaction-id>2014-0015</transaction-id>
            <ws-url>http://...</ws-url>
            <ws-role>MEMBER-ADULT </ws-role>
            <idsp-url>https://idp.sv-rgb.de </idsp-url>
            <idsp-eu-id>p.weber@idp.sv-rgb.de </idsp-eu-id>
            <binaryValue>0000 0110 0010</binaryValue>
            <transaction-date>2014-05-20</transaction-date>
            <rating-id>2014-0015_R</rating-id>
            <checksum>5aof05hcbyc1b2c</checksum>
         </ttp-item>
         <ttp-item id="2">
            ...
         </ttp-item>
         ...
         <ttp-item id="n">
            ...
         </ttp-item>
      </confidence-building-measure>
      <confidence-building-measure id="3">
         <AuthnStatement>
            AuthnInstant="2014-06-05T09:22:00"
            <AuthnContextClassRef>
               ac:classes:PasswordProtectedTransport
            </AuthnContextClassRef>
         </AuthnStatement>
         <IAL>2</IAL>
      </confidence-building-measure>
</xml>
...
```

Listing 8-17: VM-Antwort

Einerseits ist es möglich, dass die geforderten Maßnahmen nicht befriedigt und auch nicht substituiert werden können bzw. diese nicht erbracht werden wollen, was an dieser Stelle zu einem Abbruch des Prozessablaufs durch den Endbenutzer führen würde. Andererseits werden zum Nachweis der notwendigen VMs, die jeweiligen Schritte eingeleitet. Die Übermittlung von Datensätzen zu Witness Trust, setzt Abfragen auf die Tabellen *RTP* und *TTP* voraus. Des Weiteren ist die erforderliche Authentifizierung nach IAL2 beim IdSP auszuführen, wozu in diesem Fall ein klassisches Challenge-Response-Verfahren zwischen IdSP und dem jeweiligen Endbenutzer angewendet wird. Verläuft die Authentifizierung erfolgreich, kann dies entsprechend bestätigt werden.

Nachdem diese Anforderungen abgearbeitet sind, wird wiederum eine Antwort erstellt (vgl. Listing 8-17). Dabei werden die einzelnen Datensätze des Trust-Transaction-Protocol übermittelt, welche die definierten Nebenbedingungen erfüllen. Zusätzlich wird die Behauptung, der Authentifizierung des Endbenutzers mit dem zugehörigen *Identity Assurance Level* bereitgestellt. Für Erläuterungen von Struktur und Bedeutung der genannten Felder sei an dieser Stelle auf Abschnitt 8.5.2.1 verwiesen. Des Weiteren wurden in der entsprechenden Richtlinie Empfehlungen als erforderliche VM definiert. Diese Maßnahme kann jedoch nicht von dem jeweiligen IdSP, sondern muss von Zeugen in der DFM-Föderation abgefragt werden. Weitere Ausführungen finden sich dazu in Abschnitt 8.5.2.2.

VM-Antwort auswerten (P4A2-4v)

Im Rahmen dieser Subaktivität wird die übermittelte Nachricht des IdSP mit den enthaltenen Behauptungen zu vertrauensbildenden Maßnahmen validiert. Dazu sind abhängig von der jeweiligen VM verschiedene Schritte erforderlich. Aufgrund seiner Komplexität wird diese Subaktivität in einzelne Abschnitte untergliedert.

8.5.2.1 Witness Trust

Dieser Abschnitt befasst sich mit der vertrauensbildenden Maßnahme *Witness Trust*, welche in Listing 8-16 angefordert wurde. Die Idee basiert dabei auf der Weiterverwendung des bereits einmal etablierten Vertrauens von ehemaligen Vertrauenspartnern der DFM-Föderation. Durch die glaubhafte Versicherung, dass die früheren Vertrauensbeziehungen unter bestimmten Bedingungen zustande gekommen sind, können erneut dynamische Vertrauensbeziehungen aufgebaut werden.

Insofern genügt einem SP die Bestätigung anderer Organisationen, dass ein bestimmter IdSP bereits in der Vergangenheit von anderen Partnern als vertrauenswürdig eingestuft wurde. Im Gegensatz zu Empfehlungen von Dritten, beruht diese Maßnahme auf wesentlich objektiveren Kriterien. Deren Absicherung wird jedoch wiederum durch Zeugen gewährleistet. Die Umsetzung dieser Maßnahme erfordert die Tabelle TTP, in welcher Transaktionen früherer Vertrauensbeziehungen archiviert werden. Da es sich hier um vertrauliche Daten handelt, darf die Tabelle nicht an einer zentralen Stelle im DFM hinterlegt werden. Jedoch müssen sowohl IdSP als auch SP auf die darin enthaltenen Daten zugreifen können. Eine dezentrale Verwaltung der Daten durch die teilnehmenden Organisationen wird als zweckmäßig erachtet. Innerhalb dieser Tabelle sind jeweils nur die eigenen Transaktionsdaten enthalten, die im Zuge des Aufbaus von dynamischen Vertrauensbeziehungen generiert wurden. Durch diese Maßnahme wird die Datensicherheit gewährleistet und eine zuverlässige Datenbasis zur Bildung von Vertrauen geschaffen. Im Wesentlichen erfüllt das TTP zwei wichtige Aufgaben:

- **Archivierung erfolgreich nachgewiesener vertrauensbildender Maßnahmen:** In der TTP entspricht jeder Datensatz einer erfolgreich initiierten Vertrauensbeziehung, welche auf definierten vertrauensbildenden Maßnahmen basiert. Damit wird dokumentiert, dass ein IdSP bzw. Endbenutzer durch den erfolgreichen Nachweis vertrauensbildender Maßnahmen das Vertrauen des SP erlangt hat und eine Transaktion angestoßen wurde. Aufgrund der dezentralen Organisation der TTP, ist es erforderlich Datensätze zeitgleich sowohl bei SP als auch IdSP zu hinterlegen.
- **Online-Nachweis historischer Vertrauensbeziehungen:** Der Aufbau dynamischer Vertrauensbeziehungen auf Basis von *Witness Trust*, erfordert die Übermittlung von bestimmten Daten aus der TTP, welche von anderen Föderationsteilnehmern geprüft werden müssen. Dazu ist ein Abgleich der übermittelten Datensätze mit den früheren Vertrauenspartnern notwendig.

Für die weitere Arbeit und insbesondere den Erläuterungen der vertrauensbildenden Maßnahme *Witness Trust,* werden in Tabelle 8-11 beispielhafte Ausschnitte des Trust-Transaction-Protocol aufgeführt. Die Struktur sowie deren Inhalte werden im Anschluss kurz erläutert.

Transaction-ID	WS-URL	WS-Role	IdSP-URL	IdSP-EU-ID	Binary-Value	Transaction-Date	Rating-ID	Checksum	Session-ID
2014-0012	http://...	MEMBER	https://idp.sv-rgb.de	SA_4711@idp.sv-rgb.de	0000 0010 0010	2014-05-05	2014-0012_R	djg89refgkj762d	sess_f94hsief
2014-0013	http://...	MEMBER	https://idp.ureg.de	ful12345@idp.ureg.de	0000 0010 0010	2014-05-15	2014-0013_R	ncvadhfosdfh1d3	sess_kqufnr83
2014-0014	http://...	MEMBER	https://idp.sv-rgb.de	p.weber@idp.sv-rgb.de	0000 0010 0010	2014-05-18	2014-0014_R	qodnvp4h7s82jfb	sess_5gdbsf53h
2014-0015	http://...	MEMBER-ADULT	https://idp.sv-rgb.de	p.weber@idp.sv-rgb.de	0000 0110 0010	2014-05-20	2014-0015_R	5aof05hcbyc1b2c	sess_5gdbsf53h

Transaction-ID	WS-URL	WS-Role	IdSP-URL	IdSP-EU-ID	Binary-Value	Transaction-Date	Rating-ID	Checksum	Session-ID
2014-0012	http://...	MEMBER	https://idp.sv-rgb.de	SA_4711@idp.sv-rgb.de	0000 0010 0010	2014-05-05	2014-0012_R	djg89refgkj762d	sid_ekqs93e8
ORDER_1234	http://...	MEMBER	https://idp.sv-rgb.de	fmueller@ idp.sv-rgb.de	0000 0010 0010	2014-05-12	ORDER_1234_R	jwkaifnd81h3lxn	sid_12fwqlof
2014-0014	http://...	MEMBER	https://idp.sv-rgb.de	p.weber@idp.sv-rgb.de	0000 0010 0010	2014-05-18	2014-0014_R	qodnvp4h7s82jfb	sid_mdnshru8
2014-0015	http://...	MEMBER-ADULT	https://idp.sv-rgb.de	p.weber@idp.sv-rgb.de	0000 0110 0010	2014-05-20	2014-0015_R	5aof05hcbyc1b2c	sid_mdnshru8

Tabelle 8-11: TTP: Auszüge aus Tabellen von SP und IdSP

Struktur der TTP-Tabelle

Eine TTP-Tabelle besteht aus bestimmten Feldern, deren Bedeutungen und Abhängigkeiten im Folgenden erläutert werden:

- **Transaction-ID:** Eindeutige Transaktionsnummer, welche vom SP definiert und für den Nachweis historischer Vertrauensbeziehungen benötigt wird.
- **Web Service URL:** URL-Adresse des Web Service, der von einem SP in der Föderation angeboten wird.
- **Web Service-Role:** Name der Rolle, die der SP einem Endbenutzer im Zuge der Ausführung einer bestimmten Transaktion zugewiesen hat.
- **IdSP-URL:** URL-Adresse des entsprechenden IdSP.
- **IdSP-EU-ID:** Identität, die von dem IdSP verwaltet wird. Der strukturelle Aufbau des Bezeichners der Identität *benutzername@realm.TLD* besteht aus dem Identitätsbezeichner (lokaler Bezeichner der Identität beim IdSP), sowie dem Bereich, der die URL-Adresse des IdSP beinhaltet. Durch diese Struktur ist es einem SP möglich, Benutzer eindeutig zu identifizieren. Somit können personalisierte Services angeboten werden. Im Kontext des DFM kann ein SP somit auch bestimmten Identitäten die Nutzung seiner Dienstleistung verweigern, ohne dass dabei der generelle Aufbau zukünftiger Vertrauensbeziehungen des jeweiligen IdSP dieser Identität negativ beeinflusst wird.
- **Binary-Value:** In diesem Feld wird der Binärwert aus der RPM hinterlegt. Diese Kodierung definiert, welche vertrauensbildende(n) Maßnahme(n) verwendet wurde(n).
- **Transaction-Date:** Zeitpunkt, zu dem die Transaktion vom SP freigegeben wurde.
- **Rating-ID:** Eindeutige Nummer, mit der eine Bewertung der jeweiligen Transaktion in der Tabelle RTP verknüpft ist.
- **Checksum:** In diesem Feld wird eine Prüfsumme hinterlegt, die sich über eine Einweg-Funktion auf den jeweiligen Datensatz berechnet. Dadurch wird die TTP gegen nachträgliche Manipulationen geschützt. Eine Änderung an einem Datenfeld führt zu einer veränderten Prüfsumme, wodurch diese nicht mehr mit dem Wert im Feld Checksum übereinstimmt. Das Feld Session-ID wird nicht in die Prüfsummenberechnung einbezogen.
- **Session-ID:** Eine Session-ID wird individuell von der jeweiligen Entität vergeben und als Verknüpfung zur Tabelle STP verwendet. Insofern ist eine eindeutige Zuordnung aller durchgeführten Transaktionen zu einer Session möglich, wodurch die jeweils aktuell gültige Rolle zu einer Session feststellbar ist.

Bedeutung der Transaktionsdaten

Die grau-hinterlegten Datensätze in Tabelle 8-11 beinhalten identische Transaktionsdaten in den TTP des IdSP und SP. Die Zeilen wurden in die Datenbanktabellen eingefügt, als der SP den Nachweis der angeforderten vertrauensbildenden Maßnahmen seitens des IdSP akzeptiert hat.

Beispielsweise konnte Transaktion *2014-0014* nur durch den Nachweis von bestimmten Empfehlungen und Witness Trust (0000 0010 0010) ausgeführt werden. In diesem Zusammenhang hat die Identität *p.weber@idp.sv-rgb.de* die Rolle MEMBER durch das DFM erhalten. Kurz darauf wurde von dieser Identität eine weitere Anfrage ausgelöst, für die jedoch die bereits vorhandenen Berechtigungen nicht ausreichend waren. Daher wurde eine zusätzliche vertrauensbildende Maßnahme, eine Authentifizierung nach Identity Assurance Level 2 (0000 0110 0010) durch den SP angefordert. Durch den erfolgreichen Nachweis, wurde die Rolle MEMBER-ADULT zugewiesen.

Beide Transaktionen wurden im Laufe einer Session erfolgreich durchgeführt, so dass beide Datenzeilen die gleiche Session-ID tragen. Des Weiteren wird veranschaulicht, dass identische Transaktionsdaten in den TTP der beteiligten Organisationen vorliegen.

8.5.2.1.1 Absicherung der Tabelle TTP

Die Vollständigkeit und Neutralität der Transaktionsdaten als Basis des Aufbaus von Vertrauensbeziehungen, wird durch das automatische Hinzufügen von Datensätzen in die TTP mittels der DFM-Software gewährleistet. Ein neuer Tabelleneintrag wird erstellt, sobald im Rahmen einer Session ein Endbenutzer eine neue Rolle durch den SP erhält. Um Korrektheit, Integrität und Gültigkeit der Transaktionen sowie der damit verbundenen vertrauensbildenden Maßnahmen nachprüfen zu können, sind die Transaktionsdaten sowohl in dem TTP des IdSP als auch des SP hinterlegt. Dabei unterscheidet sich der Einsatzzweck für beide Entitäten:

1. Ein IdSP verwendet das TTP aus Eigeninteresse, um auf möglichst viele erfolgreiche historische Transaktionen zurückgreifen zu können. Diese können einerseits als Grundlage für Suchanfragen verwendet werden (vgl. Abschnitt 8.4.2) und andererseits im Rahmen der vertrauensbildenden Maßnahme *Witness Trust* zum Aufbau dynamischer Vertrauensbeziehungen zum Einsatz kommen.
2. SP setzen die Datenbanktabelle TTP in Verbindung mit dem RTP im Kontext der Evaluation einer Web Service Anfrage ein (vgl. P4A2-1v). Des Weiteren wird das TTP benötigt, um Gültigkeitsanfragen anderer Föderationsteilnehmer beantworten zu können. Letzteres gilt analog für IdSP.

Hinsichtlich der **Integrität** der Tabelleneinträge ist die Implementierung eines weiteren Schutzmechanismus erforderlich. Im DFM werden hierfür Hashwerte im Feld *Checksum* verwendet, um nachträgliche Manipulationen kenntlich zu machen (vgl. Abschnitt 3.3.2). Damit kann verhindert werden, dass beispielsweise ein IdSP die Wertigkeit der eingetragenen Binärwerte zu seinem Vorteil erhöht.

Durch den Einsatz von Hashwerten kann nicht unterbunden werden, dass historische Transaktionen mittels gültiger Transaktionsdaten und valider zugehöriger Hashwerte, vorgetäuscht werden. Ein IdSP könnte beispielsweise zusätzliche Transaktionsdaten mit gültigen Hashwerten in seinem TTP hinterlegen. Diese Tatsache macht eine weitere Absicherung dieser Maßnahme erforderlich. Daher sind die Datensätze einer TTP zusätzlich auf ihre **Gültigkeit** zu prüfen. Konkret bedeutet dies, dass jeder übermittelte Transaktionsdatensatz eines IdSP, durch den SP nachprüfbar sein muss. Aufgrund der dezentralen Organisation des TTP, muss die prüfende Entität bei dem jeweiligen historischen Föderationspartner der anfragenden Instanz, die entsprechenden Transaktionsdaten anfordern können (vgl. Abschnitt 8.5.2.1.2).

Durch die Absicherung der Transaktionsdaten hinsichtlich ihrer Integrität und Glaubwürdigkeit sind diese Daten eine vertrauenswürdige und beweiskräftige Datengrundlage für die Maßnahme *Witness Trust*, was den Einsatz für dynamische Föderationen rechtfertigt.

8.5.2.1.2 Überprüfung historischer Vertrauensbeziehungen

Nachdem im vorherigen Abschnitt die Grundlagen für die Absicherung der Maßnahme *Witness Trust* erläutert wurden, wird im Folgenden die Überprüfung von historischen Vertrauensbeziehungen auf Basis des TTP beschrieben. Dazu ist ein Abgleich mit der jeweiligen Richtlinie erforderlich. Die in Listing 8-16 definierten Nebenbedingungen zur VM *Witness Trust* werden wie folgt interpretiert:

- 100 Datensätze von mindestens 10 verschiedenen Entitäten.
- Das Transaktionsdatum muss zwischen 01.01.2014 und dem heutigen Datum liegen.
- Der jeweilige Binärwert muss mindestens 0000 0000 0010 entsprechen.
- Der Witness-Trust-Threshold (WTT) liegt bei 0.8.

Im Zuge dieser Überprüfung wird ein Vertrauenswert (VW) mathematisch errechnet und mit dem vordefinierten WTT abgeglichen. Sofern der ermittelte Vertrauenswert oberhalb dieses Grenzwertes liegt, wird diese VM als nachgewiesen betrachtet. Der errechnete Vertrauenswert entspricht dabei dem Verhältnis aus übermittelten Transaktionsdaten und den aus dieser Menge als gültig nachgewiesenen Transaktionsdaten. Daraus lässt sich folgende Formel ableiten:

$$Vertrauenswert\ VW = \frac{\sum gültige\ Transaktionen}{\sum übermittelte\ Transaktionen}$$

Mit Hilfe dieser Formel ist es möglich, den Grad des Vertrauens auf der Basis von historischen Transaktionsdaten rechnerisch zu bestimmen. Eine aussagekräftige Berechnung erfordert folgende Prüfschritte:

1. **Korrektheit:** Dabei werden die übermittelten Datensätze mit den Nebenbedingungen der jeweiligen Richtlinie des angeforderten Web Service abgeglichen. In die Ermitt-

lung des Vertrauenswerts werden lediglich jene Datensätze einbezogen, welche die Bedingungen mindestens erfüllen.

2. **Integrität:** Die Prüfsumme der übermittelten Datensätze wird neu berechnet, wodurch grundsätzlich manipulierte Angaben ausgeschlossen werden können.
3. **Gültigkeit:** Die Gültigkeit von Transaktionsdaten kann durch die jeweiligen historischen Vertrauenspartner bestätigt werden.

Abbildung 8-8 veranschaulicht, wie historische Transaktionen eines IdSP als vertrauensbildende Maßnahme durch einen SP überprüft werden.

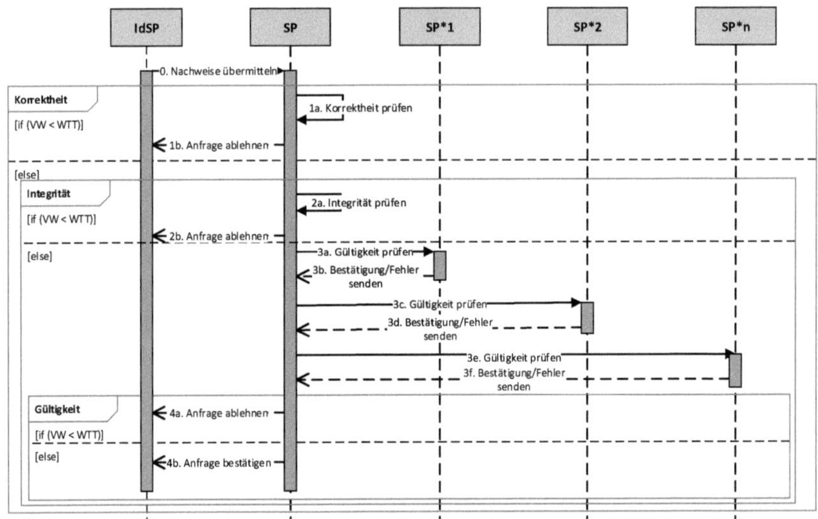

Abbildung 8-8: Prüfung historischer Vertrauensbeziehungen

Zwischen den Entitäten IdSP und SP* bestehen historische Vertrauensbeziehungen aufgrund vergangener Transaktionen in dieser Föderation. Nachdem der IdSP die geforderten Transaktionsdaten übermittelt hat, werden diese nach oben genanntem Ablauf geprüft. Zuerst werden Korrektheits- und Integritätsprüfungen durchgeführt und anschließend jeweils der Vertrauenswert berechnet. An dieser Stelle ist darauf hinzuweisen, dass die Übermittlung von Transaktionsdaten wie in Listing 8-17 beschrieben, gegebenenfalls Datenschutzanforderungen verletzt, da unter anderem personenbezogene Daten übertragen werden und dadurch eine Profilierung von Föderationsteilnehmern möglich wäre. Daher kann der WAYS-Service die Korrektheits- und Integritätsprüfungen in der DFM-Software deaktivieren und lediglich die Kontrolle der Gültigkeit zulassen.

Unabhängig davon werden innerhalb des dritten Prüfschrittes, frühere Kooperationspartner direkt kontaktiert, um die Gültigkeit der Transaktionen zu verifizieren.

Da dem SP die URL-Adresse des jeweiligen historischen SP* aus den übertragenen Transaktionsdaten bekannt ist, kann dieser automatisch eine Anfrage an jeden einzelnen SP* senden. Dabei wird eine sogenannte *Witness Trust-Anfrage* an den entsprechenden SP* übermittelt. In dieser ist die Transaction-ID und die dazugehörige Checksum enthalten (vgl. Listing 8-18).

```
...
<xml type="Witness-Trust-Request">
   <transactions>
      <transaction id="1">
         <transaction-id>ORDER_1234</transaction-id>
         <checksum>jwkaifnd81h3lxn</checksum>
      </transaction>
   </transactions>
</xml>
...
```

Listing 8-18: Witness Trust-Anfrage

Die DFM-Software des entsprechenden SP* nimmt die Anfrage entgegen und durchsucht sein TTP nach einem passenden Tabelleneintrag, welcher beide Kriterien erfüllt. Das Ergebnis der Datenbankabfrage sendet der SP* in Form einer *Witness Trust-Antwort* an den SP zurück. In der Antwort ist die *Transaction-ID* sowie das Ergebnis (*Result*) enthalten, das den Wert *TRUE* oder *FALSE* annehmen kann (vgl. Listing 8-19).

```
...
<xml type="Witness-Trust-Response">
   <transactions>
      <transaction id="1">
         <transaction-id>ORDER_1234</transaction-id>
         <result>TRUE</result>
      </transaction>
   </transaction>
</xml>
...
```

Listing 8-19: Witness Trust-Antwort

Sofern das Ergebnis des SP* den Wert *TRUE* besitzt, ist dies für den SP der Beweis, dass die behauptete Transaktion des IdSP gültig ist. Darüber hinaus bestätigt eine positive Rückmeldung, dass zwischen IdSP und SP* eine dynamische Vertrauensbeziehung in der Vergangenheit erfolgreich unter Berücksichtigung der angeforderten vertrauensbildenden Maßnahmen zustande gekommen ist. Trägt das Ergebnis den Wert FALSE, so kann der SP* die Transaktion nicht bestätigen. Der SP wird daraufhin diese Transaktion als ungültig einstufen. Ebenso ist dies der Fall, wenn die erwartete Antwort des SP*, den SP nicht in einer vordefinierten Zeit erreicht.

Insofern wirken sich bei der Berechnung des Vertrauenswertes gültige Vertrauensbeziehungen positiv aus, ungültige haben hingegen einen negativen Einfluss auf das Ergebnis.

8.5.2.2 Empfehlungen prüfen

Die Verwendung von Empfehlungen im DFM erfordert die Datenbanktabellen TTP und RTP, wobei letztere zunächst in diesem Abschnitt erläutert wird. Die Tabelle RTP dient der Archivierung von Bewertungen abgeschlossener Transaktionen und ist über das Feld *Rating-ID* mit der Tabelle TTP verknüpft. Dadurch kann individuell jede einzelne Transaktion bewertet werden. Das RTP ist im DFM grundsätzlich dezentral organisiert, d.h. Bewertungen liegen direkt bei den jeweiligen Entitäten vor, wodurch Datenschutzanforderungen entsprechend Rechnung getragen wird. Zentrale Instanzen haben somit grundsätzlich keinen Zugriff auf die Bewertungen der einzelnen Föderationsmitglieder. Im RTP können verschiedene Kriterien zur Bewertung von Web Services oder einzelner Entitäten festgelegt werden. Entscheidend in diesem Zusammenhang ist, dass der WAYS-Service als Betreiber einer Föderation, die Kriterien einmalig definiert und föderationsweit kommuniziert. Damit wird gewährleistet, dass gegebenenfalls auch Dritte die Bewertungen im Rahmen der vertrauensbildenden Maßnahme *Empfehlungen* interpretieren und verwenden können.

Die Bewertung eines Kriteriums von Transaktionen wird durch eine Zahl im Wertebereich 0.0 bis 1.0 ausgedrückt. Wie dieser Wert letztendlich zustande kommt, liegt im Verantwortungsbereich der jeweiligen Entität und ist nicht Teil des DFM. Es wird also kein einheitlicher Bewertungsalgorithmus vorgegeben, wodurch letztendlich auch die vertrauensbildenden Maßnahmen *direkte Erfahrungen* und *Empfehlungen* zumindest zum Teil auf subjektiven Einschätzungen der jeweiligen Entität basieren. Bewertungen können sowohl von Endbenutzern als auch SP abgegeben werden. Dazu ist das RTP wie in Tabelle 8-12 aufgebaut.

Rating-ID	QoS #1	QoS #2	...	QoS #n	Overall-Rating-Value
1	0.7	0.5	...	0.3	0.5
2	0.4	0.1	...	-	0.25
3	0.8	-	...	1	0.9
...	...	...	...	...	...
m	0.6	1	...	0.8	0.8

Tabelle 8-12: Ausschnitt einer RTP

Ein Eintrag im RTP umfasst die jeweilige Rating-ID und die einzelnen Bewertungskriterien, wobei es nicht zwingend erforderlich ist, dass für jede Transaktion alle Kriterien bewertet werden. Eine Gewichtung der Kriterien erfolgt von Seiten des DFM grundsätzlich nicht, kann aber von den einzelnen Entitäten umgesetzt werden. Gerade für die vertrauensbildende Maßnahme *direkte Erfahrungen* kann eine Gewichtung von wertvoller Bedeutung sein.

Aufgrund der dezentralen Organisation dieser Tabellen müssen Empfehlungen von Dritten, also anderen Föderationsteilnehmern abgefragt werden. In diesem Zusammenhang stellt sich die Frage, wie andere Entitäten im DFM befragt werden können. Eine Vermittlung über den WAYS-Service ist im DFM aufgrund von Datenschutzanforderungen nicht möglich. Grundsätzlich kennen DFM-Teilnehmer nur solche Entitäten mit denen bereits im Vorfeld eine Vertrauensbeziehung bestanden hat. Daher dient in diesem Kontext das Trust-Transaction-Protocol als Grundlage für das Einholen von Empfehlungen, in welchem die URLs der früheren Partner gespeichert sind.

```
...
<xml type="Recommendation-Request">
   <entity>
      <entity-URL>https://idsp.sv-rgb.de</entity-URL>
   </entity>
   <constraints>
      <constraint name="timeframe" type="date">
         <from>2014-01-01</from>
         <to><TODAY /></to>
      </constraint>
   </constraints>
</xml>
...
```

Listing 8-20: Empfehlungs-Anfrage

Dazu werden die jeweilige URL sowie definierte Nebenbedingungen der Empfehlungen übermittelt und entsprechende Bewertungen zu dem potentiellen Transaktionspartner angefordert (vgl. Listing 8-20). Die Anfrage kann dabei wie folgt beantwortet werden (vgl. Listing 8-21).

```
...
<xml type="Recommendation-Response">
   <entity>
      <entity-URL>https://idsp.sv-rgb.de</entity-URL>
   </entity>
   <ratings>
      <rating id="1">
         <transaction-date>2014-05-05</transaction-date>
         <QoS#1>0.8</QoS#1>
         <QoS#2>0.7</QoS#2>
         ...
      </rating>
      <rating id="2">
         ...
      </rating>
   </ratings>
</xml>
...
```

Listing 8-21: Empfehlungs-Antwort

Es werden zu der jeweiligen Entität verschiedene Bewertungen übermittelt, welche das Transaktionsdatum und die bewerteten Kriterien enthalten. Die erhaltenen Bewertungen können anschließend kumuliert werden, um einen Gesamtwert des potentiellen Transaktionspartners zu erhalten. Jedoch sind in diesem Zusammenhang verschiedene Aspekte zu berücksichtigen:

- Das eigene TTP enthält in der Regel nur einen Ausschnitt der Teilnehmer einer DFM-Föderation, wodurch möglicherweise ein nicht repräsentatives Meinungsbild über eine bestimmte Entität entstehen kann.
- Die übermittelten Bewertungen sind subjektiv, können also beispielsweise manipuliert oder falsch sein, wodurch diese möglicherweise von unterschiedlicher Qualität und daher nicht zwingend miteinander vergleichbar sind.

Diese beiden Gesichtspunkte begründen grundsätzlich eine relativ niedrige Wertigkeit dieser vertrauensbildenden Maßnahme, was auch die beispielhafte Einordnung in Tabelle 8-1 letztendlich widerspiegelt. Nichtsdestotrotz kann dadurch ein Beitrag zur Vertrauensbildung geleistet werden. Um den genannten Tatsachen entgegen zu treten, wird im DFM ein Faktor zur Gewichtung der angefragten Entität eingeführt. Als Grundlage bieten sich im DFM im Wesentlichen zwei Aspekte aus archivierten Transaktionen an:

1. Direkte Erfahrungen aus dem RTP zu den angefragten Entitäten.
2. Wertigkeiten (Binärwert) der entsprechenden Transaktionen aus der TTP.

Daher wird diese vertrauensbildende Maßnahme mit einem zweistufigen Verfahren abgesichert. Erstens wird zur Effizienzsteigerung ein Grenzwert definiert, welcher festlegt, an welche Zeugen Z eine Anfrage hinsichtlich Empfehlungen gesendet wird.

$$Grenzwert\ (Z) < \frac{\sum direkte\ Erfahrungen\ (Z^*)}{Anzahl\ Transaktionen\ (Z^*)}$$

Sobald die kumulierten direkten Erfahrungen aus der RTP zu einem bestimmten Zeugen Z*, diesen Grenzwert unterschreiten, wird keine Anfrage an diese Entität gesendet. Dadurch können die Anfragen an frühere Transaktionspartner gegebenenfalls reduziert werden. Zweitens werden erhaltene Bewertungen (vgl. Listing 8-21) mit Hilfe der Wertigkeiten (Binärwerte) gewichtet. Je höher die durchschnittliche Wertigkeit der nachgewiesenen vertrauensbildenden Maßnahmen des jeweiligen Zeugen, desto höher werden die erhaltenen Bewertungen zu einem potentiellen Transaktionspartner PT gewichtet. Somit können die Empfehlungen von Dritten unter Berücksichtigung einer Gewichtung mit folgender Formel kumuliert werden:

$$Empfehlungswert\ (PT) = \frac{\sum \varnothing\ Wertigkeit\ (Z) * Bewertung\ (PT)}{Anzahl\ an\ Rückmeldungen}$$

Des Weiteren ist an dieser Stelle zu berücksichtigen, dass auch eine Vertrauensbeziehung des jeweiligen Zeugen zur anfragenden Instanz erforderlich ist. Zeugen sind reguläre Föderationsteilnehmer und integrieren daher auch die DFM-Software und seine Komponenten.

Somit können deren Tabellen TTP und RTP als Grundlage verwendet werden. Analog der anfragenden Entität nutzen Zeugen ihre direkten Erfahrungen und definieren einen Grenzwert. Unterschreitet der durchschnittliche Erfahrungswert der jeweiligen Instanz diesen, wird keine Antwort gesendet.

8.5.2.3 Identity Assurance Level

Als weitere vertrauensbildende Maßnahme wurde in Listing 8-16 eine Authentifizierung (Benutzername/Passwort über geschützte Session) angefordert, welche durch ein Identity Assurance Level 2 abgesichert ist. Die Authentifizierung an sich erfolgt beim IdSP und kann durch einen SP nicht geprüft werden. Der IdSP sendet lediglich die Behauptung, dass eine Authentifizierung des jeweiligen Endbenutzers mittels einer Kombination aus Benutzername und Passwort im Rahmen einer geschützten Session erfolgreich durchgeführt wurde.

```
...
<xml type="IAL-Request">
   <IdSP>
      <IdSP-URL>https://idsp.sv-rgb.de</IdSP-URL>
      <IAL>2</IAL>
   </IdSP>
//optional
   <KantaraCertificationService>
      <URL>...</URL>
   </KantaraCertificationService>
</xml>
...
```

Listing 8-22: IAL-Anfrage

Das Vertrauen wird bei dieser Maßnahme im Wesentlichen aus einer Zertifizierung nach dem Kantara Identity Assurance Framework sowie einem zugehörigen Niveau abgeleitet. Für diesen Fall wurde eine Kantara-Zertifizierung nach IAL2 angefordert, welche der IdSP auch vorgibt zu besitzen (vgl. Listing 8-17). Die Gültigkeit dieser Zertifizierung kann durch den SP mittels einer Anfrage beim WAYS-Service erfolgen (vgl. Listing 8-22). Dabei werden der jeweilige IdSP sowie das behauptete IAL übermittelt und durch den WAYS-Service verifiziert.

```
...
<xml type="IAL-Response">
   <IdSP>
      <IdSP-URL>https://idsp.sv-rgb.de</IdSP-URL>
      <result>TRUE</result>
   </IdSP>
</xml>
...
```

Listing 8-23: IAL-Antwort

Grundsätzlich erlaubt das DFM auch gültige Kantara-Zertifizierungen, welche außerhalb der jeweiligen DFM-Föderation erteilt wurden. Daher enthält die Anfrage ein optionales Feld, in dem die jeweilige zertifizierende Entität übermittelt werden kann. Mittels dieser URL kann der WAYS-Service gegebenenfalls die Anfrage des SP an den entsprechenden Zertifizierungsdienst analog zu Listing 8-5 weiterleiten und seinerseits prüfen. Nachdem die Anfrage durch den WAYS-Service verifiziert wurde, übermittelt dieser entweder ein positives (TRUE) oder negatives (FALSE) Ergebnis an den SP (vgl. Listing 8-23). In diesem Fall wird gemeldet, dass der anfragende IdSP nach dem behaupteten Kantara IAL2 zertifiziert ist.

WS-Antwort

Die Subaktivitäten P4A2-1v, P4A2-3v und P4A2-4v umfassen jeweils Bedingungen aufgrund derer, die WS-Anfrage abgelehnt bzw. abgebrochen wird. Wir bereits in Listing 8-15 skizziert, wird dem IdSP gegebenenfalls eine negative WS-Antwort gesendet. Sind die übermittelten vertrauensbildenden Maßnahmen jedoch ausreichend, um den angeforderten Web Service nutzen zu können, wird analog eine positive Meldung an den IdSP versendet (vgl. Listing 8-24).

```
...
<xml type="Web Service Response">
   <transaction>
      <WS-URL>https://spA.storage-online.de</WS-URL>
      <result>TRUE</result>
   </transaction>
   <ttp-item>
      ...
   </ttp-item>
</xml>
...
```

Listing 8-24: Positive WS-Antwort

Des Weiteren werden im Rahmen des Eintrags <ttp-item> verschiedene Parameter übermittelt, die im folgenden Abschnitt genauer spezifiziert.

8.5.3 Provisionierung (P4A3)

Nachdem im vorherigen Abschnitt die übermittelten vertrauensbildenden Maßnahmen geprüft wurden und eine Zugriffsentscheidung getroffen wurde, werden im Rahmen dieser Aktivität alle die Provisionierung des Endbenutzers betreffenden Schritte ausgeführt. Dabei umfasst diese Aktivität folgende Subaktivitäten:

- TTP-Eintrag erstellen
- STP-Eintrag erstellen

TTP-Eintrag erstellen (P4A3-1v)

Im DFM ist nach positiver Prüfung der VM-Antwort jeweils ein Datensatz in der Tabelle TTP auf Seite des SP als auch bei IdSP anzulegen. Die erforderlichen Angaben für einen Datensatz in der TTP auf Seiten des SP werden dabei aus den einzelnen Subaktivitäten der vorherigen Aktivität P4A2 abgeleitet. Der IdSP erhält den entsprechend identischen Eintrag vom SP übermittelt (vgl. Listing 8-25).

```
...
<xml type="Web Service Response">
...
  <ttp-item>
    <transaction-id>2014-0015</transaction-id>
    <ws-url>http://...</ws-url>
    <ws-role>MEMBER-ADULT</ws-role>
    <idsp-url>https://idp.sv-rgb.de</idsp-url>
    <idsp-eu-id>p.weber@idp.sv-rgb.de</idsp-eu-id>
    <binaryValue>0000 0110 0010</binaryValue>
    <transaction-date>2014-05-20</transaction-date>
    <rating-id>2014-0015_R</rating-id>
    <checksum>5aof05hcbyc1b2c</checksum>
  </ttp-item>
</xml>
...
```

Listing 8-25: TTP-Eintrag

Diese Angaben werden in eine positive WS-Antwort (vgl. Listing 8-24) integriert, auf Seiten des IdSP von der DFM-Software interpretiert und in das TTP eingepflegt. Wie bereits in Abschnitt 8.5.2.1 beschrieben, dürfen einmal erstellte Einträge nicht mehr verändert werden.

STP-Eintrag erstellen (P4A3-2v)

Des Weiteren ist an dieser Stelle die Tabelle STP bei SP erforderlich. Dabei wird die Session-ID als eindeutiger Schlüssel verwendet, um eine Beziehung zu den entsprechenden Sessions herzustellen. Aus diesem Grund trägt die Tabelle die Bezeichnung *Session-Transaction-Protocol* (STP), wobei diese grundsätzlich nur für SP relevant ist.

Session-ID	WS-Role
sess_f94hsief	MEMBER
sess_kqufnr83	MEMBER
sess_5gdbsf53h	MEMBER
sess_5gdbsf53h	MEMBER-ADULT

Tabelle 8-13: STP: Speicherung gültiger Session-Rollen

SP verwenden das STP, um die im Rahmen einer Session gültige Rolle einer bestimmten digitalen Identität zuzuordnen. Dazu werden die jeweilige Session-ID und die entsprechende Rolle in einem Datensatz hinterlegt (vgl. Tabelle 8-13). Jeder Datensatz wird parallel zum entsprechenden Eintrag in der TTP erzeugt. In der Session *sess_5gdbsf53h* ist beispielsweise die Rolle *MEMBER-ADULT* zugeordnet. Dies bedeutet, dass offensichtlich zusätzliche vertrauensbildende Maßnahmen nachgewiesen und somit die Rolle *MEMBER* ersetzt werden kann. Insofern stehen dem Benutzer in dieser Session zusätzliche Berechtigungen zur Verfügung, um erweiterte Funktionen bzw. Transaktionen in diesem Web Service nutzen zu können.

Im DFM spielt diese Tabelle des SP in Phase 4 eine entscheidende Rolle. Bei jeder Transaktionsanfrage überprüft der SP, ob die erforderlichen Rechte mit der bereits erteilten Rolle vorhanden sind. Dazu wird die aktuell gültige Rolle zu dieser Session-ID aus dem STP ermittelt. Sofern innerhalb dieser Rolle die entsprechende Gruppenberechtigung enthalten ist, wird die angefragte Transaktion ausgeführt. Andernfalls wird aus der RPM die jeweils definierte vertrauensbildende Maßnahme angefordert.

Tabelle 8-14 fasst die wesentlichen Aspekte der vierten Phase zusammen.

Phase 4	**Web Service Initialisierung**
Zielsetzung	Auswahl geeigneter Web Services, Prüfung von WS-Anfragen und entsprechende Provisionierung
Rollen	EB, IdSP, WAYS, SP, Z
Subaktivitäten	P4A1-1v, P4A1-2v, P4A2-1v, P4A2-2v, P4A2-3v, P4A2-4v, P4A3-1v, P4A3-2v
Vertrauensbeziehungen	VB.02_EB.2_SP, VB.03_EB.3_WS, VB.05_IdSP.2_SP, VB.07_IdSP.4_Z, VB.08_SP.1_EB, VB.09_SP.2_IdSP, VB.11_SP.4_Z, VB.14_Z.1_IdSP, VB.15_Z.2_SP

Tabelle 8-14: Zusammenfassung Phase 4 – Web Service Initialisierung

8.6 Phase 5 – Transaktion

Nachdem in der vorherigen Phase die erforderlichen Vertrauensbeziehungen zur Nutzung eines bestimmten Web Service etabliert sowie der jeweilige Endbenutzer entsprechend provisioniert wurden, befasst sich dieser Abschnitt mit der Transaktion an sich. Verläuft die Nutzung regulär und zur Zufriedenheit der beteiligten Parteien, sind in dieser Phase keine weiteren Schritte erforderlich und es wird nach Abschluss der Verwendung des Web Service mit Phase 6 fortgefahren. Nichtsdestotrotz können im Verlauf der Transaktionsphase Ereignisse auftreten, welche entsprechend berücksichtigt werden müssen. Dazu wird folgende Aktivität benötigt:

- Transaktionsereignisse behandeln (P5A1)

8.6.1 Transaktionsereignisse behandeln (P5A1)

Im Rahmen dieser Aktivität werden zwei Ereignisse im Laufe einer Web Servicenutzung behandelt, die einer vordefinierten Abfolge bedürfen. Diese Aktivität umfasst folgende Subaktivitäten:

- Web Service Anfrage (P5A1-1o)
- Web Servicebereitstellung abbrechen (P5A1-2o)

Dabei sind diese beiden Subaktivitäten als exemplarische Behandlung von Ereignissen anzusehen. Weitere Ereignisse können grundsätzlich durch den Föderationsbetreiber umgesetzt werden.

Web Service Anfrage (P5A1-1o)

In Abhängigkeit der zugewiesenen Rolle und der zugehörigen Berechtigungen können Endbenutzer bestimmte Funktionen eines Web Service nutzen. Web Services können grundsätzlich über eine vielschichtige Berechtigungsstruktur verfügen und einzelne Funktionen bedürfen unterschiedlicher Berechtigungen und Rollen. Im Rahmen dieser Subaktivität wird ein Ereignis berücksichtigt, in dem ein Endbenutzer eine Funktion eines WS nutzen will, für welche dieser nicht ausreichend provisioniert ist. Der Aufruf einer derartigen Funktion löst im DFM erneut Aktivität P4A2 aus, wonach eine Web Service Anfrage entsprechend evaluiert wird. Nach erfolgreichem abermaligem Durchlaufen dieser Aktivität, wird erneut eine Provisionierung des Endbenutzers durchgeführt, indem die entsprechenden Tabelleneinträge in TTP und STP (vgl. Aktivität P4A3) erstellt werden.

Somit kann sich im Laufe von Transaktionen das Vertrauen in einen Endbenutzer verändern. Abbildung 8-9 skizziert einen Entwicklungspfad der Wertigkeit von Vertrauen eines bestimmten Endbenutzers bei einem SP. Als Grundlage wird die Vertrauenswertigkeit (=96) aus den nachgewiesenen vertrauensbildenden Maßnahmen der vorherigen Phase verwendet, welche zum Zeitpunkt t_1 abgebildet wird.

Dabei wird davon ausgegangen, dass der Endbenutzer im Zuge der Transaktion zum Zeitpunkt t_2 eine Funktion anfordert, für welche seine bisherigen Berechtigungen nicht ausreichen. Im Beispiel wird aufgezeigt, dass eine Wertigkeit von 288 benötigt und auch entsprechend nachgewiesen wird. t_3 skizziert anschließend eine mögliche weitere Erhöhung der Wertigkeit.

Web Servicebereitstellung abbrechen (P5A1-2o)

Ebenso werden im DFM Ereignisse berücksichtigt, welche eine umgekehrte Entwicklung des Vertrauens zur Folge haben. So ist es beispielsweise in Folge ausstehender Zahlungen von Gebühren für Web Services möglich, dass das Vertrauensverhältnis entzogen und die Web

Servicebereitstellung dadurch abgebrochen wird. Dies wird in Abbildung 8-9 mit Zeitpunkt t_4 aufgezeigt. Ist ein Abbruch aufgrund eines bestimmten Ereignisses notwendig, wird von Seiten des SP unmittelbar die De-Provisionierung (vgl. Abschnitt 8.7.2) durchgeführt.

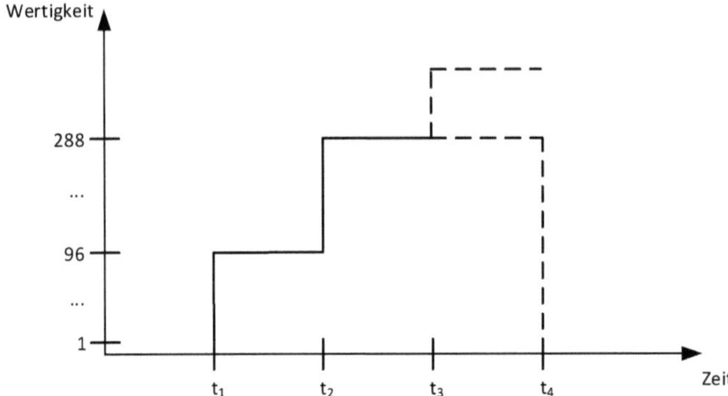

Abbildung 8-9: Entwicklung der Wertigkeit von Vertrauen

Tabelle 8-15 fasst die wesentlichen Aspekte der fünften Phase zusammen. Im Rahmen dieser Phase können explizit zwei Vertrauensbeziehungen betroffen sein. Implizit können jedoch noch weitere Relationen involviert sein.

Phase 5	**Transaktion**
Zielsetzung	Durchführung der Transaktion und Behandlung etwaiger Ereignisse
Rollen	EB, IdSP, SP, WS
Subaktivitäten	P5A1-1o, P5A1-2o
Vertrauensbeziehungen	VB.03_EB.3_WS, VB.08_SP.1_EB

Tabelle 8-15: Zusammenfassung Phase 5 - Transaktion

8.7 Phase 6 – Nachbereitung

Nach Abschluss einer Transaktion wird die Nachbereitung in Phase 6 des DFM durchgeführt. Eine Nachbereitung ist unter anderem erforderlich, um einerseits eine hohe Servicequalität und andererseits ein entsprechendes Verhalten der beteiligten Entitäten zu gewährleisten. Dazu stehen verschiedene Maßnahmen wie Belohnungen oder Strafen zur Verfügung [MIB10]. Des Weiteren müssen erteilte Rollen und zugehörige Berechtigungen wieder entzogen werden. Zur Abbildung dieser Phase sind folgende Aktivitäten erforderlich:

- Bewertung abgeben
- De-Provisionierung

8.7.1 Bewertung abgeben (P6A1)

Im Rahmen dieser Aktivität wird eine Transaktion mittels eines Eintrags in die Tabelle RTP bewertet. Grundsätzlich besteht im Anschluss an eine Transaktion die Möglichkeit eine Bewertung durch Anlegen eines weiteren Datensatzes und Befüllen der einzelnen Kriterien in dieser Tabelle abzugeben. Über alle Felder einer Zeile kann eine Gesamtbewertung zu einer Transaktion erstellt werden, wobei dessen Berechnung individuell beispielsweise unter Berücksichtigung einer Gewichtung oder durch Anwendung des Mittelwerts (vgl. Tabelle 8-12) von den Föderationsteilnehmern festgelegt werden kann. Das RTP steht somit als Datengrundlage für die Web Service Selektion (vgl. Aktivität P4A1) und die Evaluation einer Web Service Anfrage (vgl. Aktivität P4A2) zur Verfügung, um die vertrauensbildende Maßnahme *direkte Erfahrungen* realisieren zu können. Dazu wird auf die archivierten Bewertungen eines potentiellen Transaktionspartners PT in der RTP folgende Formel angewendet.

$$\emptyset\, Bewertung\ (PT) = \frac{\sum Gesamtbewertungen(PT)}{Anzahl\ Transaktionen\ (PT)}$$

Dabei werden die entsprechenden Gesamtbewertungen von PT kumuliert und durch die Anzahl der betroffenen Transaktionen geteilt. Das Ergebnis kann als Grundlage für Entscheidungen im Rahmen der angesprochenen Aktivitäten in Phase 4 Verwendung finden. In Abhängigkeit der jeweiligen Anforderungen der einzelnen Entitäten kann damit beispielsweise eine Rangfolge gebildet oder das Resultat mit einem vordefinierten Grenzwert abgeglichen werden.

8.7.2 De-Provisionierung (P6A2)

Nach Abschluss einer Transaktion ist neben der Bewertung auch die De-Provisionierung ein wichtiger Baustein des DFM, womit sich das DFM am Lebenszyklus digitaler Identitäten (vgl. Abschnitt 4.1.2.1) orientiert. Dazu ist es erforderlich, dass alle Berechtigungen, die im Laufe einer Session einem Endbenutzer zugeteilt wurden, wieder entzogen werden. Eine bestehende Session kann auf unterschiedliche Art und Weise beendet werden:

- Sobald der definierte Teilprozess (vgl. Subaktivität P2A1-4v) beim Endbenutzer abgeschlossen ist, kann dieser optional an den SP ein Datenpaket senden, welches die Beendigung der jeweiligen Session initiiert.
- Nachdem eine vordefinierte maximale Sessiondauer überschritten wurde, wird die Session automatisch verworfen bzw. als ungültig deklariert.
- Ein manueller Abbruch, ausgelöst durch eine der beteiligten Entitäten aufgrund bestimmter Ereignisse (vgl. Phase 5), kann ebenfalls zur Beendigung einer Session führen.

Somit gilt, sobald die Session nicht mehr verfügbar oder ungültig ist, wird die Verbindung zum SP getrennt. Die abermalige Verwendung von Web Services durch einen Endbenutzer, erfordert einen erneuten Durchlauf der oben beschriebenen Phasen. Tabelle 8-16 fasst die wesentlichen Aspekte der sechsten Phase zusammen.

Phase 6	**Nachbereitung**
Zielsetzung	Bewertung von Transaktionen und Entzug von erteilten Berechtigungen
Rollen	EB, IdSP, SP
Aktivitäten	P6A1, P6A2
Vertrauensbeziehungen	VB.03_EB.3_WS, VB.08_SP.1_EB

Tabelle 8-16: Zusammenfassung Phase 6 – Nachbereitung

Kapitel 9

9 Evaluation

Nachdem in den vorherigen beiden Kapiteln das Referenzmodell mit seinen einzelnen Elementen sowie insbesondere das Prozessmodell im Detail vorgestellt wurden, befasst sich dieses Kapitel mit deren Evaluation. Dazu wurden wesentliche Teilbereiche des DFM prototypisch implementiert und somit seine Funktionalität nachgewiesen. Zu Beginn dieses Kapitels wird dabei die Architektur des Prototypen anhand des MVC-Konzeptes (Model-View-Controller) mit seinen einzelnen Segmenten (Benutzerschnittstelle, Applikationslogik und Datenmodell) vorgestellt. Anschließend werden zwei prototypisch implementierte Szenarien des DFM skizziert. Außerdem wird das DFM mit seinen einzelnen Elementen in den entwickelten Kriterienkatalog (vgl. Kapitel 6) eingeordnet und mit existierenden Modellen verglichen. Dieses Kapitel repräsentiert die *Evaluation* Phase der verwendeten Forschungsmethodik Design Research.

9.1 Prototyp-Architektur

Der DFM Prototyp basiert auf dem Model-View-Controller-Konzept [GHJ11]. Zielsetzung ist in erster Linie ein flexibler Entwurf, der spätere Änderungen oder Erweiterungen erleichtert und eine Wiederverwendbarkeit der einzelnen Komponenten ermöglicht. Für Informationssysteme sind 3-Schichten Architekturen wie das MVC bewährte Muster [Has06]. Abbildung 9-1 veranschaulicht den DFM Prototyp.

Dabei wird in der Abbildung eine Gesamtarchitektur dargestellt, welche die drei Teilarchitekturen von WAYS, IdSP und SP integriert. Während die Darstellung von Informationen sowie die Interaktion der DFM-Föderationsteilnehmer (IdSP, SP) auf der Präsentationsschicht (view) des Prototyps mit einem Standard-Webbrowser erfolgt, ist dies für die Konfiguration des WAYS-Service nur zum Teil möglich. Ansonsten steht dazu eine Konsole zur Verfügung. Die eigentliche Steuerung und Umsetzung der Benutzereingaben sowie Dienstleistungen und Algorithmen werden auf Ebene des Controllers ausgeführt. Das DFM-Prozessmodell mit seinen einzelnen Phasen und Aktivitäten sowie Dienstleistungen werden dabei in Abhängigkeit der Anforderungen der Entitäten IdSP, SP und WAYS-Service implementiert. Währenddessen werden die DFM-Vertrauens-Algorithmen lediglich auf Ebene von IdSP und SP umgesetzt. Die Grundlage bildet dabei ein relationales Datenbankmodell, in dem die erforderlichen Daten hinterlegt werden. Die Logik des DFM wird in Java umgesetzt, basierend auf einem Oracle Glassfish Server, welcher für die Datenhaltung eine JavaDB zur Verfügung stellt. Die Entscheidung dahingehend wurde aus einer Vielzahl von Gründen getroffen. Glassfish stellt eine Reihe von vorkonfigurierten Komponenten bereit, was den Integrationsaufwand zu Beginn sehr gering hält. Die Tatsache, dass Glassfish ein Oracle Produkt ist, ist des Weiteren eine gute Grundlage für Weiterentwicklungen und die Einbindung in Unternehmen. Außerdem ist der Server speziell auf J2EE ausgelegt und steht als freie Software zur Verfügung.

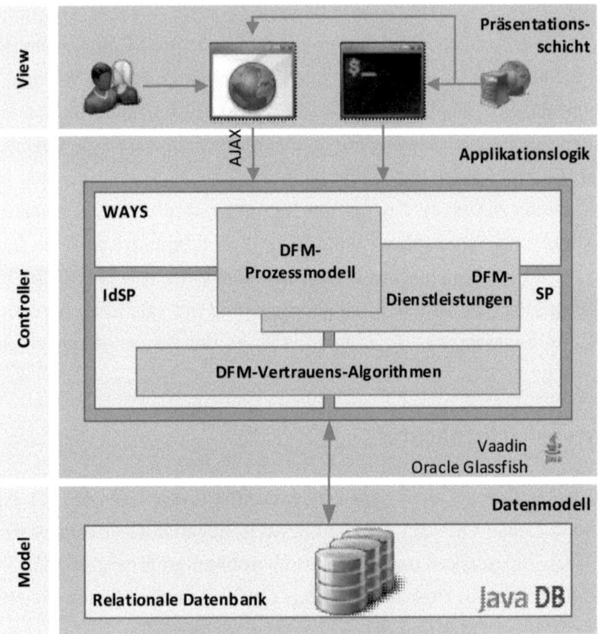

Abbildung 9-1: Architektur des DFM Prototyp

Die Kommunikation zwischen den Elementen auf Controllerebene und der Datenbank wird dabei mittels JDBC realisiert. Insgesamt umfasst der DFM-Prototyp über 5.000 Zeilen an Programmcode, in 17 Paketen und 36 Java Klassen. Des Weiteren wurde für den Prototypen zusätzlich auf diverse externe Bibliotheken zurückgegriffen (z.B. Jdom, SaxonHE, eclipselink oder Vaadin).

9.1.1 Datenmodell (Model)

Das Datenmodell der DFM-Architektur basiert auf einem relationalen Datenbankmodell, welches verschiedene Tabellen integriert. Dabei kann im Wesentlichen in zwei Tabellentypen unterschieden werden (vgl. Abbildung 9-2). Einerseits existieren vertrauensrelevante Tabellen, welche in lokal und global unterschieden werden können. Lokale Tabellen stehen exklusiv den Föderationsteilnehmern zur Verfügung, während die globale Variante hingegen bei einem WAYS-Service vorliegt. Letztere kommen letztendlich auch den Föderationsteilnehmern zu Gute, indem diese über den WAYS-Service für Registrierung (vgl. Aktivität P2A2v) und Suche (vgl. Aktivität P3A1v) von Web Services zur Verfügung stehen. Die gemusterten globalen Tabellen skizzieren eine Variante von DFM-Föderationen, in welchen eine zentrale Verwaltung von Transaktionen und Bewertungen erfolgt, die aber für diese Arbeit nicht relevant sind. Die Entkoppelung von globalen und lokalen Tabellen trägt in erster Linie zu den Datenschutzanforderungen in dynamischen Föderationen bei. Dadurch wird grundsätzlich gewährleistet, dass die zentrale Instanz, der WAYS-Service keinen Zugriff auf Transaktionsdaten hat. Des Weiteren existieren systemspezifische Tabellen bei allen Teilnehmern, welche beispielsweise für den Austausch von Nachrichten, Konfigurationen oder Transformationen verwendet werden. Soweit notwendig, werden zusätzliche Tabellen im Verlauf dieses Kapitels eingeführt.

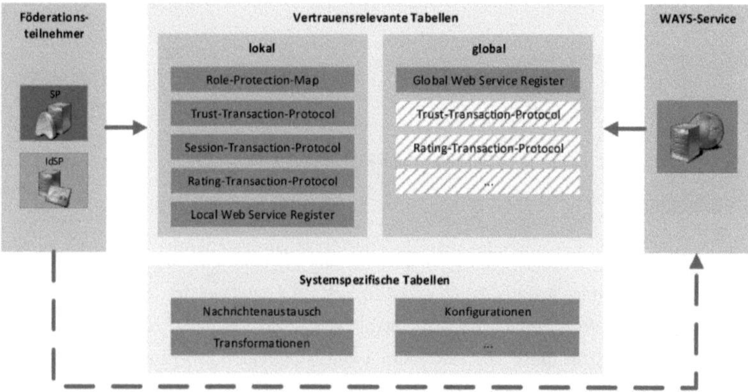

Abbildung 9-2: Tabellentypen im DFM

Im Folgenden wird der Typus der vertrauensrelevanten Tabellen vorgestellt und mit Hilfe eines UML-Diagramms veranschaulicht. Die Bedeutung der einzelnen Tabellen für das DFM und deren Bezug untereinander wurden bereits in Abschnitt 7.2.2 erläutert, da dies für das Verständnis des DFM-Prozessmodells unabdingbar ist.

Lokale Tabellen

Die lokalen Tabellen sind in der DFM-Software integriert und werden bei den Föderationsteilnehmern (IdSP, SP) betrieben, um den dezentralen Gedanken des DFM zu realisieren. Auf Seiten des SP ist eine initiale Befüllung der Role-Protection-Map erforderlich, um Web Service Anfragen beantworten zu können. Datensätze in den weiteren Tabellen korrespondieren mit erfolgreich etablierten Vertrauensbeziehungen mit anderen Föderationsteilnehmern. Letzteres gilt analog für Datenbanktabellen des IdSP. In Abbildung 9-3 werden die lokalen Tabellen im DFM mittels UML-Modellierung veranschaulicht, wobei deren einzelne Felder sowie deren Datentypen und Primär- sowie Fremdschlüssel enthalten sind.

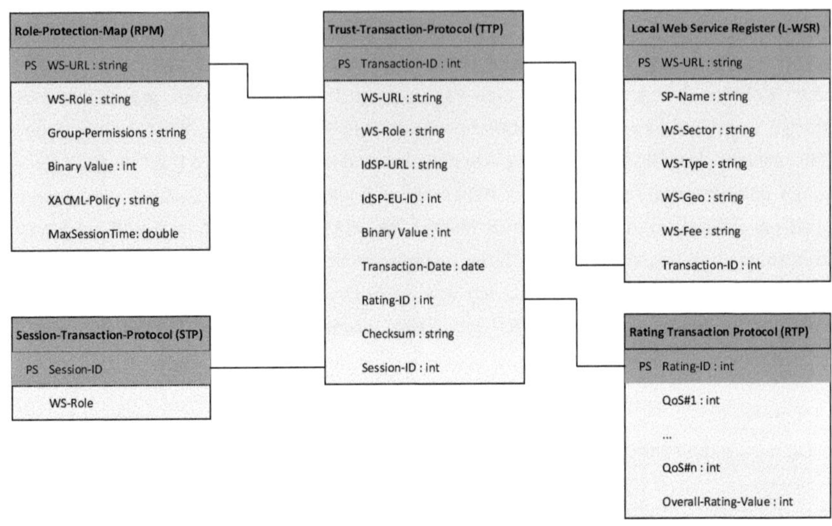

Abbildung 9-3: Lokale Tabellen im DFM

Globale Tabellen

Neben der lokalen Variante, sind im DFM auch globale Tabellen erforderlich. Um einen Föderationsbetrieb in einem grundsätzlich offenen System gewährleisten zu können, ist insbesondere ein globales Web Service Register erforderlich. Im Vergleich zur lokalen Alterative (vgl. Abbildung 9-3), ist in dieser Tabelle jedoch keine *Transaction-ID* enthalten. Im Falle einer zentralen Verwaltung von Transaktionsdaten, sind das Trust-Transaction-Protocol sowie das Rating-Transaction-Protocol ebenfalls als globale Tabellen zu betreiben. Wie bereits erwähnt ist die Variante im DFM, jedoch grundsätzlich nicht vorgesehen.

9.1.2 Benutzerschnittstelle (View)

Die Nutzung von dynamischen Föderationen über das DFM, kann über einen Standard-Webbrowser erfolgen. Die Installation weiterer Software ist an dieser Stelle nicht erforderlich. Dabei wurde zur Entwicklung der Benutzerschnittstelle auf das freie Framework Vaadin[67] zurückgegriffen, einer in Java geschriebenen Anwendung. Wesentliches Charakteristikum ist dabei die server-seitige Architektur, welche die Logik zum Großteil auf dem jeweiligen Server ausführt. Die Entwicklung von Webseiten wird in Vaadin durch das Google Web Toolkit[68] umgesetzt, welche in Java anstatt in JavaScript bereitgestellt werden. Die Interaktion mit den Nutzern auf der View-Ebene wird über AJAX abgebildet. Der Vorteil von AJAX

[67] https://vaadin.com
[68] http://www.gwtproject.org/

gegenüber klassischen JavaScript-unterstützten und HTML-Webseiten, ist die partielle, im Gegensatz zur vollständigen Aktualisierung von Webseiten.

9.1.3 Applikationslogik (Controller)

Die sogenannte Applikationslogik des DFM umfasst insgesamt vier Teilbereiche (vgl. Abbildung 9-4).

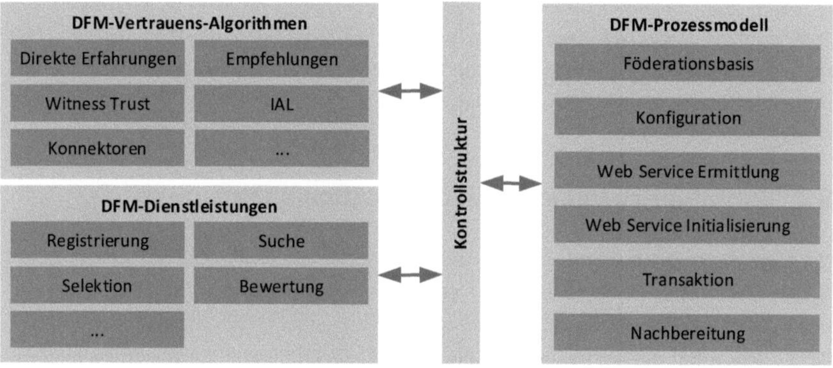

Abbildung 9-4: DFM-Applikationslogik

DFM-Dienstleistungen

Das DFM bietet für seine Föderationsteilnehmer verschiedene Dienstleistungen, um einen Föderationsbetrieb nach dem DFM-Prozessmodell zu gewährleisten. Die einzelnen Phasen werden mit Dienstleistungen wie der Registrierung (vgl Aktivität P2A2), der Suche via WAYS Service bzw. in der lokalen Datenbank (vgl. Aktivitäten P3A1 und P3A2), der Selektion (vgl. Aktivität P4A1) oder der Bewertung (vgl. Aktivität P6A1) von Web Services unterstützt.

DFM-Vertrauens-Algorithmen

Das DFM erfordert verschiedene Algorithmen zur Vertrauensbildung, welche im Rahmen dieses Teilbereichs der Applikationslogik umgesetzt werden. Damit werden die in Abschnitt 7 definierten vertrauensbildenden Maßnahmen (z.B. direkte Erfahrungen, Empfehlungen oder Witness Trust) implementiert und bereitgestellt. Neben den vordefinierten VM im DFM, bietet das DFM auch die Möglichkeit der Einbindung externer Algorithmen (vgl. z.B. Aktivität 8.7.1). Dazu existieren im DFM sogenannte Konnektoren, welche die Verwendung von externen VMs erlauben. Beispielsweise wird damit die Möglichkeit geschaffen, Bewertungen aus der RTP oder auch Empfehlungen von Dritten mit weiteren Verfahren zu analysieren, um eine Entscheidungsunterstützung zu erhalten.

Kontrollstruktur

Die Kontrollstruktur im DFM ist erforderlich, um die verschiedenen Dienstleistungen und Vertrauens-Algorithmen den einzelnen Phasen und Aktivitäten des DFM-Prozessmodells zuzuordnen.

DFM-Prozessmodell

In diesem Teilbereich der Applikationslogik werden die sechs Phasen mit ihren Aktivitäten implementiert. Dabei liegt der Fokus der Umsetzung auf der Phase der Web Service Initialisierung, da diese den wesentlichen Teil der Arbeit darstellt. Dazu wird insbesondere die Vertrauensbeziehung eines Service Provider zu einem Identity Service Provider bzw. seinen Endbenutzern betrachtet.

9.2 Prototypisch implementierte Funktionalitäten

Nachdem die Architektur mit seinen einzelnen Bereichen im bisherigen Teil dieses Kapitels bereits thematisiert wurde, werden im Folgenden einige prototypisch implementierte Funktionalitäten des DFM vorgestellt. Dabei fungieren die praktischen Umsetzungen als Nachweis der Funktionalität des abstrakten Modells in den Kapiteln 7 und 8. Dazu wurden zwei wesentliche Bausteine des DFM ausgewählt, um eine möglichst umfassende Sichtweise bereitzustellen. Dazu werden folgende Teilbereiche vorgestellt:

- Interpretation und Transformation von XACML-Policies
- Autorisierung von Web Services

Zur Umsetzung dieser Bereiche wurden die Föderationsteilnehmer IdSP und SP sowie der WAYS-Service einer DFM-Föderation, als Java Web Applikationen implementiert.

9.2.1 Interpretation und Transformation von XACML-Richtlinien

Die Formulierung und Umsetzung von vertrauensbildenden Maßnahmen und der jeweiligen Nebenbedingungen erfolgt im Rahmen des DFM mit Hilfe von XACML-Richtlinien, welchen somit eine wesentliche Rolle zukommt. Dazu wird im Folgenden beschrieben, wie XACML-Richtlinien im DFM-Prototyp in den Programmablauf eingebunden, ausgelesen, interpretiert und verwendet werden. Voraussetzung ist an dieser Stelle, dass seitens des SP entsprechende Richtlinien für die einzelnen Web Services definiert wurden.

Eingehende Anfragen zur Nutzung von Web Services werden beim SP von der Klasse *AssertionReceivingService* verarbeitet, wo die Nachricht entsprechend interpretiert und der angefragte Web Service ausgelesen wird. Daraufhin wird die Methode *lookForXACMLAttributes* in der Klasse *AttributeRequestClass* aufgerufen, um die mit dem angefragten Web Service verknüpften Richtlinien zu identifizieren und entsprechend zu interpretieren (vgl. Listing 9-1).

```
1   public Document lookForXACMLAttributes(String WebService) throws
2      TransformerConfigurationException, TransformerException,
3      JDOMException, IOException {
4
5      File[] suitablePolicies = getPolicies(WebService);
6      Document requestedAttributes;
7      File xsltTransformator = new File("<<database-URL>>.policyXSLT.xsl");
8
9      System.setProperty("javax.xml.transform.TransformerFactory",
10        "net.sf.saxon.TransformerFactoryImpl");
11
12     Source xmlSource = new StreamSource(suitablePolicies[0]);
13     Source xslSource = new StreamSource(xsltTransformator);
14     TransformerFactory transfact = TransformerFactory.newInstance();
15
16     Templates temp = transfact.newTemplates(xslSource);
17
18     Transformer trans = temp.newTransformer();
19     StringWriter write = new StringWriter();
20     StreamResult outresult = new StreamResult(write);
21     trans.transform(xmlSource, outresult);
22     ByteArrayInputStream inputStream = new ByteArrayInputStream
23        (write.toString().getBytes("UTF-8"));
24     requestedAttributes = new SAXBuilder().build(inputStream);
25     return requestedAttributes;
26  }
```

Listing 9-1: Codeausschnitt – Methode zum Durchsuchen von XACML-Richtlinien

Diese Methode parst mittels XSLT die erforderlichen vertrauensbildenden Maßnahmen mit den entsprechenden Nebenbedingungen aus der jeweiligen Richtlinie und erstellt daraus ein Jdom-Dokument. Im Code wird dabei der Terminus Attribute an dieser Stelle synonym für vertrauensbildende Maßnahmen verwendet, um mit der gängigen Syntax von Föderationsstandards in Einklang zu bleiben. Im Folgenden werden die wesentlichen Codezeilen erläutert. In Zeile 5 wird für den angefragten Web Service die entsprechende Richtlinie identifiziert. Dabei wird davon ausgegangen, dass für einen Web Service genau eine Richtlinie existiert. Ansonsten müsste zusätzlich eine entsprechende Schleife implementiert werden. Anschließend wird ein XSL-Stylesheet (vgl. Listing 9-2) geladen, welches als Vorlage für die auszulesenden Parameter fungiert, wodurch eine strukturierte Transformation der Richtlinie ermöglicht wird (Zeile 7). Dieser Schritt ist erforderlich, um nur die erforderlichen Angaben und nicht die komplette Richtlinie übermitteln zu müssen. Das verwendete Stylesheet findet sich in Listing 9-2. Die eigentliche Transformation wird mit dem Aufruf von *trans.transform(xmlSource, outresult)* in Zeile 21 aufgerufen. Zum Abschluss erfolgt die Erstellung des Jdom-Dokuments mit den Aufrufen in den Zeilen 18-24.

Im XSL-Stylesheet in Listing 9-2 sind insbesondere die Zeilen 17-29 von Interesse. Dabei wird eine Schleife aufgerufen, mit Hilfe derer eine XACML-Richtlinie nach den erforderlichen vertrauensbildenden Maßnahmen durchsucht und die Angaben in ein entsprechendes Format gebracht werden. Mittels des innerhalb der Schleife definierten Wertes des select-Befehls

(Zeilen 18-20), wird der XML-Baum der Richtlinie mit XPath nach entsprechenden Elementen durchsucht.

```
1  <?xml version="1.0" encoding="UTF-8"?>
2    <xsl:stylesheet xmlns:err="http://www.w3.org/2005/xqt-errors"
3    xmlns:xdt="http://www.w3.org/2005/xpath-datatypes"
4    xmlns:fn="http://www.w3.org/2005/xpath-functions"
5    xmlns:xs="http://www.w3.org/2001/XMLSchema"
6    xmlns:xsl="http://www.w3.org/1999/XSL/Transform" exclude-result-
7    prefixes="xs xdt err fn" xpath-default-
8    namespace="urn:oasis:names:tc:xacml:2.0:policy:schema:os" version="2.0">
9
10   <xsl:output indent="yes" method="xml"/>
11   <xsl:key use="@AttributeId"
12     match="Policy/Target/Subjects/Subject/SubjectMatch/
13     SubjectAttributeDesignator" name="groupByAttributeId"/>
14   <xsl:template match="/">
15     <Response>
16       <RequiredAttributes>
17         <xsl:for-each
18           select="Policy/Target/Subjects/Subject/SubjectMatch/
19           SubjectAttributeDesignator
20           [count(.|key('groupByAttributeId',@AttributeId)[1])=1]">
21             <AttributeValue>
22               <xsl:attribute name="AttributeId">
23                     <xsl:value-of select="@AttributeId"/>
24               </xsl:attribute>
25                     <xsl:attribute name="DataType">
26                     <xsl:value-of select="@DataType"/>
27               </xsl:attribute>
28             </AttributeValue>
29         </xsl:for-each>
30       </RequiredAttributes>
31     </Response>
32   </xsl:template>
33 </xsl:stylesheet>
```

Listing 9-2: XSL-Stylesheet

Im Wesentlichen werden durch den Einsatz dieser Methoden, die erforderlichen vertrauensbildenden Maßnahmen für einen bestimmten Web Service aus einer XACML-Richtlinie ausgelesen und entsprechend für die Übermittlung an den IdSP aufbereitet. Dieser Ausschnitt des Prototyps repräsentiert einen wesentlichen Aspekt des DFM-Prozessmodells und gibt somit einen Nachweis über dessen praktische Funktionsweise.

9.2.2 Autorisierung von Web Services

Nachdem im vorherigen Abschnitt beschrieben wurde, wie bestehende XACML-Richtlinien zur Ableitung von entsprechend erforderlichen vertrauensbildenden Maßnahmen verwendet werden, beschäftigt sich dieser Teil der Arbeit mit der Autorisierung eines Web Services. Ausgangspunkt ist an dieser Stelle, dass der IdSP eine Nachricht (=*AttributeAssertion*) mit den angeforderten vertrauensbildenden Maßnahmen übermittelt. Zur Interpretation einer solchen Nachricht, sind verschiedene Klassen des DFM-Prototyp eingebunden. Entscheidend ist dabei die Methode assertionManager(), die in Listing 9-3 skizziert wird.

Nachdem mit Hilfe der Methode *parseWebService* ein Jdom-Dokument aus der übermittelten Nachricht des IdSP für die weitere Verarbeitung erzeugt wurde (Zeile 10), werden die angeforderten Funktionalitäten des Web Service geladen (Zeile 11). Beides wird als Eingabeparameter für die Autorisierung verwendet, welche im Wesentlichen in Zeile 12 angestoßen wird. Dabei wird für jede Funktionalität des Web Service eine XACML-konforme Anfrage mit Hilfe eines XSL-Stylesheets erstellt, welches die Struktur einer derartigen Anfrage abbildet. Im Anschluss werden entsprechende XACML-Objekte durch den Aufruf der Methode *createXACMLResponse* erzeugt, wobei deren Anzahl mit den angeforderten Funktionalitäten des Web Service korrespondiert (Zeilen 15-18). Ab Zeile 20 wird schließlich die erzeugte Liste (*responselist*) abgearbeitet und auf die wesentlichen Fakten reduziert. In Abhängigkeit davon, ob die übermittelten Angaben als ausreichend eingestuft werden, erfolgt eine Autorisierung für den Web Service, welche als entsprechender Wert in Zeile 42 übergeben wird.

Somit wurden im bisherigen Verlauf dieses Kapitels zwei prototypisch implementierte Funktionalitäten des DFM skizziert, welche die Komplexität und den Umfang des entwickelten Modells aufzeigen.

```
public byte[] assertionManager(byte[] arr) throws JDOMException,
   IOException, ParsingException, TransformerConfigurationException,
   TransformerException, UnsupportedEncodingException,
   NoSuchAlgorithmException {

List<byte[]> responselist = new ArrayList<>();
int permitCounter = 0;
byte[] finalresponse;

Document doc = parseWebService(arr);
String[] webServiceParts = getWebServiceParts(getWebService());
RequestCtx[] requests = createRequestCtx(arr, webServiceParts);

XACML xacml = new XACML();
for (int i = 0; i < requests.length; i++) {
   byte[] response = xacml.createXACMLResponse(requests[i]);
   responselist.add(response);
}

setClearence(responselist);

for (int j = 0; j < getClearence().length; j++) {
   if (getClearence()[j].equals("Permit")) {
      permitCounter++;
   }
}

if (permitCounter != 0) {
   boolean validate = setValidated(getId(), getTime(),
      getWebService(), getClearence());
   if (validate == true) {
      doc = createFinalResponse(doc, "Permit");
      finalresponse = createbyteArrFromDoc(doc);
   } else {
      doc = createFinalResponse(doc, "Deny");
      finalresponse = createbyteArrFromDoc(doc);
   }
} else {
   doc = createFinalResponse(doc, "Deny");
   finalresponse = createbyteArrFromDoc(doc);
   }
   return finalresponse;
}
```

Listing 9-3: Codeausschnitt – Autorisierung eines Web Service

9.3 Einordnung in Kriterienkatalog

Im Rahmen dieses Abschnitts wird das entwickelte Referenzmodell für dynamische Identitätsföderationen in den Kriterienkatalog aus Kapitel 6 eingeordnet. Dazu wird wiederum auf eine Veranschaulichung mittels Tortendiagrammen zurückgegriffen. Zum Vergleich werden auch die bereits untersuchten OVM nochmals aufgeführt. Eine grafische Veranschaulichung erfolgt in Tabelle 9-1, nachdem der Erfüllungsgrad der einzelnen Kriterien beschrieben wurde.

Föderationsspezifische Evaluationskriterien

Diese Art von Evaluationskriterien bildet den Kern von dynamischen Identitätsföderationen. Mehrfach wurde die Bedeutung erwähnt und aufgezeigt, welche Defizite in diesem Zusammenhang bei existierenden Modellen bestehen. Das DFM wurde jedoch in Einklang mit diesen Elementen entwickelt.

- **Konfiguration:** ◕

  Der Konfiguration von dynamischen Föderationen wird im DFM eine eigene Phase gewidmet. Dabei werden verschiedene Aktivitäten definiert, welche technische Voraussetzung für eine Föderationsteilnahme repräsentieren. Das DFM erhebt an dieser Stelle keinen Anspruch auf Vollständigkeit, da noch weitere Aspekte an dieser Stelle erforderlich sein könnten.

- **Risikobewertung:** ◑

  Im DFM wird keine eigene Methodik für die Risikobewertung entwickelt. Stattdessen werden eine Reihe von existierenden Modellen analysiert und vorgestellt (vgl. Abschnitt 5.2), welche im Rahmen von DFM-Föderationen eingesetzt werden können. Nichtsdestotrotz stellt das DFM eine Schnittstelle zum Vertrauensmodell zur Verfügung, indem Risikoklassen definiert werden, welche unterschiedlichen Wertigkeitsstufen von vertrauensbildenden Maßnahmen zugeordnet werden können. Daher wird nach erfolgter Risikobewertung ein Schema zur Einbindung in das DFM bereitgestellt.

- **Transaktion:** ◕

  Im entwickelten Referenzmodell ist vorgesehen, dass laufende Transaktionen überwacht werden, um auf bestimmte Ereignisse entsprechende Reaktionen einleiten zu können. Dazu werden im DFM beispielhaft zwei Optionen dargestellt, welche jedoch nicht das mögliche Spektrum abdecken. Zusätzlich werden geeignete Reaktionen skizziert.

- **Nachbereitung:** ●

  Die Nachbereitung von Transaktionen wird im DFM voll unterstützt. Dazu wird einerseits die Möglichkeit der Bewertung angeboten. Die freie Gestaltung und Befüllung des *Rating-Transaction-Protocols* bietet dem WAYS-Service und den Föderationsteilnehmern große Flexibilität in diesem Zusammenhang. Des Weiteren wird auch die De-Provisionierung entsprechend unterstützt und erteilte Berechtigungen nach Abschluss von Transaktionen wieder entzogen.

- **Verschiedene VMs:** ●

  Mittels einer umfangreichen Analyse von existierenden OVM, wurden verschiedene VMs der Kategorien Identitäts- und Verhaltensvertrauen identifiziert. Das Vertrauensmodell des DFM integriert in seiner aktuellen Version insgesamt elf vertrauensbildende Maßnahmen, die mit unterschiedlichen Nebenbedingungen verwendet werden können. Durch die Einführung eines Wertigkeitsschemas mit entsprechendem Formalismus, ist das DFM flexibel ausgerichtet und kann um zusätzliche VM erweitert werden.

- **Allgemeine Einflussfaktoren:** ●

  Im Zuge der Untersuchung von OVM konnten ebenfalls einige allgemeine Einflussfaktoren erkannt werden, welche auch im DFM eine geeignete Berücksichtigung finden. Dabei werden sowohl die Faktoren Zeit, Glaubwürdigkeit und Risiko als auch der Kontext in die einzelnen Phasen des DFM eingebunden.

- **Bidirektionale Vertrauensbeziehungen:** ●

  Jede Vertrauensbeziehung wird im DFM gerichtet betrachtet, dabei können Relationen zwischen zwei Entitäten unterschiedliche Wertigkeiten in Abhängigkeit der jeweiligen Richtung aufweisen.

- **Ganzheitliche Betrachtung von Vertrauensbeziehungen:** ◕

  Das DFM beschränkt sich nicht ausschließlich auf die Relation zwischen SP und IdSP, sondern verfolgt grundsätzlich einen ganzheitlichen Ansatz. Dadurch werden auch Beziehungen zu anderen Föderationsteilnehmern betrachtet. Nicht abgebildet werden in der aktuellen Version beispielsweise Relationen zu vertrauenswürdigen Dritten.

Sicherheitsspezifische Evaluationskriterien

Im Rahmen dieser Arbeit wurde bereits mehrfach darauf hingewiesen, dass die Robustheit von OVM zunehmend an Bedeutung gewinnt. Deshalb wurden im DFM entsprechende Gegenmaßnahmen verankert, um die diskutierten Angriffe bewältigen zu können.

- **Ballot Stuffing:** ◑

  Eine bestimmte Bewertung ist im DFM an eine spezifische Transaktion gekoppelt, was durch die Verknüpfung der Tabelle RTP mittels einer Rating-ID mit dem Trust-Transaction-Protocol gewährleistet wird. Aufgrund der dezentralen Architektur des DFM ist jedoch keine Überwachungsinstanz vorgesehen, welche eine kontrollierte Ausführung von Transaktionen gewährleisten kann. Dadurch wird die Wertigkeit der vertrauensbildenden Maßnahme *Empfehlungen* letztendlich relativ stark reduziert.

Optional ist aber das DFM so flexibel ausgerichtet, dass der WAYS-Service die zentrale Verwaltung von Transaktionen übernehmen kann.

- **Proliferation:** ●

  Die Teilnahme an DFM-Föderationen erfordert grundsätzlich verschiedene Registrierungsprozesse. Zum einen ist dies für Endbenutzer bei IdSP und zum anderen von IdSP bzw. SP bei dem jeweiligen WAYS-Service erforderlich. Dazu ist grundsätzlich der Nachweis definierter vertrauensbildender Maßnahmen erforderlich, welche in Abhängigkeit der jeweiligen Strategie des WAYS-Service bzw. IdSP ausgestaltet sind. Dadurch kann im DFM eine eindeutige Identifizierung der Teilnehmer gewährleistet werden. Außerdem kann der WAYS-Service eine Registrierungsgebühr für die Aufnahme in seine Föderation erheben.

- **Sybil-Attack:** ●

  Die Gegenmaßnahmen für diesen Angriff sind letztendlich mit den Angaben zur Proliferation vergleichbar. Entscheidend zur effizienten Abwehr von Sybil-Attacken ist die Existenz einer zentralen vertrauenswürdigen Instanz [Dou02]. Da der WAYS-Service auf eine eindeutige Registrierung setzt und zusätzlich eine Kantara Zertifizierung einfordern kann, ist das DFM hinsichtlich dieser Attacke als robust einzustufen.

- **Unfair Ratings:** ◕

  Wie bereits erwähnt, sind Bewertungen an bestimmte ausgeführte Transaktionen gebunden. Meinungen sind somit bezogen auf einen spezifischen Kontext sowie eine definierte Zeit. Dazu können Teilnehmer Bewertungen nach bestimmten Kriterien filtern, wodurch beispielsweise nur aktuelle Datensätze bei der Vertrauensbildung berücksichtigt werden. Des Weiteren besteht die Option unterschiedliche Teilnehmer anzufragen, um ein möglichst vielschichtiges Meinungsbild zu einem potentiellen Transaktionspartner zu erhalten. Außerdem werden Empfehlungen mit Hilfe von direkten Erfahrungen und entsprechenden Wertigkeiten der vertrauensbildenden Maßnahmen gewichtet. Zusätzlich erfolgt die Bewertung der einzelnen Teilnehmer „verdeckt“ (Hidden Evaluation), wodurch die Gefahr einer Vergeltung im Falle einer negativen Beurteilung entfällt. Das DFM stellt also ein umfassendes Paket an Maßnahmen zur Bewältigung dieses Angriffs bereit. Jedoch ist ein genereller Ausschluss damit nicht zu gewährleisten.

- **Value-Imbalance:** ◕

  Im Rahmen der Risikobewertung von Web Services wird die Nutzung von deren Funktionalitäten mit bestimmten vertrauensbildenden Maßnahmen verbunden, welche von potentiellen Endbenutzern nachgewiesen werden müssen. Durch die Einführung eines Wertigkeitsschemas, werden vertrauensbildende Maßnahmen mit Gewichtungen versehen, wodurch einzelne Transaktionen implizit mit einer Gewichtung gekoppelt werden. Viele niederwertige Transaktionen mit positiven Beurteilungen, können somit unter Umständen weniger ins Gewicht fallen, als eine höherwertige Transaktion mit einer negativen Bewertung. Diese Aspekte werden im DFM beispielsweise bei der Selektion von Web Services oder der Evaluation von WS-Anfragen eingesetzt.

- **Whitewashing:** ●

  Die Abwehr dieses Angriffs verhält sich letztendlich ähnlich den Attacken *Proliferation* und *Sybil-Attack*. Mittels eindeutiger Identifizierung von Entitäten sowie Registrierungsgebühren wird im DFM ein effizienter Schutz vor *Whitewashing* gewährleistet.

Anwendungsspezifische Evaluationskriterien

Mit Hilfe von anwendungsspezifischen Evaluationskriterien werden weitere grundlegende Ansprüche an dynamische Föderationen abgedeckt.

- **Datenschutz:** ◕

  Die dezentrale Architektur und Organisation des DFM wurde insbesondere umgesetzt, um entsprechenden Datenschutz der einzelnen Föderationsteilnehmer gewährleisten zu können. In seiner grundlegenden Konstellation, werden ausgeführte Transaktionen und zugehörige Bewertungen lediglich bei den Teilnehmern selbst verwaltet. Der WAYS-Service ist dabei nicht involviert.

- **Modularisierung:** ◕

  Das DFM verfolgt grundsätzlich einen modularen Aufbau, welcher durch die Untergliederung in einzelne Phasen und Aktivitäten umgesetzt wird. Dadurch wird die Komplexität des Modells reduziert und dessen Akzeptanz gefördert. Ebenso wird ein modularer Ansatz bei der Verwendung von vertrauensbildenden Maßnahmen deutlich. Föderationsteilnehmer können in Abhängigkeit von ihrer Risikoeinstellung entsprechende VMs einsetzen. Jedoch bedarf es an dieser Stelle einer weiteren Analyse der Abhängigkeiten der einzelnen vertrauensbildenden Maßnahmen. Des Weiteren kann auch ein individueller Algorithmus zur Auswertung von direkten Erfahrungen und Empfehlungen verwendet werden.

- **Interoperabilität:** ◕

  Das DFM verfolgt grundsätzlich einen offenen Ansatz, um möglichst attraktiv für potentielle Föderationsteilnehmer zu sein. Dazu wird im DFM auf die Verwendung offener Standards gesetzt. Die Übertragung von Nachrichten zwischen den unterschiedlichen Entitäten erfolgt mittels SAML und die Definition von Richtlinien mit Hilfe von XACML. Dabei muss unter dem Aspekt der Interoperabilität die Einbindung der DFM-Software in Unternehmen jedoch noch genauer untersucht werden.

○: keine
◔: minimal
◑: teilweise
◕: intensiv
●: voll
⊗: nicht zutreffend

			Föderation								Sicherheit						Anwendung		
	Technik	Forschergruppe/Publikation	Konfiguration	Risikobewertung	Transaktion	Nachbereitung	verschiedene VMs	allgemeine Einflussfaktoren	bidirektionale Vertrauensbeziehung	ganzheitliche Betrachtung von VBs	Ballot Stuffing	Proliferation	Sybil-Attack	Unfair Ratings	Value-Imbalance	Whitewashing	Datenschutz	Modularisierung	Interoperabilität
Identitätsvertrauen	Kryptographie	[XKER10]	○	○	○	⊗	◔	◔	◔	○	⊗	●	●	⊗	⊗	●	◔	◔	◑
		[HJK08]	◑	○	○	⊗	◔	◔	○	○	⊗	●	●	⊗	⊗	●	◔	◔	◕
	Zugriffskontrollverfahren	[BFIK99, BFL96, BFRS97, BFS98]	◑	○	○	⊗	◔	○	○	○	⊗	●	●	⊗	⊗	●	◔	◔	◔
		[Bla99, BFK99, BIK03]	◑	○	○	⊗	◔	○	○	○	⊗	●	●	⊗	⊗	●	○	◑	◔
		[BSB07]	◔	○	○	⊗	◔	○	○	○	⊗			⊗	⊗		◔	◔	◔
	Prozessanalyse / Organisationsstrukturen	[Kan10]	◔	◕	◔	◔	◑	◔	○	○	⊗	●	●	⊗	●	●	○	◔	◔
Verhaltensvertrauen	Wahrscheinlichkeit	[Tea05, TPJL06]	○	○	○	○	◑	◑	○	○	◑	◔	◔	◔	◔	◔	◔	◔	◔
	Summe	[BR07, BD08, Bou09]	○	◔	◔	◑	◑	◑	◔	○	◑			◑	◔		○	◔	◔
		[Ari11, AAM+12, SAA+12, AAGM13]	◕	●	◑	◔	◑	◑	○	○	◔	◕	◕	◔	◔	◕	◕	◔	◔
	Flow	[KSGM03]	◔	◔	◔	◕	◔	◔	○	○	◕	◕	◔	◔		◑	◔	○	◔
	Diskret	[AH00]	○	○	○	◔	◑	◔	○	○				○	○		○	○	○
	Fuzzy	[GGM10]	○	○	○	◕	◑	◔	◔	◔	◕			◕	◑		◕	◔	◔
	Fuzzy / Soziale Netzwerkanalyse	[SS01, SS02, Sab04]	○	○	○	◕	◕	◑	○	○	◑			◔	◔		◕	◔	◔
	Soziale Netzwerkanalyse	[HJS04, HJS06, HJS06]	○	○	○	◑	◕	◕	○	○	◔			○	◔		◑	◑	◔
Kommerzielle OVM		[eba13]	⊗	○	○	●	◑	◕	○	○	◔	◑	◔	◔	◕	◔	◔	○	◑
		[ama13]	⊗	○	○	●	◑	◑	○	○	◔	◑	◑	◑	⊗	◑	◔	○	◑
DFM			◕	◑	◕	●	●	●	●	◕	◑	●	●	◕	◕	●	◕	◕	◕

Tabelle 9-1: Einordnung des DFM in den Kriterienkatalog

In Tabelle 9-1 werden die untersuchten Evaluationskriterien in den Katalog eingeordnet und mit den bereits in Kapitel 6 analysierten Modellen verglichen. Dabei zeigt sich, dass das DFM viele Defizite existierender OVM bewältigen kann.

Kapitel 10

10 Schlussfolgerungen

Im Rahmen dieser Arbeit wurde ein Referenzmodell als Vorschlag für dynamische Identitätsföderationen entwickelt, welche im Kontext kollaborativer Netzwerke einzuordnen sind. Ein kollaboratives Netzwerk ist ein Prozess in welchem Entitäten Informationen, Ressourcen und Verantwortlichkeiten teilen, um gemeinsame Ziele zu erreichen, wobei dazu Risiken, Ressourcen und Verantwortlichkeiten zwischen den beteiligten Entitäten aufgegliedert werden. Für die kommenden Jahre wurden vor kurzem verstärkte Investitionen und weitere Entwicklungen im Kollaborationssektor und Cloud Computing prognostiziert [Eva13]. Ebenso skizziert ein Strategiepapier der Europäischen Kommission das enormes Potential von Cloud Computing [EC12]. Jedoch scheitert die Nutzung dieses Potentials in der Regel an erforderlichem Vertrauen zwischen den beteiligten Entitäten (z.B. [Smi08, BT10]). Damit leistet diese Arbeit einen entscheidenden Beitrag zur Weiterentwicklung und Akzeptanz von Kollaborationen sowie Cloud Computing und unterstützt dadurch implizit die Strategie der Europäischen Kommission.

Nach einer fundierten Motivation und der Herleitung grundlegender Technologien, wurden existierende Online-Vertrauensmodelle sowie deren vertrauensbildende Maßnahmen analysiert und anhand eines Kriterienkatalogs systematisch verglichen. Auf Basis der abgeleiteten Defizite wurde in dieser Arbeit ein mögliches Referenzmodell zur Umsetzung dynamischer Identitätsföderationen entwickelt, welches sich wiederum in verschiedene Teilmodelle untergliedert. Zur Evaluation wurde das vorgeschlagene Modell prototypisch implementiert, um dessen praktische Funktionsweise nachzuweisen. Des Weiteren zeigte die Einordnung in den Kriterienkatalog eine deutliche Verbesserung des Status Quo.

Dynamische Identitätsföderation verlangen nach einer ganzheitlichen Betrachtung von Vertrauensbeziehungen. Einerseits sind dabei alle Relationen zwischen den beteiligten Entitäten und andererseits sind diese in beide Richtungen also bidirektional zu berücksichtigen, was den Kernbeitrag des im Rahmen dieser Arbeit entwickelten Referenzmodells repräsentiert. Zusätzlich erfordern dynamische Identitätsföderationen die flexible Einbindung unterschiedlicher vertrauensbildender Maßnahmen, in Abhängigkeit der jeweiligen Anforderungen der spezifischen Vertrauensbeziehung. In dieser Arbeit wurde daher ein weiterer Schwerpunkt auf die Bereitstellung verschiedener VMs gelegt, welche mit einem föderationsweit gültigem Wertigkeitsmodell und bestimmten Risikoklassen korrespondieren. Dabei ist das entwickelte Modell grundsätzlich so flexibel ausgelegt, dass weitere Maßnahmen berücksichtigt werden können.

Dieses Kapitel repräsentiert die letzte Phase (*Conclusion*) der verwendeten Forschungsmethodik Design Research. Dabei werden zum einen die in Abschnitt 1.1 vorgestellten Forschungsfragen beantwortet und zum anderen wird ein kurzer Überblick zu weiterem Forschungsbedarf im Kontext der Thematik dieser Arbeit gegeben.

10.1 Forschungsergebnisse

Die letzte Phase im Zyklus der Forschungsmethodik Design Research, beschließt dieses Forschungsvorhaben. Diese Dissertationsarbeit folgte einer Reihe von Forschungsfragen, die in Abschnitt 1.1 erläutert wurden. Zur Bewertung der Validität der Ergebnisse, die im Rahmen dieser Arbeit präsentiert wurden, wird im Folgenden eine Zusammenfassung der entsprechenden Antworten sowie Verweise auf die einzelnen Kapitel, in denen die Fragen bearbeitet wurden, bereitgestellt.

Welche Techniken und Ansätze zum Vertrauensmanagement und föderierten Identitätsmanagement existieren bereits, wie können diese gegeneinander abgegrenzt werden und wo liegen ihre Stärken und Schwächen?

Bevor mit der Entwicklung eines Referenzmodells begonnen werden konnte, musste der Stand der Technik zum Aufbau von Vertrauen und föderiertem Identitätsmanagement erhoben werden. Als grundlegende Voraussetzung für Vertrauensbeziehungen wurden dazu in Kapitel 3 existierende Technologien der IT-Sicherheit identifiziert und bewertet. Kapitel 4 beantwortete diese Forschungsfrage hinsichtlich FIdM, in dem bestehende Technologien analysiert und außerdem dessen Herausforderungen und Charakteristika herausgearbeitet wurden. Des Weiteren wurden mittels der detaillierten Analyse von existierenden Online-Vertrauensmodellen, die Techniken des Vertrauensmanagements in den Kapitel 5 und 6 umfassend behandelt.

Welche Einflussfaktoren existieren zur Bildung und zum Management von Vertrauen in verteilten Umgebungen und inwiefern sind diese für föderiertes Identitätsmanagement geeignet?

Wesentlicher Teil dieser Arbeit war die Identifizierung von geeigneten Maßnahmen für die Vertrauensbildung in Identitätsföderationen. Dazu wurde in Kapitel 5 eine umfassende Literaturstudie hinsichtlich Online-Vertrauensmodellen durchgeführt und darauf aufbauend wurde eine Reihe von repräsentativen OVM im Detail vorgestellt und untersucht. Dabei hat sich in Kapitel 6 gezeigt, dass grundsätzlich eine Unterscheidung von OVM hinsichtlich der Zielsetzung möglich ist. Zum einen existieren OVM des *Identitätsvertrauens* und zum anderen OVM des *Verhaltensvertrauens*. Stehen bei ersterem die klassischen Identitätsmanagementprozesse wie Identifizierung, Authentifizierung oder Autorisierung durch harte Eingabeparameter im Kontext von credential- und prozess-basierten Ansätzen im Vordergrund, zielen Maßnahmen der Klasse Verhaltensvertrauen mit Hilfe von weichen Eingabeparametern auf die Ableitung des zukünftigen Verhaltens aus der Transaktionshistorie einer bestimmten Entität ab. Dazu finden feedback- bzw. netzwerk-basierte Verfahren Anwendung.

Zusätzlich konnten allgemeine Einflussfaktoren (z.B. Zeit oder Glaubwürdigkeit) identifiziert werden, welche Einfluss auf vertrauensbildende Maßnahmen beider Klassen nehmen können. In Kapitel 7 wurde schließlich im Rahmen des Referenzmodells, das zugrunde liegende Vertrauensmodell des DFM eingeführt. In diesem Kontext wurden auch geeignete Maßnahmen zur Abbildung von dynamischen Identitätsföderationen vorgestellt.

Wie können Protokolle für das föderierte Identitätsmanagement sinnvoll durch Aspekte des Vertrauensmanagement ergänzt werden?

Diese Forschungsfrage beschäftigte sich mit dem Kernbeitrag dieser Arbeit. Dazu wurde in den Kapiteln 7 und 8 das Referenzmodell zur Umsetzung von dynamischen Identitätsföderationen eingeführt, welches wiederum vier Teilmodelle umfasst:

- **Rollenmodell:** Dieses Modell befasst sich einerseits mit den beteiligten Entitäten von dynamischen Identitätsföderationen und andererseits mit den damit verbundenen Vertrauensbeziehungen. Dabei werden die im Rahmen des DFM behandelten Relationen anhand einer Systematik vorgestellt und als Grundlage für das Prozessmodell definiert.
- **Datenmodell:** Hierbei sind die beteiligten Rollen, erforderliche Datenbanktabellen sowie deren Beziehungen untereinander, enthalten. Im Wesentlichen werden dazu die zur Umsetzung der Vertrauensbeziehungen im DFM benötigten Tabellen vorgestellt.
- **Vertrauensmodell:** Im Rahmen dieses Modells werden die vertrauensbildenden Maßnahmen des DFM deklariert. Des Weiteren wird ein Formalismus definiert, welcher als Grundlage zur Einführung eines Wertigkeitsmodells von vertrauensbildenden Maßnahmen Anwendung findet. Außerdem werden Föderationen durch die Einführung von verschiedenen Richtlinientypen, welche in Abhängigkeit der jeweiligen Entität und der einzelnen Vertrauensbeziehung, eine effiziente und standardisierte Umsetzung von Föderationen ermöglichen.
- **Prozessmodell:** Im Kontext des Prozessmodells werden Föderationen in unterschiedliche Phasen gegliedert, welche abermals in einzelne Aktivitäten unterschieden werden können, was letztendlich den Lebenszyklus von dynamischen Föderationen widerspiegelt. Dabei werden umfassend die erforderlichen Aspekte behandelt, begonnen mit der Auswahl eines geeigneten IdSP und dem Beitritt zu einer DFM-Föderation bis hin zur Nachbereitung einzelner Transaktionen.

Damit wurde mit Hilfe dieses Referenzmodells ein Vorschlag entwickelt, mit dem Techniken des Vertrauensmanagement in die Abläufe des föderierten Identitätsmanagement eingearbeitet werden, was letztendlich dynamische Identitätsföderationen ermöglicht.

Wie lässt sich der erforderliche Vertrauensgrad zwischen den beteiligten Parteien sinnvoll in unterschiedliche Klassen für die Zugriffskontrollentscheidung einteilen?

Vertrauensbeziehungen werden im DFM grundsätzlich individuell betrachtet. Damit verbundene vertrauensbildende Maßnahmen hängen unter anderem von der Risikoeinstellung der jeweiligen Entität ab. Zur Abbildung von den in der Forschungsfrage angeführten Vertrauensklassen führt das DFM zwei wesentliche Aspekte ein. Zum einen wird in Kapitel 7 erkannt, dass vertrauensbildende Maßnahmen unterschiedliche Wertigkeiten hinsichtlich ihrer Wirkung auf den Aufbau von Vertrauensbeziehungen aufweisen. Daher wird ein Formalismus definiert, welcher die Einführung eines Schemas zur Zuordnung von bestimmten Wertigkeiten zu einzelnen vertrauensbildenden Maßnahmen ermöglicht. Damit werden im DFM für VMs die Eigenschaften Gewichtungsfaktor, Vergleichbarkeit, Substitution und Wiederverwendung vorgestellt.

Zum anderen werden in Kapitel 8 Risikoklassen definiert, welche als Grundlage zur Risikobewertung von Web Services verwendet werden könnten. Dabei korrespondieren vier Risikokategorien mit entsprechenden Wertigkeiten, die seitens des WAYS-Service föderationsweit festgelegt werden. Dadurch orientiert sich der erforderliche Vertrauensgrad für eine bestimmte Transaktion grundsätzlich an der Risikoklasse, für welche sich der jeweilige Anbieter entscheidet.

Wie können vertrauenswürdige Transaktionen mit vorher unbekannten Parteien durchgeführt werden und welche Einflussfaktoren und Quellen sind hierfür geeignet?

DFM-Föderationen sind grundsätzlich offen für beliebige Teilnehmer, wodurch auch Vertrauensbeziehungen zu unbekannten Parteien erforderlich sein können, um entsprechende Transaktionen ausführen zu können. In Kapitel 7 wurden die unterstützten vertrauensbildenden Maßnahmen im DFM festgelegt, wobei diese Auflistung nicht zwingend als abschließend anzusehen ist. Dabei können zum Aufbau von Relationen zu unbekannten Parteien verschiedene Maßnahmen Verwendung finden:

- **Empfehlungen:** Unbeteiligte Teilnehmer des DFM werden zu einem potentiellen Transaktionspartner befragt, um ein entsprechendes Meinungsbild ableiten zu können.
- **Witness Trust:** Diese Maßnahme repräsentiert einen neu entwickelten Mechanismus zum Aufbau von Vertrauen mit unbekannten Parteien. Dabei machen sich Föderationsteilnehmer die Transaktionshistorie in Verbindung mit der jeweiligen Wertig-

keit der etablierten Vertrauensbeziehung zu nutze. Diese VM basiert somit auf der Annahme, dass bereits nachgewiesene VMs auch bei zukünftigen Transaktionen wiederverwendet werden können.

- **Identity Assurance mit entsprechen Authentifizierungsverfahren:** Durch die Zertifizierung nach einem bestimmten IAL durch einen Kantara-akkreditierten Gutachter, kann davon ausgegangen werden, dass eine behauptete Authentifizierung auch tatsächlich durchgeführt wurde.

Alle drei angeführten Maßnahmen erfordern grundsätzlich keine Vorkenntnis zu potentiellen Transaktionspartnern und ermöglichen somit den Aufbau von Vertrauensbeziehungen zu vorher unbekannten Föderationsteilnehmern.

Welche globalen Auswirkungen hat ein integratives Vertrauensmanagement- und Föderations-Framework auf die Nutzung von föderiertem Identitätsmanagement?

Vertrauen ist als zentrale Herausforderung bzw. zentrales Hemmnis von föderiertem Identitätsmanagement bekannt (z.B. [Smi08, BT10]), was auch durch die empirische Umfrage in Kapitel 2 bestätigt wurde. Im Rahmen der Auswertung der Ergebnisse wurde ebenso deutlich, dass die Integration von vertrauensbildenden Maßnahmen und föderiertem Identitätsmanagement zur Überwindung dieser Herausforderung beitragen kann und somit den Einsatz von FIdM weiter fördern kann. Insgesamt standen 178 Datensätze zur Auswertung zur Verfügung, was den repräsentativen Charakter dieser Umfrage verdeutlicht und somit das Potential der globalen Auswirkungen des im Rahmen dieser Arbeit entwickelten Referenzmodells verdeutlicht.

10.2 Weiterer Forschungsbedarf

Basierend auf dem entwickelten Referenzmodell für dynamische Identitätsföderationen, wird im Folgenden eine Reihe von möglichen zukünftigen Verbesserungen in weiteren Forschungsvorhaben skizziert.

Jedoch ist an dieser Stelle anzuführen, dass das entwickelte Referenzmodell mit seinen vier Teilmodellen und dessen prototypischer Implementierung, die im Rahmen dieser Arbeit definierten Forschungsfragen beantworten konnten. Dabei kann die ganzheitliche Betrachtung von Vertrauensbeziehungen in Identitätsföderationen sowie die Kombinationen von Maßnahmen des Identitäts- und Verhaltensvertrauens als wesentlicher Beitrag in diesem Kontext genannt werden. Damit wird die zentrale Herausforderung (Vertrauen) von föderiertem Identitätsmanagement überwunden und die Möglichkeit zur dynamischen Etablierung von Vertrauensbeziehungen im Kontext von Föderationen ermöglicht.

Unabhängig davon, dient der präsentierte Prototyp in erster Linie als technischer Demonstrator des entwickelten Referenzmodells, der jedoch nach heutigem Stand noch nicht für den

Produktivbetrieb ausgelegt ist. Wie in Abschnitt 4.2.3 gezeigt, wird in aktuellen Technologien und Produkten des föderierten Identitätsmanagements, Vertrauen nur in unzureichendem Maße berücksichtigt. Daher ist die Weiterentwicklung des im Rahmen dieser Arbeit entwickelten Prototyps zu einem marktreifen Produkt als weiterer Forschungsbedarf anzusehen.

In Kapitel 7 wurde als Teil des Vertrauensmodells ein Formalismus als Grundlage eines Schemas zur Abbildung der Wertigkeit von vertrauensbildenden Maßnahmen eingeführt. Dieses Schema fungiert als Basis verschiedener Aspekte des DFM (z.B. Witness Trust, Gewichtung Vertrauensbeziehungen, ...). In Kapitel 8 wurden den einzelnen Wertigkeiten beispielhaft bestimmte vertrauensbildende Maßnahmen auf Basis praktischer Erfahrungen und unterschiedlicher Literaturquellen zugeordnet. Dabei existiert jedoch kein allgemeingültiges Modell, wie vertrauensbildende Maßnahmen gewichtet werden können. Insbesondere der Bezug von VMs der beiden Klassen Identitäts- und Verhaltensvertrauen bedarf weiterer Analyse. Ein zukünftiges Forschungsvorhaben könnte sich daher mit der Entwicklung eines Modells zur Gewichtung und Einordnung von vertrauensbildenden Maßnahmen unter Berücksichtigung verschiedener Aspekte wie Risikoeinstellung oder Abhängigkeit zu anderen VMs, beschäftigen.

Der bisherige Ansatz von dynamischen Föderationen ist auf eine bestimmte DFM-Föderation beschränkt. Dabei sind durchaus Szenarien vorstellbar, in denen Teilnehmer anderer DFM-Föderationen, beispielsweise zur Nutzung spezieller Web Services eingebunden werden müssen. Dazu müssen Fragestellungen betrachtet werden, die sich mit der Übertragung des bereits erworbenen Status in einer DFM-Föderation in eine andere beschäftigen. Existierten dort beispielsweise andere Wertigkeiten von VMs, ist gegebenenfalls eine Umrechnung des eigenen Status notwendig. In diesem Zusammenhang können möglicherweise erste Ergebnisse von Ansätzen sogenannter Inter-Föderationen (z.B. Geant Projekt [edu14]) Anwendung finden.

Literaturverzeichnis

[AABD01] (ADM), A. D. M.-U. S. E. V., (ASI), A. S. I. E. V., (BVM), B. D. M.-U. S. E. V. and (D.G.O.F.), D. G. F. O.-F. E. V.: Standards zur Qualitätssicherung für Online-Befragungen. 2001.

[AH00] ABDUL-RAHMAN, A. and HAILES, S.: Supporting Trust in Virtual Communities. In: Proceedings of the 33rd Hawaii International Conference on System Sciences, 6007, 2000.

[AD01] ABERER, K. and DESPOTOVIC, Z.: Managing trust in a peer-2-peer information system. In: Proceedings of the tenth international conference on Information and knowledge management, 310-317, Atlanta, Georgia, USA, 2001.

[AJ95] ABRAMS, M. D. and JOYCE, M. V.: Trusted system concepts. In: Computers & Security, 14 (1995), 1, 45-56.

[ASH04] AHN, G.-J., SHIN, D. and HONG, S.-P.: Information Assurance in Federated Identity Management: Experimentations and Issues Web Information Systems. In: ZHOU, X., SU, S., PAPAZOGLOU, M., ORLOWSKA, M. and JEFFERY, K.: Web Information Systems – WISE 2004, Springer, Heidelberg, 2004.

[AG10] AIVALOGLOU, E. and GRITZALIS, S.: Hybrid trust and reputation management for sensor networks. In: Wirel. Netw., 16 (2010), 5, 1493-1510.

[Ake70] AKERLOF, G.: The Market for 'Lemons': Quality Uncertainty and the Market Mechanism. In: Quarterly Journal of Economics, 84 (1970), 3, 488-500.

[APC11] ALJAZZAF, Z. M., PERRY, M. and CAPRETZ, M. A. M.: Trust Metrics for Services and Service Providers. In: The Sixth International Conference on Internet and Web Applications and Services (ICIW 2011), 2011.

[ama13] AMAZON: Amazon Kundenrezensionen. http://www.amazon.de/gp/help/customer/display.html/?ie=UTF8&nodeld=697300. 2013

[ama14] AMAZON: Beispielhafte Rezension des Amazon Kindle http://www.amazon.de/product-re-views/B007HCCOD0/ref=pr_all_summary_cm_cr_acr_txt?ie=UTF8&showViewpoints=1&sortBy=bySubmissionDateDescending. 2014

[AGL+13a] ANCEAUME, E., GUETTE, G., LAJOIE-MAZENC, P., PRIGENT, N. and TONG, V. V. T.: A privacy preserving distributed reputation mechanism. In: IEEE International Conference on Communications (ICC), 1951-1956, 2013.

[AGL+13b] ANCEAUME, E., GUETTE, G., LAJOIE-MAZENC, P., SIRVENT, T. and TRIEM TONG, V. V.: Extending Signatures of Reputation. 2013.

[AAM+12] ARIAS-CABARCOS, P., ALMENÁREZ-MENDOZA, F., MARÍN-LÓPEZ, A., DÍAZ-SÁNCHEZ, D. and SÁNCHEZ-GUERRERO, R.: A Metric-Based Approach to Assess Risk for "On Cloud" Federated Identity Management. In: Journal of Network and Systems Management, 20 (2012), 4, 513-533.

[Ari11] ARIAS CABARCOS, P.: Risk assessment for better Identity Management in pervasive environments. In: Pervasive Computing and Communications Workshops (PERCOM Workshops), 2011 IEEE International Conference on, 389-390, 2011.

[AAMD09] ARIAS CABARCOS, P., ALMENÁREZ MENDOZA, F., MARÍN-LÓPEZ, A. and DÍAZ-SÁNCHEZ, D.: Enabling SAML for Dynamic Identity Federation Management. In: WOZNIAK, J., KONORSKI, J., KATULSKI, R. and PACH, A.: Wireless and Mobile Networking, Springer, Berlin Heidelberg, 2009.

[AAGM13] ARIAS CABARCOS, P., ALMENÁREZ, F., GÓMEZ MÁRMOL, F. and MARÍN, A.: To Federate or Not To Federate: A Reputation-Based Mechanism to Dynamize Cooperation in Identity Management. In: Wireless Personal Communications (2013), 1-18.

[AFG+09] ARMBRUST, M., FOX, A., GRIFFITH, R., JOSEPH, A. D., KATZ, R. H., KONWINSKI, A., LEE, G., PATTERSON, D. A., RABKIN, A., STOICA, I. and ZAHARIA, M.: Above the Clouds: A Berkeley View of Cloud Computing. 2009.

[AG07] ARTZ, D. and GIL, Y.: A survey of trust in computer science and the Semantic Web. In: Web Semant., 5 (2007), 2, 58-71.

[Bak04] BAKER, L.: Microsoft Passport Dumped By Ebay. http://www.searchenginejournal.com/microsoft-passport-dumped-by-ebay/1203/. 2004

[Bar02] BARAB‡SI, A. L.: Linked: The New Science of Networks. Perseus Pub., 2002.

[BCH+04] BEATTY, J., CANALES-VALENZUELA, C., HODGES, C., ELLISON, G., KEMP, J., ROUAULT, J., AARTS, R., KAINULAINEN, J., WASON, T., THOMPSON, P., MADSEN, P. and AOYAGI, M.: Liberty ID-WSF Web Services Framework. (2004).

[BA10] BEDNER, M. and ACKERMANN, T.: Schutzziele der IT-Sicherheit. In: Datenschutz und Datensicherheit - DuD, 34 (2010), 5, 323–328.

[Ben05] BENANTAR, M.: Access Control Systems: Security, Identity Management and Trust Models. Springer, Berlin, 1st., 2005.

[BBCS07] BERES, Y., BALDWIN, A., CASASSA MONT, M. and SHIU, S.: On identity assurance in the presence of federated identity management systems. In: Proceedings of the 2007 ACM workshop on Digital identity management, 27-35, Fairfax, Virginia, USA, 2007.

[Ber02] BERINATO, S.: Finally, a Real Return on Security Spending. http://www.cio.com/article/30855/Finally_a_Real_Return_on_Security_Spending. 2002.

[BFS04] BERTINO, E., FERRARI, E. and SQUICCIARINI, A.: Trust negotiations: concepts, systems, and languages. In: Computing in Science & Engineering, 6 (2004), 4, 27-34.

[BFS04] BERTINO, E., FERRARI, E. and SQUICCIARINI, A. C.: Trust-X: a peer-to-peer framework for trust establishment. In: Knowledge and Data Engineering, IEEE Transactions on, 16 (2004), 7, 827-842.

[BMPS10] BERTINO, E., MARTINO, L., PACI, F. and SQUICCIARINI, A.: Standards for Web Services Security. In: Security for Web Services and Service-Oriented Architectures, Springer Berlin Heidelberg, 2010.

[BT10] BERTINO, E. and TAKAHASHI, K.: Identity Management: Concepts, Technologies, and Systems. Artech House, 2010.

[Beu13] BEUTH, P.: Bundesbehörden sehen Risiken beim Einsatz von Windows 8. 2013.

[BCGS07] BHARGAV-SPANTZEL, A., CAMENISCH, J., GROSS, T. and SOMMER, D.: User centricity: a taxonomy and open issues. In: Proceedings of the second ACM workshop on Digital identity management, 1-10, Alexandria, Virginia, USA, 2006.

[BSB07] BHARGAV-SPANTZEL, A., SQUICCIARINI, A., C. and BERTINO, E.: Trust Negotiation in Identity Management. In: IEEE Security and Privacy, 5 (2007), 2, 55-63.

[Bis03] BISHOP, M.: Computer Security: Art and Science. ADDISON WESLEY Publishing Company Incorporated, 2003.

[BIT05] BITKOM: Web Identitäten—Begriffsbestimmungen und Einfuhrung In das Thema. In: BITKOM Leitfaden. http://www.bitkom.org/files/documents/Bitkom_Leitfaden_WebID_final_31.10.2005.pdf. 2005.

[Bla99] BLAZE, M.: Using the KeyNote Trust Management System. http://www.crypto.com/trustmgt/kn.html. 1999.

[BFIK99] BLAZE, M., FEIGENBAUM, J., IOANNIDIS, J. and KEROMYTIS, A. D.: The role of trust management in distributed systems security. In: JAN, V. and CHRISTIAN, D. J.: Secure Internet programming, Springer-Verlag, 1999.

[BFK99] BLAZE, M., FEIGENBAUM, J. and KEROMYTIS, A.: KeyNote: Trust Management for Public-Key Infrastructures. In: CHRISTIANSON, B., CRISPO, B., HARBISON, W. and ROE, M.: Security Protocols, Springer Berlin Heidelberg, 1999.

[BFL96] BLAZE, M., FEIGENBAUM, J. and LACY, J.: Decentralized Trust Management. In: Proceedings of the 1996 IEEE Symposium on Security and Privacy, 164-173, 1996.

[BFRS97] BLAZE, M., FEIGENBAUM, J., RESNICK, P. and STRAUSS, M.: Managing trust in an information-labeling system. In: European Transactions on Telecommunications, 8 (1997), 5, 491-501.

[BFS98] BLAZE, M., FEIGENBAUM, J. and STRAUSS, M.: Compliance checking in the PolicyMaker trust management system. In: HIRCHFELD, R.: Financial Cryptography, Springer Berlin Heidelberg, 1998.

[BIK03] BLAZE, M., IOANNIDIS, J. and KEROMYTIS, A.: Experience with the KeyNote Trust Management System: Applications and Future Directions. In: NIXON, P. and TERZIS, S.: Trust Management, Springer Berlin Heidelberg, 2003.

[BEK[+]04] BOEYEN, S., ELLISON, G., KARHULUOMA, N., MACGREGOR, W., MADSEN, P., SENGODAN, S., SHINKAR, S. and THOMPSON, P.: Trust Models Guidelines. 2004.

[BED+10] BÖHM, K., ETALLE, S., DEN HARTOG, J., HÜTTER, C., TRABELSI, S., TRIVELLATO, D. and ZANNONE, N.: A flexible architecture for privacy-aware trust management. In: J. Theor. Appl. Electron. Commer. Res., 5 (2010), 2, 77-96.

[BZ04] BOHNET, I. and ZECKHAUSER, R. J.: Trust, risk and betrayal. In: Journal of Economic Behavior & Organization, 55 (2004), 4, 467-484.

[BS00] BONATTI, P. and SAMARATI, P.: Regulating service access and information release on the Web. In: Proceedings of the 7th ACM conference on Computer and communications security, 134-143, Athens, Greece, 2000.

[BDOS05] BONATTI, P. A., DUMA, C., OLMEDILLA, D. and SHAHMEHRI, N.: An Integration of Reputation-based and Policy-based Trust Management. In: Semantic Web Policy Workshop (SWPW), Galway, Ireland, 2005.

[Bou09] BOURSAS, L.: Trust-based access control in federated environments. 2009.

[BD08] BOURSAS, L. and DANCIU, V. A.: Dynamic inter-organizational cooperation setup in Circle-of-Trust environments. In: Network Operations and Management Symposium, 2008. NOMS 2008. IEEE, 113-120, 2008.

[BH08] BOURSAS, L. and HOMMEL, W.: Derivation and use of trust and risk management parameters in dynamic federated environments. In: Proceedings of the 2008 Workshop of HP Software University Association (HP–SUA), 2008.

[BR07] BOURSAS, L. and REISER, H.: Propagating Trust and Privacy Aspects in Federated Identity Management Scenarios. In: Proceedings of the 14th Annual Workshop of HP Software University Association, 2007.

[BL02] BRANDS, S. and LEGARE, F.: Digital Identity Management based on Digital Credentials. In: Lecture Notes in Informatics, 19 (2002).

[Bro93] BROMLEY, D. B.: Reputation, image and impression management. John Wiley & Sons, 1993.

[BFG10] BROSER, C., FRITSCH, C. and GMELCH, O.: Towards Information Security Management in Collaborative Networks. In: 23rd International Workshop on Database and Expert Systems Applications, 359-363, Bilbao, Spain, 2010.

[BFG[+]09] BROSER, C., FRITSCH, C., GMELCH, O., PERNUL, G. and SCHILLINGER, R.: SPIKE - A Collaboration Platform for Short-Term Virtual Business Alliances. In: Proceedings of the Workshop on Technological trends in Enterprise Systems for SMEs and large enterprises: Heading towards the Future Internet, London, UK, 2009.

[BFG[+]10] BROSER, C., FRITSCH, C., GMELCH, O., PERNUL, G., SCHILLINGER, R. and WIESBECK, S.: Analysing Requirements for Virtual Business Alliances – The Case of SPIKE. In: TELESCA, L., STANOEVSKA-SLABEVA, K. and RAKOCEVIC, V.: Digital Business, Springer Berlin Heidelberg, 2010.

[BSI13] BSI: Glossar und Begriffsdefinition. https://www.bsi.bund.de/DE/Themen/ITGrundschutz/ITGrundschutzKataloge/Inhalt/Glossar/glossar_node.html. 01.04.2013, 2013

[BSI13] BSI: Phishing. Gefährliche Umleitung für Ihre Passwörter. https://www.bsi-fuer-buerger.de/BSIFB/DE/GefahrenImNetz/Phishing/phishing_node.html. 06.06.2013, 2013

[BL02] BUCHEGGER, S. and LE BOUDEC, J.-Y.: Performance analysis of the CONFIDANT protocol. In: Proceedings of the 3rd ACM international symposium on Mobile ad hoc networking \& computing, 226-236, Lausanne, Switzerland, 2002.

[Busk98] BUSKENS, V.: The social structure of trust. In: Social Networks, 20 (1998), 3, 265-289.

[CGS[+]03] CAHILL, V., GRAY, E., SEIGNEUR, J.-M., JENSEN, C. D., CHEN, Y., SHAND, B., DIMMOCK, N., TWIGG, A., BACON, J., ENGLISH, C., WAGEALLA, W., TERZIS, S., NIXON, P., SERUGENDO, G. D. M., BRYCE, C., CARBONE, M., KRUKOW, K. and NIELSEN, M.: Using Trust for Secure Collaboration in Uncertain Environments. In: IEEE Pervasive Computing, 2 (2003), 3, 52-61.

[CA05] CAMARINHA-MATOS, L. and AFSARMANESH, H.: Collaborative Networks: A New Scientific Discipline. In: CAMARINHA-MATOS, L., AFSARMANESH, H. and OLLUS, M.: Virtual Organizations, Springer US, 2005.

[CA07] CAMARINHA-MATOS, L. and AFSARMANESH, H.: A comprehensive modeling framework for collaborative networked organizations. In: Journal of Intelligent Manufacturing, 18 (2007), 5, 529-542.

[Cam09] CAMARINHA-MATOS, L. M.: Collaborative Networked Organizations: Status and Trends in Manufacturing. In: Annual Reviews in Control, 33 (2009), 2, 199-208.

[CA08] CAMARINHA-MATOS, L. M. and AFSARMANESH, H.: Collaboration forms. In: Collaborative Networks: Reference Modeling, Springer US, 2008.

[Cam05] CAMERON, K.: The Laws of Identity. http://www.identityblog.com/?p=352. 26.02.2013, 2005

[CHKT03] CANTOR, S., HODGES, J., KEMP, J. and THOMPSON, P.: Liberty ID-FF Architecture Overview. (2003).

[CGG+10] CAPUANO, N., GAETA, A., GAETA, M., ORCIUOLI, F., BROSSARD, D. and GUSMINI, A.: Management of Virtual Organizations. In: DIMITRAKOS, T., MARTRAT, J. and WESNER, S.: Service Oriented Infrastructures and Cloud Service Platforms for the Enterprise, Springer Berlin Heidelberg, 2010.

[CEH+05] CARMODY, S., ERDOS, M., HAZELTON, K., HOEHN, W., MORGAN, R., SCAVO, T. and WASLEY, D.: Shibboleth Architecture - Protocols and Profiles. 2005.

[Cha09] CHADWICK, D.: Federated Identity Management. In: ALDINI, A., BARTHE, G. and GORRIERI, R.: Foundations of Security Analysis and Design V, Springer Berlin Heidelberg, 2009.

[Cha08] CHAKRABORTY, S.: A Vector Model of Trust to Reason about Trustworthiness of Entities for Developing Secure Systems. Colorado State University, 2008.

[Cha06] CHAPPELL, D.: Introducing Windows CardSpace. http://msdn.microsoft.com/en-us/library/aa480189.aspx. 2006

[CFL+97] CHU, Y.-H., FEIGENBAUM, J., LAMACCHIA, B., RESNICK, P. and STRAUSS, M.: Referee: trust management for Web applications. In: World Wide Web J., 2 (1997), 3, 127-139.

[CGB+93] CLARK, R. K., GREENBERG, I. B., BOUCHER, P. K., LUNT, T. F., NEUMANN, P. G., WELLS, D. M. and JENSON, E. D.: Effects of multilevel security on real-time applications. In: Computer Security Applications Conference, 1993. Proceedings., Ninth Annual, 120-129, 1993.

[CK01] CLAUß, S. and KÖHNTOPP, M.: Identity management and its support of multilateral security. In: Computer Networks, 37 (2001), 2, 205-219.

[Com05] COMMISSION, E.: COMMUNICATION FROM THE COMMISSION TO THE COUNCIL, THE EUROPEAN PARLIAMENT, THE EU ROPEAN ECONOMIC AND SOCIAL COMMITTEE AND THE COMMI TTEE OF THE REGIONS - "i2010 – A European Information Society for growth and employment" 2005.

[Com06] COMMISSION, E.: A strategy for a Secure Information Society – "Dialogue, partnership and empowerment". 2006.

[EC12] COMMISSION, E.: Unleashing the Potential of Cloud Computing in Europe 2012.

[Con09] CONCORDIA, P.: Concordia Project Federation Survey Use Results. 2009.

[Cot08] COTTIN, C.: Risikoanalyse – Modellierung, Beurteilung und Management von Risiken. Vieweg + Teubner in GWV Fachverlage GmbH, Wiesbaden, 2008.

[CD13] COTTIN, C. and DÖHLER, S.: Risikoanalyse - Modellierung, Beurteilung und Management von Risiken mit Praxisbeispielen. Springer Spektrum, Wiesbaden, 2., überarb. u. erw. Aufl. , 2013.

[Cre03] CRESWELL, J., W.: Research Design: Qualitative, quantitative, and mixed method approaches. Sage Publications, Thousand Oaks, California, USA, 2003.

[CC12] CRITERIA, C.: The Common Criteria for Information Technology Security Evaluation (CC). http://www.commoncriteriaportal.org/. 2012

[Ini13] D21, I.: Empfohlene Gütesiegel der Initiative D21. http://www.internet-guetesiegel.de/qualitaetskriterien. 2013

[DFG10] D'ANDREA, A., FERRI, F. and GRIFONI, P.: An Overview of Methods for Virtual Social Networks Analysis. In: ABRAHAM, A., HASSANIEN, A.-E. and SNÁEL, V.: Computational Social Network Analysis, Springer London, 2010.

[DVP+02] DAMIANI, E., VIMERCATI, D. C. D., PARABOSCHI, S., SAMARATI, P. and VIOLANTE, F.: A reputation-based approach for choosing reliable resources in peer-to-peer networks. In: Proceedings of the 9th ACM conference on Computer and communications security, 207-216, Washington, DC, USA, 2002.

[DS02] DEGROOT, M. H. and SCHERVISH, M. J.: Probability and Statistics. Addison-Wesley, 2002.

[Del03] DELLAROCAS, C.: The Digitization of Word of Mouth: Promise and Challenges of Online Feedback Mechanisms. In: Manage. Sci., 49 (2003), 10, 1407-1424.

[Del05] DELLAROCAS, C.: Reputation Mechanism Design in Online Trading Environments with Pure Moral Hazard. In: Info. Sys. Research, 16 (2005), 2, 209-230.

[Dep09] DEREGULATION, D. O. F. A.: National e-Authentication Framework. 2009.

[Dew09] DEWANTO, L.: Autorisierungsdienste mit OAuth. http://www.heise.de/developer/artikel/Autorisierungsdienste-mit-OAuth-845382.html. 2009.

[Dij59] DIJKSTRA, E. W.: A note on two problems in connexion with graphs. In: Numerische mathematik, 1 (1959), 1, 269-271.

[DH08] DINGER, J. and HARTENSTEIN, H.: Netzwerk- und IT-Sicherheitsmanagement: eine Einführung 2008.

[DM03] DOROGOVTSEV, S. N. and MENDES, J. F. F.: Evolution of Networks: From Biological Nets to the Internet and WWW. Oxford University Press, Inc., 2003.

[Dou02] DOUCEUR, J. R.: The Sybil Attack. In: Revised Papers from the First International Workshop on Peer-to-Peer Systems, 251-260, 2002.

[DRCW96] DOWLING, M., ROERING, W., CARLIN, B. and WISNIESKI, J.: Multi-faceted relationships under coopetition: description and theory. In: Journal of Management Inquiry, 5 (1996), 2, 155-167.

[eba13] EBAY: eBay: So funktioniert das Bewertungssystem. http://pages.ebay.de/help/feedback/howitworks.html. 2013.

[Eck06] ECKERT, C.: IT-Sicherheit - Konzepte - Verfahren - Protokolle. Oldenbourg Wissenschaftsverlag, 2006.

[Eck12] ECKERT, C.: IT-Sicherheit - Konzepte - Verfahren - Protokolle. Oldenbourg Wissenschaftsverlag, 2012.

[Eck13] ECKERT, C.: IT-Sicherheit: Konzepte - Verfahren - Protokolle. Oldenbourg Wissenschaftsverlag, 2013.

[edu14] EDUGAIN: eduGAIN Resources. http://www.geant.net/service/eduGAIN/resources/Pages/home.aspx. 2014

[EKA+12] ELDEFRAWY, M. H., KHAN, M. K., ALGHATHBAR, K., KIM, T.-H. and ELKAMCHOUCHI, H.: Mobile one-time passwords: two-factor authentication using mobile phones. In: Sec. and Commun. Netw., 5 (2012), 5, 508-516.

[Eva13] EVANS, B.: The Top 10 Strategic CIO Issues For 2013. http://www.forbes.com/sites/oracle/2012/09/28/the-top-10-strategic-cio-issues-for-2013/. 2013

[FP13] FERDOUS, M. S. and POET, R.: Dynamic Identity Federation Using Security Assertion Markup Language (SAML). In: FISCHER-HÜBNER, S., LEEUW, E. and MITCHELL, C.: Policies and Research in Identity Management, Springer, Berlin Heidelberg, 2013.

[FKC07] FERRAIOLO, D., KUHN, R. and CHANDRAMOULI, R.: Role-Based Access Control. Artech House, Boston, MA, USA, 2007.

[Fet06] FETTKE, P.: State-of-the-Art des State-of-the-Art - Eine Untersuchung der Forschungsmethode "Review" innerhalb der Wirtschaftsinformatik. In: WIRTSCHAFTSINFORMATIK, 48 (2006), 4, 257-266.

[FL02] FETTKE, P. and LOOS, P.: Methoden zur Wiederverwendung von Referenzmodellen - Übersicht und Taxonomie. In: Referenzmodellierung 2002 - Methoden - Modelle - Erfahrungen, 9-33, 2002.

[FL04] FETTKE, P. and LOOS, P.: Referenzmodellierungsforschung. In: Wirtschaftsinformatik, 46 (2004), 5, 331-340.

[FB13] FETTKE, P. and VOM BROCKE, J.: Referenzmodell 2013.

[Fin11] FINES: Position Paper on Orientations for FP8 - A European Innovation Partnership for Catalysing the Competitiveness of European Enterprises. 2011.

[Fin09] FINGER, P.: SOA und WebServices. Springer, Berlin, Heidelberg, 2009.

[FGH12] FIRDHOUS, M., GHAZALI, O. and HASSAN, S.: Trust Management in Cloud Computing: A Critical Review. In: International Journal on Advances in ICT for Emerging Regions (ICTer), 4 (2012), 2, 24-36.

[FRHH07] FITZPATRICK, B., RECORDON, D., HARDT, D. and HOYT, J.: OpenID Authentication 2.0 – Final. 2007.

[Fre79] FREEMAN, L. C.: Centrality in Social Networks. Conceptual Clarification. In: Social Networks 1(1979), 215-239.

[Fuc10] FUCHS, L.: Methodology for Hybrid Role Development. Josef Eul Verlag GmbH, 2010.

[FBP09] FUCHS, L., BROSER, C. and PERNUL, G.: Different Approaches to In-House Identity Management - Justification of an Assumption. In: International Conference on Availability, Reliability and Security (ARES), 122-129, Fukuoka, Japan, 2009.

[FM11] FUCHS, L. and MEIER, S.: The Role Mining Process Model - Underlining the Need for a Comprehensive Research Perspective. In: Sixth International Conference on Availability, Reliability and Security, 35-42, 2011.

[FP08a] FUCHS, L. and PERNUL, G.: HyDRo --- Hybrid Development of Roles. In: Proceedings of the 4th International Conference on Information Systems Security, 287-302, Hyderabad, India, 2008.

[FPS11] FUCHS, L., PERNUL, G. and SANDHU, R.: Roles In Information Security - A Survey And Classification Of The Research Area. In: Computers & Security (2011).

[Fur09] FURDIK, K.: Secure Process-oriented Infrastructure for Networked Enterprises. In: Workshop on Data Analysis, 98-105, 2009.

[Gam00] GAMBETTA, D.: Can We trust Trust. 2000.

[GHJ11] GAMMA, E., HELM, R. and JOHNSON, R.: Entwurfsmuster. Elemente wiederverwendbarer objektorientierter Software. Addison-Wesley, 2011.

[Gar95] GARFINKEL, S.: PGP: Pretty Good Privacy. O'Reilly Media, Inc., 1995.

[GNO+04] GAVRILOAIE, R., NEJDL, W., OLMEDILLA, D., SEAMONS, K. and WINSLETT, M.: No Registration Needed: How to Use Declarative Policies and Negotiation to Access Sensitive Resources on the Semantic Web. In: BUSSLER, C., DAVIES, J., FENSEL, D. and STUDER, R.: The Semantic Web: Research and Applications, Springer Berlin Heidelberg, 2004.

[GGM10] GOMEZ MARMOL, F., GIRAO, J. and MARTINEZ PEREZ, G.: TRIMS, a privacy-aware trust and reputation model for identity management systems. In: Computer Networks, 54 (2010), 16, 2899-2912.

[GM10] GOMEZ MARMOL, F. and MARTINEZ PEREZ, G.: Towards pre-standardization of trust and reputation models for distributed and heterogeneous systems. In: Comput. Stand. Interfaces, 32 (2010), 4, 185-196.

[GM09] GÓMEZ MÁRMOL, F. and MARTÍNEZ PÉREZ, G.: Security threats scenarios in trust and reputation models for distributed systems. In: Computers and Security, 28 (2009), 7, 545-556.

[Gra03] GRANDISON, T.: Trust Management for Internet Applications. Ph.D., 2003.

[GS00] GRANDISON, T. and SLOMAN, M.: A Survey of Trust in Internet Applications. In: IEEE Communications Surveys and Tutorials, 2-16, 2000.

[Gre13] GREINER, W.: Studie: Authentifizierungsverfahren zu umständlich und zu unsicher. In: LANLine (2013).

[HRM10] HABIB, S. M., RIES, S. and MÜHLHÄUSER, M.: Cloud Computing Landscape and Research Challenges regarding Trust and Reputation. In: Symposia and Workshops on Ubiquitous, Autonomic and Trusted Computing, 2010.

[Ham10] HAMMER-LAHAV, E.: The OAuth 1.0 Protocol. 2010.

[HJK08] HARDING, P., JOHANSSON, L. and KLINGENSTEIN, N.: Dynamic Security Assertion Markup Language: Simplifying Single Sign-On. In: IEEE Security and Privacy, 6 (2008), 2, 83-85.

[Har94] HARS, A.: Referenzdatenmodelle: Grundlagen effizienter Datenmodellierung. Springer, 1994.

[HB13] HASAN, O. and BRUNIE, L.: Privacy Preserving Reputation Management in Social Networks. In: CHBEIR, R. and AL BOUNA, B.: Security and Privacy Preserving in Social Networks, Springer Vienna, 2013.

[Has06] HASSELBRING, W.: Software-Architektur -- Das aktuelle Schlagwort. In: Informatik-Spektrum, 29 (2006), 1, 48-52.

[Hei01] HEINRICH, L.: Wirtschaftsinformatik: Einführung und Grundlegung. Wissenschaftsverlag Oldenbourg 2001.

[Her12] HERMES, B.: Prozessorientierte Leistungserbringung im E-Government. Logos, Berlin, 2012.

[HZNR09] HOFFMAN, K., ZAGE, D. and NITA-ROTARU, C.: A survey of attack and defense techniques for reputation systems. In: ACM Computer Surveys, 42 (2009), 1, 1-31.

[HK07] HÖHFELD, S. and KWIATKOWSKI, M.: Empfehlungssysteme aus informationswissenschaftlicher Sicht-State of the Art. In: Information Wissenschaft und Praxis, 58 (2007), 5, 265-276.

[Hol07] HOLLAUS, M.: Der Einsatz von Online-Befragungen in der empirischen Sozialforschung. Shaker Verlag, Aachen, 2007.

[Höl08] HÖLLRIGL, T.: Informationskonsistenz im föderativen Identitätsmanagement: Modellierung und Mechanismen. Ph.D, 2008.

[Hom07] HOMMEL, W.: Architektur- und Werkzeugkonzepte für föderiertes Identitäts-Management. Dr. Hut, 2007.

[Hom05a] HOMMEL, W.: Using XACML for Privacy Control in SAML-Based Identity Federations. In: Communications and Multimedia Security, 160-169, 2005.

[Hüh08] HÜHNLEIN, D.: Identitätsmanagement. In: Datenschutz und Datensicherheit - DuD, 32 (2008), 3, 161-163.

[HLE09] HULSEBOSCH, B., LENZINI, G. and EERTINK, H.: D2.3 - Quality authenticator scheme. 2009.

[HJS04] HUYNH, T. D., JENNINGS, N. R. and SHADBOLT, N.: FIRE: An Integrated Trust and Reputation Model for Open Multi-Agent Systems In: 16th European Conference on Artificial Intelligence, 18-22, Valencia, Spain, 2004.

[HJS06a] HUYNH, T. D., JENNINGS, N. R. and SHADBOLT, N.: An integrated trust and reputation model for open multi-agent systems. In: Autonomous Agents and Multi-Agent Systems, 13 (2006), 2, 119-154.

[HJS06b] HUYNH, T. D., JENNINGS, N. R. and SHADBOLT, N. R.: Certified reputation: how an agent can trust a stranger. In: Proceedings of the fifth international joint conference on Autonomous agents and multiagent systems, 1217-1224, Hakodate, Japan, 2006.

[Inc13] INCOMMON: Identity Assurance Assessment Framework. 2013.

[Bsi09] INFORMATIONSTECHNIK, B. F. S. I. D.: SOA-Security-Kompendium 2.0. 2009.

[Int14] INITIATIVE, I. M.: What's Shibboleth? http://shibboleth.net/about/. 2014

[Kan12a] INITIATIVE, K.: Identity Assurance Framework: Assurance Assessment Scheme. 2012.

[Kan10a] INITIATIVE, K.: Identity Assurance Framework: Assurance Levels. 2010.

[Kan10b] INITIATIVE, K.: Identity Assurance Framework: Overview. 2010.

[Kan10c] INITIATIVE, K.: Kantara Initiative Identity Assurance Framework: Assessor Qualifications & Requirements. 2010.

[Kan09] INITIATIVE, K.: Kantara Initiative Reshapes Global Identity Landscape Based on Industry-Wide Collaboration, Announces Initial Focus Areas. http://kantarainitiative.org/kantara-initiativereshapes-global-identity-landscape-based-on-industry-wide-collaboration-announces-initial-focus-areas/. 2009

[ITS91] ITSEC: IT-Sicherheitskriterien und Evaluierung nach ITSEC. 1991.

[ITU09a] ITU-T: NGN identity management framework. 2009.

[Jam10] JAMES, H. S.: World Database of Trust. http://web.missouri.edu/~jamesha/trust/index.htm. 23.03.2013, 2010

[Jen11] JENSEN, J.: Benefits of Federated Identity Management - A Survey from an Integrated Operations Viewpoint. In: TJOA, A., QUIRCHMAYR, G., YOU, I. and XU, L.: Availability, Reliability and Security for Business, Enterprise and Health Information Systems, Springer, Heidelberg, 2011.

[Jen12b] JENSEN, J.: Federated Identity Management Challenges. In: Seventh International Conference on Availability, Reliability and Security (ARES), 230-235, 2012.

[Jon05] JONES, J. A.: An Introduction to Factor Analysis of Information Risk (FAIR). http://riskmanagementinsight.com/media/documents/FAIR_Introduction.pdf. 05.01.2014, 2005

[Jos12a] JOSANG, A.: Identity Management. http://folk.uio.no/josang/im/. 03.10.2013, 2012

[Jos13] JOSANG, A.: PKI Trust Models. Idea Group,U.S., 2013.

[Jos07] JOSANG, A.: Trust and reputation systems. In: ALESSANDRO, A. and ROBERTO, G.: Foundations of security analysis and design IV, Springer-Verlag, 2007.

[Jos12b] JØSANG, A.: Robustness of Trust and Reputation Systems: Does It Matter? In: DIMITRAKOS, T., MOONA, R., PATEL, D. and MCKNIGHT, D. H.: Trust Management VI, Springer Berlin Heidelberg, 2012.

[JG09] JOSANG, A. and GOLBECK, J.: Challenges for Robust Trust and Reputation Systems. In: Proceedings of the 5th International Workshop on Security and Trust Management (STM 2009), Saint Malo, France, 2009.

[JI02] JOSANG, A. and ISMAIL, R.: The Beta Reputation System. In: 15th Bled Electronic Commerce Conference, 2002.

[JIB07] JOSANG, A., ISMAIL, R. and BOYD, C.: A survey of trust and reputation systems for online service provision. In: Decis. Support Syst., 43 (2007), 2, 618-644.

[JP05] JOSANG, A. and POPE, S.: User Centric Identity Management. In: Proceedings of AusCERT, 2005.

[JP04] JOSANG, A. and PRESTI, S. L.: Analysing the Relationship between Risk and Trust. In: Proceedings of the Second International Conference on Trust Management (iTrust'04), Oxford, 2004.

[Bun90] JUSTIZ, B. D.: Bundesdatenschutzgesetz (BDSG). 1990.

[KSGM03] KAMVAR, S. D., SCHLOSSER, M. T. and GARCIA-MOLINA, H.: The Eigentrust algorithm for reputation management in P2P networks. In: Proceedings of the 12th international conference on World Wide Web, 640-651, Budapest, Hungary, 2003.

[KA59] KARLINS, M. and ABELSON, H. I.: Persuasion: how opinions and attitudes are changed. Springer Pub. Co., 1959.

[Kea09] KEARNS, D.: A look at the Kantara Initiative: Liberty Alliance is moving force behind new group. http://www.networkworld.com/newsletters/2009/062209id2.html. 2009

[KW03] KELLOMAKI, S. and WASON, T.: Liberty ID-SIS Personal Profile Service Implementation Guidelines. 2003.

[KCM+05] KEMP, J., CANTOR, S., MISHRA, P., PHILPOTT, R. and MALER, E.: Autentication Context for the OASIS Security Assertion Markup Language (SAML) v2.0. 2005.

[KS12] KIM, D. and SOLOMON, M.: Fundamentals of Information Systems Security. Jones & Bartlett Learning, 2012.

[KPR+07] KLENK, A., PETRI, F., RADIER, B., SALAUN, M. and CARLE, G.: Automated Trust Negotiation in Autonomic Environments. In: HUTCHISON, D. and KATZ, R.: Self-Organizing Systems, Springer, Berlin Heidelberg, 2007.

[KJH08] KOHLAS, R., JONCZY, J. and HAENNI, R.: A Trust Evaluation Method Based on Logic and Probability Theory. In: KARABULUT, Y., MITCHELL, J., HERRMANN, P. and JENSEN, C.: Trust Management II, Springer US, 2008.

[Eur03] KOMMISSION, E.: EMPFEHLUNG DER KOMMISSION vom 6. Mai 2003 betreffend die Definition der Kleinstunternehmen sowie der kleinen und mittleren Unternehmen. 2003.

[KNS08] KRUKOW, K., NIELSEN, M. and SASSONE, L.: Trust models in ubiquitous computing. In: Philosophical Transactions of the Royal Society (2008).

[KN10] KUBICEK, H. and NOACK, T.: Mehr Sicherheit im Internet durch elektronischen Identitätsnachweis?: Der neue Personalausweis im europäischen Vergleich. LIT, 2010.

[KERS09] KUCKARTZ, U., EBERT, T., RÄDIKER, S. and STEFER, C.: Evaluation online - internetgestützte Befragung in der Praxis. VS Verlag, Wiesbaden, 2009.

[Kuh13] KUHR, D.: Falsche fünf Sterne. In: Süddeutsche.de. http://www.sueddeutsche.de/wirtschaft/2.220/onlineshop-bewertungen-falsche-fuenf-sterne-1.1760792. 03.09.2013, 2013.

[KL12] KUSELER, T. and LAMI, I. A.: Using Geographical Location as an Authentication Factor to enhance mCommerce Applications on Smartphones. In: International Journal of Computer Science and Security (IJCSS), 6 (2012), 4, 277–287.

[LGW09] LANDAU, S., GONG, H. and WILTON, R.: Achieving Privacy in a Federated Identity Management System. In: DINGLEDINE, R. and GOLLE, P.: Financial Cryptography and Data Security, Springer, Berlin Heidelberg, 2009.

[LJL+03] LEE, K., JEON, J., LEE, W., JEONG, S.-H. and PARK, S.-W.: QoS for Web Services: Requirements and Possible Approaches. www.w3c.or.kr/kr-office/TR/2003/ws-qos/. 01.09.2013, 2003

[LM03] LI, N. and MITCHELL, J. C.: RT: a Role-based Trust-management framework. In: DARPA Information Survivability Conference and Exposition, 201-212, 2003.

[LV07] LIN, C. and VARADHARAJAN, V.: A Hybrid Trust Model for Enhancing Security in Distributed Systems. In: Proceedings of the The Second International Conference on Availability, Reliability and Security, 35-42, 2007.

[LM12] LIU, L. and MUNRO, M.: Systematic analysis of centralized online reputation systems. In: Decis. Support Syst., 52 (2012), 2, 438-449.

[LOP04] LOPEZ, J., OPPLIGER, R. and PERNUL, G.: Authentication and authorization infrastructures (AAIs): a comparative survey. In: Computers & Security, 23 (2004), 7, 578-590.

[Low10] LOWE, C.: Identity Assurance Standard. 2010.

[MDK06] MACGREGOR, W., DUTCHER, W. and KHAN, J.: An Ontology of Identity Credentials. Part 1: Background and Formulation. 2006.

[MI09] MADSEN, P. and ITOH, H.: Challenges to Supporting Federated Assurance. In: Computer, 42 (2009), 5, 42-49.

[MKT05] MADSEN, P., KOGA, Y. and TAKAHASHI, K.: Federated identity management for protecting users from ID theft. In: Proceedings of the 2005 workshop on Digital identity management, Fairfax, VA, USA, 2005.

[Mah07] MAHLMANN, P.: P2P Netzwerke: Algorithmen Und Methoden. Springer, 2007.

[MTA14] MAKHAYE, S. C., TARWIREYI, P. and ADIGUN, M. O.: Designing dynamic federated identity management framework for reduction of management overhead in cloud computing. 2013.

[MR08] MALER, E. and REED, D.: The Venn of Identity: Options and Issues in Federated Identity Management. In: IEEE Security and Privacy, 6 (2008), 2, 16-23.

[MB09] MALIK, Z. and BOUGUETTAYA, A.: Trust Management for Service-Oriented Environments. Springer, 2009.

[Man98] MANCHALA, D. W.: Trust Metrics, Models and Protocols for Electronic Commerce Transactions. In: Proceedings of the The 18th International Conference on Distributed Computing Systems, 312, 1998.

[MC07] MANOUSELIS, N. and COSTOPOULOU, C.: Analysis and Classification of Multi-Criteria Recommender Systems. In: World Wide Web, 10 (2007), 4, 415-441.

[ML82] MARSDEN, P. V. and LIN, N.: Social structure and network analysis. Sage Publications, 1982.

[Mar94] MARSH, S.: Formalising Trust as a Computational Concept. Ph.D., 1994.

[Mar05] MARTI, S.: Trust and Reputation in Peer-to-Peer Networks. 2005.

[MGM06] MARTI, S. and GARCIA-MOLINA, H.: Taxonomy of trust: categorizing P2P reputation systems. In: Computer Networks, 50 (2006), 4, 472-484.

[MLM+06] MATTHEW, C., LASKEY, K., MCCABE, F., BROWN, P. F. and METZ, R.: Reference Model for Service Oriented Architecture. 2006.

[MC01] MCKNIGHT, D. H. and CHERVANY, N.: Trust and Distrust Definitions: One Bite at a Time. In: FALCONE, R., SINGH, M. and TAN, Y.-H.: Trust in Cyber-societies, Springer, Berlin Heidelberg, 2001.

[MC96] MCKNIGHT, D. H. and CHERVANY, N. L.: The Meanings of Trust. (1996).

[MIB10] MEKOUAR, L., IRAQI, Y. and BOUTABA, R.: Reputation-Based Trust Management in Peer-to-Peer Systems: Taxonomy and Anatomy. In: SHEN, X., YU, H., BUFORD, J. and AKON, M.: Handbook of Peer-to-Peer Networking, Springer US, 2010.

[MA08] MEZLER-ANDELBERG, C.: Identity Management: eine Einführung ; Grundlagen, Technik, wirtschaftlicher Nutzen. Dpunkt-Verlag, 2008.

[MM02] MICHIARDI, P. and MOLVA, R.: Core: a collaborative reputation mechanism to enforce node cooperation in mobile ad hoc networks. In: Proceedings of the IFIP TC6/TC11 Sixth Joint Working Conference on Communications and Multimedia Security: Advanced Communications and Multimedia Security, 107-121, 2002.

[Mic01] MICROSOFT: Microsoft .net passport technical overview. 2001.

[MIS05] MODINIS-IDM: Common Terminological Framework for Interoperable Electronic Identity Management. 2005.

[MR00] MONROSE, F. and RUBIN, A. D.: Keystroke dynamics as a biometric for authentication. In: Future Gener. Comput. Syst., 16 (2000), 4, 351-359.

[Mor09] MORRISS, P.: Expedia no longer supports Passport/Windows Live id. http://manypies.paulmorriss.com/2009/08/expedia-no-longer-supports.html. 2009

[Mos05] MOSES, T.: eXtensible Access Control Markup Language (XACML) Version 2.0. 2005.

[MFL12] MOYANO, F., FERNANDEZ-GAGO, C. and LOPEZ, J.: A Conceptual Framework for Trust Models. In: FISCHER-HÜBNER, S., KATSIKAS, S. and QUIRCHMAYR, G.: Trust, Privacy and Security in Digital Business, Springer Berlin Heidelberg, 2012.

[Mui02] MUI, L.: Computational Models of Trust and Reputation: Agents, Evolutionary Games, and Social Networks. 2002.

[MMA01] MUI, L., MOHTASHEMI, M. and ANG, C.: A Probabilistic Rating Framework for Pervasive Computing Environments. In: MIT Student Oxygen Workshop (SOW'2001), 2001.

[MSEW11] MÜLLER, G., SYIRNG, A., EGGS, H. and WENZEL, S.: Risikomanagement und Vertrauensbildung im Cloud Computing. In: WIRTSCHAFTSINFORMATIK & MANAGEMENT (2011), 05, 66-72.

[Mye97] MYERS, M. D.: Qualitative Research in Information Systems. In: MIS Quaterly, 21 (1997), 2, 241-242.

[Net13] NETTER, M.: Privacy-preserving Infrastructure for Social Identity Management. Ph.D, 2013.

[NT94] NEUMAN, B. C. and TS'O, T.: Kerberos: an authentication service for computer networks. In: Communications Magazine, IEEE, 32 (1994), 9, 33-38.

[New10] NEWMAN, M.: Networks: An Introduction. Oxford University Press, 2010.

[NU10] NOORIAN, Z. and ULIERU, M.: The state of the art in trust and reputation systems: a framework for comparison. In: Journal of Theoretical and Applied Electronic Commerce Research, 5 (2010), 2, 97-117.

[OGo03] O'GORMAN, L.: Comparing passwords, tokens, and biometrics for user authentication. In: Proceedings of the IEEE, 91 (2003), 12, 2021-2040.

[OAKS04] O'HARA, K., ALANI, H., KALFOGLOU, Y. and SHADBOLT, N.: Trust Strategies for the Semantic Web. In: ISWC Workshop on Trust, Security, and Reputation on the Semantic Web, 2004.

[CKP⁺05] OASIS: Assertions and Protocols for the OASIS Security Assertion Markup Language (SAML) V2.0. 2005.

[OAS14] OASIS: Organization for the Advancement of Structured Information Standards - About Us. 2014.

[RHP⁺08] OASIS: Security Assertion Markup Language (SAML) V2.0 Technical Overview. 2008.

[OMB03] OMB: E-Authentication Guidance for Federal Agencies. 2003.

[Opp03b] OPPLIGER, R.: Microsoft .NET Passport: A Security Analysis. In: Computer, 36 (2003), 7, 29-35.

[Opp03a] OPPLIGER, R.: Security Technologies for the World Wide Web. Artech House, 2003.

[OFA01] ÖSTERLE, H., FLEISCH, E. and ALT, R.: Business Networking: Shaping Collaboration Between Enterprises; with 40 Tables. Springer, Berlin Heidelberg, 2001.

[Oxf08] OXF: Concise Oxford English dictionary. Oxford Univ. Press, 2008. 2008.

[Par10] PARMENTER, D.: Key Performance Indicators (KPI): Developing, Implementing, and Using Winning KPIs. Wiley, 2010.

[pat12] PAT: Handys authentifizieren Nutzer über Bluetooth. http://www.all-about-security.de/security-artikel/endpoint-sicherheit/mobile-computing-und-pdas/artikel/14050-handys-authentifizieren-nutzer-ueber-bluetooth/. 01.02.2013, 2012.

[PB10] PEARSON, S. and BENAMEUR, A.: Privacy, Security and Trust Issues Arising from Cloud Computing. In: IEEE Second International Conference on Cloud Computing Technology and Science, 693-702, 2010.

[Per95] PERNUL, G.: Information systems security: Scope, state-of-the-art, and evaluation of techniques. In: International Journal of Information Management, 15 (1995), 3, 165-180.

[PU03] PERNUL, G. and UNLAND, R.: Datenbanken im Unternehmen: Analyse, Modellbildung und Einsatz. Oldenbourg, München, 2003.

[Pet10] PETERS, R.: Vertrauen und Reputation. In: Internet-Ökonomie, Springer, Berlin Heidelberg, 2010.

[PR08] PETERS, R. and REITZENSTEIN, I.: Robuste Reputationssysteme auf Elektronischen Märkten. In: Multikonferenz Wirtschaftsinformatik (MKWI) 267-286, 2008.

[PH10] PFITZMANN, A. and HANSEN, M.: A terminology for talking about privacy by data minimization: Anonymity, Unlinkability, Undetectability, Unobservability, Pseudonymity, and Identity Management 2010

[PP06] PFLEEGER, C. P. and PFLEEGER, S. L.: Security in Computing. Prentice Hall PTR, 4th Edition, 2006.

[PSA12] PRANATA, I., SKINNER, G. and ATHAUDA, R.: A Holistic Review on Trust and Reputation Management Systems for Digital Environments. In: International Journal of Computer and Information Technology, 01 (2012), 01, 44-53.

[PDSK07] PRIEBE, T., DOBMEIER, W., SCHLÄGER, C. and KAMPRATH, N.: Supporting Attribute-based Access Control in Authorization and Authentication Infrastructures with Ontologies. 2 (2007), 1, 27-38.

[Pro08] PROKEIN, O.: IT-Risikomanagement - Identifikation, Quantifizierung und wirtschaftliche Steuerung. Gabler, Wiesbaden, 2008.

[QH06] QUERCIA, D. and HAILES, S.: MATE: Mobility and Adaptation with Trust and Expected-utility. In: Int. J. Internet Technology and Secured Transactions (IJITST) (2006), 43-53.

[QFH10] QUIRIN, T., FRITSCH, L. and HUSSEIKI, R.: Ergänzende und alternative Techniken zu Trusted Computing (TC-Erg./-A.). 2010.

[RHJ04] RAMCHURN, S. D., HUYNH, D. and JENNINGS, N. R.: Trust in multi-agent systems. In: Knowl. Eng. Rev., 19 (2004), 1, 1-25.

[RJ96] RASMUSSON, L. and JANSSON, S.: Simulated social control for secure Internet commerce. In: Proceedings of the 1996 workshop on New security paradigms, 18-25, Lake Arrowhead, California, United States, 1996.

[RSB11] RATHNAYAKE, U., SIVARAMAN, V. and BORELI, R.: Environmental context aware trust in mobile P2P networks. In: Local Computer Networks (LCN), 2011 IEEE 36th Conference on, 324-332, 2011.

[RP06] RECHENBERG, P. and POMBERGER, G.: Informatik-Handbuch. Hanser Fachbuchverlag, München, 2006.

[RWMR09] REICHL, W., WIMMREUTER, W., MALLECK, H. and RUHLE, E. O.: Vertrauen und Identitätsnachweis im Internet. In: Elektrotechnik und Informationstechnik, 126 (2009), 7-8, 288-295.

[RZSL06] RESNICK, P., ZECKHAUSER, R., SWANSON, J. and LOCKWOOD, K.: The value of reputation on eBay: A controlled experiment. In: Experimental Economics, 9 (2006), 2, 79-101.

[Rie09] RIES, S.: Trust in Ubiquitous Computing. Ph.D, 2009.

[RK05] RUOHOMAA, S. and KUTVONEN, L.: Trust Management Survey. In: HERRMANN, P., ISSARNY, V. and SHIU, S.: Trust Management, Springer, Heidelberg, 2005.

[SR11] SAADI, R., RAHAMAN, M., ISSARNY, V. and TONINELLI, A.: Composing Trust Models towards Interoperable Trust Management. In: WAKEMAN, I., GUDES, E., JENSEN, C. and CRAMPTON, J.: Trust Management V, Springer, Boston, 2011.

[Sab04] SABATER, J.: Evaluating The Regret System. In: Applied Artificial Intelligence 18 (2004), 9-10, 797-813.

[SS01] SABATER, J. and SIERRA, C.: REGRET: reputation in gregarious societies. In: Proceedings of the fifth international conference on Autonomous agents, 194-195, Montreal, Quebec, Canada, 2001.

[SS02] SABATER, J. and SIERRA, C.: Reputation and social network analysis in multi-agent systems. In: Proceedings of the first international joint conference on Autonomous agents and multiagent systems: part 1, 475-482, Bologna, Italy, 2002.

[SS05] SABATER, J. and SIERRA, C.: Review on Computational Trust and Reputation Models. In: Artif. Intell. Rev., 24 (2005), 1, 33-60.

[Sac13] SACKMANN, S.: Enzyklopädie der Wirtschaftsinformatik. Online-Lexikon. Oldenbourg Wissenschaftsverlag. www.enzyklopaedie-der-wirtschaftsinformatik.de/wi-enzyklopaedie/lexikon/technologien-methoden/Informatik--Grundlagen/IT-Sicherheit. 2013.

[SSS13] SAEEDI, M., SHEN, Z. and SUNDARESAN, N.: The Value of Feedback: An Analysis of Reputation System. 2013.

[SAA⁺12] SANCHEZ, R., ALMENARES, F., ARIAS, P., DIAZ-SANCHEZ, D. and MARIN, A.: Enhancing privacy and dynamic federation in IdM for consumer cloud computing. In: Consumer Electronics, IEEE Transactions on, 58 (2012), 1, 95-103.

[SCFY96] SANDHU, R. S., COYNE, E. J., FEINSTEIN, H. L. and YOUMAN, C. E.: Role-Based Access Control Models. In: Computer, 29 (1996), 2, 38-47.

[SSLS13] SCHAICH, E., SCHMIDT, K., LACKES, R. and SIEPERMANN, M.: Gabler Wirtschaftslexikon. Gabler Verlag. http://wirtschaftslexikon.gabler.de/Archiv/57696/robustheit-v10.html. 2013.

[SN06] SCHLÄGER, C. and NOWEY, T.: Towards a Risk Management Perspective on AAIs. In: FISCHER-HÜBNER, S., FURNELL, S. and LAMBRINOUDAKIS, C.: Trust and Privacy in Digital Business, Springer, Berlin Heidelberg, 2006.

[Sch95] SCHNEIER, B.: Applied cryptography: protocols, algorithms, and source code in C. John Wiley Sons, Inc., 2nd edition, 1995.

[Sch13] SCHRÖDER, H.: Zusammenhang von Brute-Force-Attacken und Passwortlängen. 06.06.2013, 2013

[Sch98] SCHÜTTE, R.: Grundsätze ordnungsmäßiger Referenzmodellierung - Konstruktion konfigurations- und anpassungsorientierter Modelle. Gabler, Wiesbaden, 1. Auflage, 1998.

[SC11] SCOTT, J. and CARRINGTON, P. J.: The SAGE Handbook of Social Network Analysis. SAGE Publications, 2011.

[SSJ04] SMITH, B., SEAMONS, K. E. and JONES, M. D.: Responding to policies at runtime in TrustBuilder. In: Fifth IEEE International Workshop on Policies for Distributed Systems and Networks (POLICY 2004) 149-158, 2004.

[Smi08] SMITH, D.: Federated ID: The challenge of federated identity management. In: Network Security, 2008 (2008), 4, 7-9.

[SGI13] SORGE, C., GRUSCHKA, N. and IACONO, L. L.: Sicherheit in Kommunikationsnetzen. Oldenbourg Wissenschaftsverlag, 2013.

[Spi11] SPIKE: D1.5 Final Project Report. 2011.

[ST11] SPITZ, S. and TÜCHELMANN, Y.: A survey of security issues in trust and reputation systems for E-commerce. In: Proceedings of the 8th international conference on Autonomic and trusted computing, 203-214, Banff, Canada, 2011.

[Stö10] STÖRMER, W.: Unveränderliche Merkmale. Biometrie – vom Fingerabdruck zur Handvenenerkennung. In: W&S (2010), 5, 58-59.

[SW13] STOTZ, W. and WEDEL-KLEIN, A.: Employer Branding: Mit Strategie zum bevorzugten Arbeitgeber. Oldenbourg Wissenschaftsverlag, 2013.

[ST04] SURYANARAYANA, G. and TAYLOR, R.: A Survey of Trust Management and Resource Discovery Technologies in Peer-to-Peer Applications. 2004.

[SR93] SWANSON, E. B. and RAMILLER, N. C.: Information Systems Research Thematics: Submissions to a New Journal, 1987-1992. In: Information Systems Research, 4 (1993), 4, 299-330.

[TVY90] TAKEDA, H., VEERKAMP, P. and YOSHIKAWA, H.: Modeling Design Process. In: AI Magazine, 11 (1990), 4, 37-48.

[Tea05] TEACY, W. T. L.: An investigation into trust & reputation for agent-based virtual organisations. 2005.

[TPJL06] TEACY, W. T. L., PATEL, J., JENNINGS, N. R. and LUCK, M.: TRAVOS: Trust and Reputation in the Context of Inaccurate Information Sources. In: Journal of Autonomous Agents and Multi-Agent Systems, 12 (2006), 2, 183-198.

[Ide11] TEAM, I. A. A.: Beyond Windows CardSpace. http://blogs.msdn.com/b/card/archive/2011/02/15/beyond-windows-cardspace.aspx. 2011

[NIST11] TECHNOLOGY, N.-N. I. O. S. A.: Electronic Authentication Guideline - Special Publication 800-63-1. 2011.

[ten10] TEN HOMPEL, M.: Softwareengineering. In: Warehouse Management, Springer, 2010.

[Ten04] TENNENHOLTZ, M.: Reputation systems: an axiomatic approach. In: Proceedings of the 20th conference on Uncertainty in artificial intelligence, 544-551, Banff, Canada, 2004.

[TM11] THOMAS, I. and MEINEL, C.: From Domain-Based Identity Management Systems to Open Identity Management Models. In: SHARMAN, R., SMITH, S. D. and GUPTA, M.: Digital Identity and Access Management: Technologies and Frameworks, 2011.

[Tho06] THOMAS, O.: Understanding the Term Reference Model in Information Systems Research: History, Literature Analysis and Explanation. In: BUSSLER, C. and HALLER, A.: Business Process Management Workshops, Springer, Berlin Heidelberg, 2006.

[Tho08] THOMPSON, K.: The Networked Enterprise. Competing for the Future Through Virtual Enterprise Networks. Meghan Kiffer, 2008.

[Tod12] TODOROV, D.: Mechanics of User Identification and Authentication: Fundamentals of Identity Management. Taylor & Francis, 2012.

[Tre14] TREDINNICK, M.: Explanation: The differenc between OpenID and OAuth. http://www.360doc.com/content/09/0107/11/7349_2281086.shtml. 10.03.2014, 2008

[TS10] TSOLKAS, A. and SCHMIDT, K.: Rollen und Berechtigungskonzepte: Ansätze Für Das Identity- und Access Management Im Unternehmen. Vieweg Verlag, Friedr, & Sohn Verlagsgesellschaft mbH, 2010.

[UPV11] URDANETA, G., PIERRE, G. and VAN STEEN, M.: A survey of DHT security techniques. In: ACM Comput. Surv., 43 (2011), 2, 1-49.

[VK07] VAISHNAVI, V. K. and KUECHLER, W. J.: Design Science Research Methods and Patterns: Innovating Information and Communication Technology. Auerbach Publications, 2007.

[HV09] VAN HECK, E. and VERVEST, P.: Smart business networks: Concepts and empirical evidence. In: Decis. Support Syst., 47 (2009), 4, 275-276.

[Van12] VANINI, U.: Risikomanagement – Grundlagen, Instrumente, Unternehmenspraxis. Schäffer-Poeschel, Stuttgart 2012.

[ver13] VERISIGN: Unified Authentication Tokens. http://www.verisign.de/unified-authentication/usb-tokens/. 2013

[vBr03] VON BROCKE, J.: Referenzmodellierung: Gestaltung und Verteilung von Konstruktionsprozessen. Logos-Verlag, 2003.

[VLO10] VU, Q. H., LUPU, M. and OOI, B. C.: Peer-to-Peer Computing – Principles and Applications. . Springer, 2010.

[W3C04b] W3C: Web Services Glossary. 2004.

[Wai10] WAITE, A.: InfoSec Triads: Security/Functionality/Ease-of-use. http://blog.infosanity.co.uk/2010/06/12/infosec-triads-securityfunctionalityease-of-use/. 06.02.2014, 2010

[WKG14] WEBER, J., KAMPS, U. and GILLENKIRCH, R.: Stichwort: Risiko, online im Internet. http://wirtschaftslexikon.gabler.de/Archiv/6780/risiko-v14.html. 06.01.2014, 2014

[WKL08] WETZSTEIN, B., KARASTOYANOVA, D. and LEYMANN, F.: Towards management of SLA-aware business processes based on key performance indicators. In: 9th Workshop on Business Process Modeling, Development, and Support, 2008.

[Wil13] WILLIAMS, D. K.: The 7 Non-Negotiables of Winning: Tying Soft Traits to Hard Results. Wiley, 1st edition 2013.

[Win05] WINDLEY, P. J.: Digital Identity. O'Reilly Media, 2005.

[WE97] WINTER, A. and EBERT, J.: Referenzmodelle für Krankenhaus-Informationssysteme und deren Anwendung. In: Management im Gesundheitswesen (1997), 548-562.

[Wol01] WOLF, S.: Wissenschaftstheoretische und fachmethodische Grundlagen der Konstruktion von generischen Referenzmodellen betrieblicher Systeme. Shaker, 1. Auflage, 2001.

[Woo02] WOOLDRIDGE, M.: Intelligent Agents: The Key Concepts. In: MAŘÍK, V., ŠTĚPÁNKOVÁ, O., KRAUTWURMOVÁ, H. and LUCK, M.: Multi-Agent Systems and Applications II, Springer, Berlin Heidelberg, 2002.

[XKER10] XIANG, Y., KENNEDY, J. A., EGGER, M. and RICHTER, H.: Network and Trust Model for Dynamic Federation. In: The Fourth International Conference on Advanced Engineering Computing and Applications in Sciences (ADVCOMP), 2010.

[XL04] XIONG, L. and LIU, L.: PeerTrust: Supporting Reputation-Based Trust for Peer-to-Peer Electronic Communities. In: IEEE Trans. on Knowl. and Data Eng., 16 (2004), 7, 843-857.

[YH07] YAN, Z. and HOLTMANNS, S.: Trust Modeling and Management: from Social Trust to Digital Trust. In: SUBRAMANIAN, R.: Computer Security, Privacy and Politics: Current Issues, Challenges and Solutions, Idea Group Inc., 2007.

[YS02] YU, B. and SINGH, M. P.: Distributed Reputation Management For Electronic Commerce. In: Computational Intelligence, 18 (2002), 4, 535-549.

[YS02] YU, B. and SINGH, M. P.: An evidential model of distributed reputation management. In: Proceedings of the first international joint conference on Autonomous agents and multiagent systems: part 1, 294-301, Bologna, Italy, 2002.

[ZMM99] ZACHARIA, G., MOUKAS, A. and MAES, P.: Collaborative Reputation Mechanisms in Electronic Marketplaces. In: 32nd Annual Hawaii International Conference on System Sciences (HICSS-32), 1999.

[Zad79] ZADEH, L. A.: Approximate reasoning based on fuzzy logic. In: Proceedings of the 6th international joint conference on Artificial intelligence - Volume 2, 1004-1010, Tokyo, Japan, 1979.

[Zan10] ZANNONE, N.: Reputation Systems. 2010.

[ZDB11] ZHANG, P., DURRESI, A. and BAROLLI, L.: Survey of Trust Management on Various Networks. In: Proceedings of the 2011 International Conference on Complex, Intelligent, and Software Intensive Systems, 219-226, 2011.

[ZH07] ZHOU, R. and HWANG, K.: PowerTrust: A Robust and Scalable Reputation System for Trusted Peer-to-Peer Computing. In: IEEE Transactions on Parallel and Distributed Systems, 18 (2007), 4, 460-473.

[Zim95] ZIMMERMANN, P. R.: The official PGP user's guide. MIT Press, 1995.

[ZLZ10] ZUO, Y., LUO, X. and ZENG, F.: Towards a dynamic federation framework based on SAML and automated trust negotiation. In: Proceedings of the 2010 international conference on Web information systems and mining, 254-262, Sanya, China, 2010.